LA PLANTE

PREMIÈRE PARTIE

IMPRIMERIE J. CLAYE
RUE SAINT BENOIT 7
LABOR
PARIS

ED. GRIMARD

LA PLANTE

BOTANIQUE SIMPLIFIÉE

PREMIÈRE PARTIE

ORGANOGRAPHIE. — CLASSIFICATIONS

GÉOGRAPHIE BOTANIQUE

AVEC FIGURES INTERCALÉES DANS LE TEXTE

Pour la plante, vivre c'est croître,
et croître c'est agir.

A. Boscowitz.

PARIS

COLLECTION HETZEL

J. HETZEL, LIBRAIRE-ÉDITEUR

18, RUE JACOB, 18

1865

Tous droits réservés.

PRÉFACE

Il y a deux manières de faire de la botanique pour ceux qui ne sont pas du métier.

Les ambitieux se chargent la mémoire de tout le latin barbare fabriqué par les hommes spéciaux, et arrivent ainsi à une science de vocabulaire qui ne laisse pas de chatouiller l'amour-propre du possesseur. On n'en est pas beaucoup plus avancé ; mais on a l'avantage d'étonner les simples, et l'on finit par faire figure de savant, comme ce jardinier trop érudit qui, exposant à un concours de légumes un lot de haricots rouges, avait écrit sur l'étiquette : *phaseolus rouge*. On ne me croira peut-être pas ; mais je l'ai lu de mes yeux.

L'autre manière, plus modeste en apparence, est plus féconde en résultats pour l'intelligence, et procure des jouissances de meilleur aloi. Elle consiste à s'occuper moins des nomenclatures que des lois de la vie végétale, à poursuivre à travers l'infinie variété des plantes l'étude fondamentale de la plante, à laisser là en un mot le masque de la science pour la science elle-même. Et il ne faut pas que ce mot de science fasse ici peur à personne. L'étude de la plante est accessible à tous, s'accommode à tous les goûts, donne à chacun ce qu'il veut bien lui demander. Elle a des émerveillements joyeux pour l'enfant qui a mis une graine en terre et vient la regarder pousser tous les matins, des enseignements gros de richesses pour celui qui possède la terre, des abîmes mystérieux pour le philosophe, des distractions sans cesse renaissantes pour l'oisif qui voudrait se faire observateur — le changement serait si facile !

A ceux qui voudraient entrer dans cette voie d'études au grand air, la bride sur le cou, je ne saurais de livre meilleur à conseiller que celui-ci. Je n'en ai pas rencontré jusqu'à présent qui soit mieux fait pour inspirer le goût de la botanique, telle que je la comprends. Les merveilles de la vie végétale y sont chantées pour ainsi dire avec une fraîcheur d'enthousiasme qui semblerait presque enfantine, si l'on ne sentait derrière ce lyrisme une science réelle et un esprit habitué à contempler en face les grands problèmes de la nature. C'est un poëme, mais un poëme fait par un savant. La science des poëtes est si maigre d'habitude, et si maigre aussi la poésie des savants, qu'il y a un charme tout particulier à tenir ainsi l'histoire de la plante d'un homme qui l'a étudiée aux meilleures sources, et qui la raconte moins en professeur qu'en amoureux.

Ajoutez à cela que le professeur se retrouve quand il le faut, qu'en usant de ménagements infinis pour rester toujours clair et amusant, il s'arrange pour tout dire, et que ce n'est pas une botanique de fantaisie qu'on apprend avec lui. D'ailleurs, si dans le premier volume, qui appartient à la plante, il donne carrière à toutes les fougues d'une admiration contagieuse pour le lecteur, dans le second, consacré aux plantes, il devient un guide calme et méthodique que l'on peut emporter de confiance avec soi dans les campagnes d'herborisation.

Le dirai-je ici? En passant en revue dans ce livre cette armée si bien rangée des familles et des espèces végétales qu'il faut connaître après tout si l'on veut faire de la botanique sérieuse, je n'ai pu échapper à une pensée qui me revient chaque fois que j'ouvre les livres de botanique. Il y en a un qui nous manque, qui aurait un grand succès auprès des enfants, et que les philosophes seraient bien enchantés de pouvoir mettre dans leur bibliothèque. C'est celui qui, reprenant la série des espèces végétales, en donnerait des portraits non plus anatomiques, mais anecdotiques, si je puis m'exprimer ainsi; qui dirait leurs mœurs, leurs instincts secrets, les habitudes de vie propres à chacune, leurs ruses et leurs efforts dans la lutte, leurs écarts dans la prospérité; qui ferait en un mot pour les végétaux, les principaux s'entend, ce qui a été fait tant de fois pour les animaux les plus connus.

Malheureusement ce livre-là ne saurait être l'œuvre d'un jour ni d'un seul homme, et ce ne sont pas les savants qui peuvent se charger de le faire. Que connaît d'une plante le botaniste qui l'arrache pour la coller dans son herbier? Juste ce que connaît d'un animal l'anatomiste qui le dissèque. Ce n'est pas sur le mort, c'est sur le vivant qu'on peut étudier cela, et de même que la majeure partie de ce que nous savons des mœurs animales nous vient des chasseurs et des coureurs de pays, de même les historiens futurs des mœurs végétales se rencontreront surtout parmi ceux qui touchent à la terre, et qui vivent avec les végétaux. Encore faudrait-il qu'ils fussent avertis et, dans une certaine mesure, dirigés. Notre jardinier au phaseolus rouge en savait assurément plus long sur le haricot que ses maîtres en vocabulaire ; mais se sera-t-il jamais douté que ce qu'il voyait tous les jours, c'était de la science, et de la science inédite, qui plus est ?

Il n'est pas du reste besoin d'être jardinier pour se faire l'ouvrier de cette science-là. La première petite demoiselle venue qui saura regarder, et tenir note de ses observations, peut la commencer pour son compte sur le pot de fleurs qu'elle met à sa fenêtre. Vous me direz que pour bien regarder vivre *une* plante, et se rendre suffisamment compte de ce que l'on voit, il est bon de savoir auparavant comment vit *la* plante. J'en conviens, et c'est à cause de cela que j'ai eu tant de plaisir à la lecture du livre de M. Grimard où *la plante vivante* est si éloquemment racontée. Quel beau succès s'il pouvait contribuer à faire chercher sur le rebord des fenêtres des matériaux pour le livre des enfants et des philosophes !

JEAN MACÉ.

INTRODUCTION

Aimez-vous la Botanique, chers lecteurs ou plutôt chères lectrices? — car c'est particulièrement à vous que s'adresse cet ouvrage.

Vous n'en savez rien, n'est-ce pas? Ce qu'il y a de certain, tout au moins de probable, c'est que cette science vous fait peur. Vous avez peut-être ouvert, un jour, quelque livre indigeste, un de ces gros volumes où de pauvres fleurs outragées, victimes d'une nomenclature barbare, subissent d'inqualifiables épithètes, et vous avez détourné la tête précipitamment.

Vraiment je n'oserais trop vous en blâmer, puisque j'ai failli faire comme vous. Moi aussi, j'ai fermé ces ouvrages redoutables... et si je les ai rouverts, c'est qu'une heureuse fatalité sans doute m'y poussait à mon insu.

Eh bien, dites-moi, voulez-vous qu'ensemble nous l'affrontions cette science, charmante, croyez-le bien, mais défi-

gurée et rendue inabordable, comme ces dogmes mystérieux dont les prêtres égyptiens dérobaient la connaissance
au vulgaire? Voulez-vous, avec moi, franchir ce seuil
défendu par tout ce que l'étymologie et la synonymie réunies ont pu trouver de plus hérissé? Voulez-vous, enfin,
que me faisant votre interprète, — interprète très-honoré,
— je tâche de vous traduire, en langage tout simple,
ces formules qu'enfantent les Académies dans leurs jours
malencontreux ?

Ah ! comme vous diriez vite oui, si vous saviez combien
serait récompensée votre bonne volonté. Comme vous vous
hâteriez de vous débarrasser au plus tôt, par quelques
jours à peine d'attention et de travail, des légers obstacles
qui vous séparent de ce royaume merveilleux où règnent à
jamais la paix, la beauté, l'harmonie, —·véritable oasis au
milieu du désert de la science.

Je ne saurais vous dire tous les charmes que porte avec
elle l'étude de la Botanique, tant ils sont intimes, secrets,
profonds. C'est moins une science agréable qu'un élément
de bonheur ou de consolation apporté dans la vie.

Lorsque revient le printemps, lorsqu'arrive ce moment
solennel et radieux de l'année où tout palpite et frissonne,
en attendant ce *renouveau* chanté par les poëtes d'autrefois;
alors que les plus épaisses natures ne peuvent se défendre
d'un sentiment de sourde allégresse en revoyant les hiron-
delles, en respirant ce parfum des premiers Lilas qui
semble vous réveiller au cœur tout un clavier de fibres endormies, le botaniste, lui, est envahi par une joie indéfi-
nissable. Il se sent rempli d'une tendresse presque émue
pour les plus insignifiantes fleurettes d'avant-garde, pour le

plus pauvre Mouron, pour la plus petite Drave printanière qui, sous une feuille sèche, dresse sa tige lilliputienne.

Ils reviennent, tous ces amis, qui, les années précédentes, lui ont parlé la langue muette, mais expressive, que lui seul comprend. Les voilà cette éclatante Ficaire qui, la première, parsème de clous d'or la verdure indécise, et la Pulmonaire, plus timide, qui cherche les broussailles, et la douce Violette, et le Polygonatum multiflore, et la charmante Renoncule des bois qui, dans les taillis solitaires, étoile, de ses blanches corolles, la couche terne des feuilles mortes !

Tandis que la foule des promeneurs, ivre d'une joie sauvage, parcourt les champs et les bosquets, fauchant, fourrageant, arrachant tout pampre vert et toute fleur fraîche éclose, le botaniste erre doucement, les cueille une à une et les salue par leur nom : « Oui, c'est bien toi, chère, avec ta jolie corolle et ton calyce élégant... »

Les végétaux jouent dans notre existence un rôle tout autrement important qu'on ne le croit peut-être au premier abord. Qui ne se souvient, avec une sorte de bienveillance amicale, de tel vieil arbre, Orme, Tilleul, Acacia ou Platane, qui, à la campagne, devant la porte de la maison paternelle, a ombragé ses premiers jeux ? C'est là que chantait le rossignol, le soir, à l'heure sombre où l'on contait les histoires, tandis que les chauves-souris passaient et repassaient en poussant leurs petits cris mystérieux. Il est tels de ces arbres de famille qui résument des mondes de souvenirs, et lorsque plus tard on les retrouve un peu plus gros, un peu plus larges, mais toujours les mêmes en apparence, l'on se sent doucement emporté vers un passé qui, joyeux ou amer, n'en émeut pas moins profondément ceux qui savent se rappeler.

Indépendamment des souvenirs personnels qui nous rattachent à ces amis silencieux, l'arbre, étant la plus haute expression de la vie végétale, sert comme de transition entre la nature et nous. Il nous en traduit le génie caché, nous en révèle la force, l'harmonie, la beauté. Que serait le paysage sans l'arbre? Que serait le monde tout entier sans le végétal? Ce n'est pas seulement le pain de chaque jour que nous lui devons, c'est encore le climat, l'atmosphère, le nuage qui nous rafraîchit, la source qui nous désaltère, le fleuve qui fertilise nos champs, tous les éléments qui constituent notre vie.

Telle végétation tel peuple, et tel peuple telle histoire. Les destinées humaines se rattachent parfois à la culture d'une seule plante, sans laquelle les conditions générales de son développement eussent été différentes.

Si donc il n'est pas de science plus charmante que la Botanique, prise dans ses détails, il n'en est pas de plus haute ni de plus sérieuse, envisagée dans sa généralité. Il est une Botanique industrielle, chimique et médicale, qui touche aux plus graves questions et aux plus importants problèmes sociaux.

Toutefois, tranquillisez-vous, chères lectrices, nous saurons nous renfermer dans la partie élémentaire de notre aimable science. Nous ferons de la Botanique en oisifs, en promeneurs et aussi en poëtes, qui cherchent moins à s'instruire qu'à se distraire ou à rêver. Nous laisserons de côté tout bagage inutile. Nous n'emprunterons à la technologie, c'est-à-dire à la nomenclature des termes spéciaux, que les expressions les plus indispensables. Nous traduirons les formules barbares en phrases toutes simples ; nous ne prononcerons jamais un mot sans en comprendre exactement la signification ; nous arracherons à la saine et vraie science le masque sous lequel on la déguise trop souvent... et tout doucement, sans en avoir l'air, sans presque nous en douter nous-mêmes, nous ferons de la bonne et sérieuse Botanique, de la Botanique *scientifique*, s'il vous plaît, malgré l'absence de tout appareil.

Nous vous en dirons assez surtout, et que cela vous serve d'encouragement, pour que vous puissiez plus tard, si le cœur vous en dit, poursuivre vos études au moyen des ouvrages spéciaux qui alors ne vous épouvanteront plus.

La *Botanique* (du mot grec *botanè*, qui signifie plante), est, vous le savez déjà, la science qui s'occupe de la connaisance, de la description et de la classification des végétaux. J'ajouterai que la Botanique, dans son ensemble, se divise en Botanique théorique et en Botanique appliquée.

A la première appartient l'*Organographie*, c'est-à-dire la description des organes de la plante, et la *Méthodologie*, qui comprend les diverses classifications qu'on a faites du règne végétal.

A la seconde se rattachent la Botanique agricole ou industrielle, la Botanique médicale et la Botanique géographique.

Nous ne ferons guère ici naturellement que de la Botanique théorique, et voici le plan de cet ouvrage :

Dans une première partie, divisée en simples paragraphes numérotés (mode de division, pour le dire en passant, qui nous paraît préférable à celui des sous-chapitres, en ce qu'il se prête davantage aux allures indépendantes de ces études), nous nous occuperons de la plante étudiée au point de vue de ses organes. Nous parlerons d'abord de la plante en général; puis de la racine, de la tige, de la fleur et de la graine. Un chapitre spécial sera consacré à l'organisation de la plante, dans ses rapports avec le microscope. Un dernier groupe de paragraphes résumera les données les plus générales sur la géographie botanique.

Dans la seconde partie, une première section contiendra une clef analytique au moyen de laquelle l'on arrive sans difficulté à la détermination du genre de telle plante dont on désire connaître le nom. Une seconde section comprendra la description minutieuse des diverses espèces auxquelles amène la clef analytique, et enfin un petit vocabulaire des expressions techniques, généralement employées, terminera le tout.

Je résume :

PREMIÈRE PARTIE : Botanique théorique, descriptive — l'histoire du végétal dans son ensemble et sous toutes les latitudes.

SECONDE PARTIE : Botanique expérimentale, restreinte aux espèces les plus ordinaires et s'occupant de la fleur que vous foulez aux pieds, n'importe où, dans la prairie ou le sillon.

J'allais commencer, mais je m'arrête ici un instant pour vous dire quelques mots de l'histoire de la Botanique.

La science qui s'occupe de la connaissance des végétaux, dit Ch. Jessen[1], est aussi antique que l'humanité,

1. *Histoire de la Botanique.* Leipsig, 1864.

car déjà dans les plus vieux temples indiens se trouvent des noms de plantes et de fantastiques figures végétales amalgamées aux premières notions théogoniques. Ce fut particulièrement au point de vue médical que les peuples anciens s'occupèrent des végétaux ; aussi n'en connurent-ils qu'un nombre très-limité qu'ils définissaient fort mal et groupaient au hasard, d'après les propriétés qui leur étaient attribuées. La Bible mentionne, chez les Hébreux, environ 70 espèces végétales parmi lesquelles sont désignées les plantes usuelles de première nécessité. Les anciens Chinois ont un catalogue à peu près semblable. Les peuples de l'Hindoustan et les Assyriens firent également de l'agriculture pratique. Quant aux Égyptiens ils allèrent plus loin ; ils décernèrent un culte à certains végétaux, tant fut grande leur vénération agricole.

Les premiers hommes de science dont parlent les poëmes grecs sont Esculape, Orphée et Chiron, le centaure thessalien. Machaon et Podalire recueillent les premiers préceptes botaniques. Homère décrit assez exactement un certain nombre de plantes. Hésiode, dans son poëme des *Travaux et des jours*, raconte les principales opérations de l'agriculture. Puis vient Empédocle qui, après des observations remarquables, parle déjà du sexe des végétaux, et signale le premier l'analogie de la graine avec l'œuf des animaux. Le médecin Hippocrate mentionne dans ses ouvrages environ 150 espèces de plantes officinales. Aristote a écrit deux livres sur les végétaux, mais ces ouvrages ne nous sont point parvenus ; nous avons en revanche ceux de son disciple Théophraste qui, 320 ans avant J.-C., fit sur les végétaux deux traités, l'un sous le titre d'*Histoire des plantes* et l'autre sous celui de

Causes des plantes. Cet auteur, qui, par une assimilation un peu forcée, retrouvait dans les tissus végétaux les chairs, les nerfs, les veines et le sang du règne supérieur, divise les végétaux en quatre grandes sections : les arbres, les arbrisseaux, les sous-arbrisseaux et les herbes. Il parle de la fécondation des Dattiers, de la sensibilité des Mimosas et décrit près de 400 espèces. Quelque peu philosophique que fût cette classification, elle fut adoptée jusqu'à la renaissance des lettres. Après Théophraste nommons Dioscoride, que Georges Cuvier appelle le «botaniste le plus complet de l'antiquité, » et Pline le naturaliste, qui sous le règne de Vespasien écrivit énormément, accumula volumes sur volumes, et laissa entre autres travaux gigantesques son *Histoire du monde,* compilation de plus de deux mille ouvrages, mais compilation dépourvue de tout ordre et de tout esprit critique.

Il nous faut maintenant traverser une longue série de siècles, nous dit M. Ed. Lambert dans le savant résumé qu'il a fait de l'histoire de la Botanique, pour retrouver cette science réédifiée sur une base nouvelle et avec des matériaux qui ne fussent pas tous des lambeaux de l'antiquité. Laissons donc les Arabes faire de la Botanique médicale, laissons Avicenne parcourir la Bactriane et la Sogdiane où il découvrit l'Assa-fœtida et arrivons à la fin du XVe siècle, où nous trouvons le petit livre d'Émilius Macet (1486) contenant quelques descriptions de plantes accompagnées de figures grossières. Ce premier essai eut bientôt des imitateurs tels que Crescentius de Bologne, Gaza, Walla, Barbaro, Virgilio, Leonicenus et Monardi qui, tous, sans la moindre originalité personnelle, visèrent à ce genre d'érudition.

Le premier botaniste sérieux que nous rencontrions en France est le médecin Jean Ruel, né à Soissons en 1479. Son grand ouvrage *De naturá stirpium* se répandit rapidement et fut souvent réimprimé. C'était une vaste compilation de Théophraste, de Dioscoride, de Pline et de Galien.

L'Allemagne comptait alors plusieurs botanistes distingués tels que Brunfels, Tragus, les deux Cordus et Fuchs, qui joignirent à leurs commentaires sur les anciens des observations originales et des descriptions illustrées de figures soigneusement gravées. Mathiole de Sienne (1550), célèbre commentateur de Dioscoride, a également publié de nombreuses figures ombrées d'une exécution satisfaisante. Dodœus Rembert enfin fit un ouvrage original où sont mentionnées plus de 1,300 plantes.

L'exploration des Indes par les Portugais donna naissance à des travaux botaniques d'un grand intérêt, tels que ceux de Garcias, d'Acosta, d'Oviedo, de Monardes Deleville et de Clusius enfin, qui découvrit plusieurs plantes d'Amérique et donna le premier une description de la Pomme de terre.

Ce qui contribua plus que toute autre chose au développement de la science qui nous occupe ce fut l'établissement des Jardins botaniques, qui au xvie siècle se répandirent en Italie, en France et en Allemagne. Les plantes furent dès lors étudiées d'après nature, et non plus dans les compilations obscures des ouvrages de l'antiquité.

Parmi les rénovateurs sérieux de la Botanique, citons Conrad Gessner qui s'occupa des organes de la fructification; Lobel, médecin du prince d'Orange, puis botaniste de Jacques Ier, et qui, en 1581, publia un ouvrage où sont mentionnées pour la première fois quelques familles na-

turelles et où sont nettement distinguées les Monocotylédonées d'avec les Dicotylédonées ; Césalpin qui en 1583,
fit une classification des végétaux, reconnut le sexe des
plantes dioïques, étudia la graine, l'embryon, l'écorce, et
composa enfin le premier herbier ou du moins le plus ancien de ceux que l'on a conservés. Cet herbier existe encore à Florence. Il contient environ 800 plantes. Nommons
encore Zaluzianski, botaniste bohême, Jean Bauhin, Gas-
pard Bauhin dont l'ouvrage renferme la description de
près de 6,000 espèces, et arrivons à deux savants de premier ordre, Malpighi et Grew qui, armés du microscope
récemment découvert, vont faire faire dès pas de géant à
la science dont nous résumons rapidement l'histoire.

Marcel Malpighi, né près de Bologne en 1628, étudia les
tissus végétaux, leur cellulosité, les semences, découvrit
le mode d'accroissement du tronc par les formations annuelles du cambium, et fit surtout de véritables découvertes relatives au phénomène encore inobservé de la germination.

Grew, en 1682, publia un véritable traité d'anatomie
végétale. Il reconnut la cellule, les vaisseaux, les fibres,
les trachées et rétablit l'importance des anthères comme
organes fécondateurs, organes dont Malpighi avait mé-
connu le rôle. Après lui viennent Claude Perrault, génie
universel, qui découvrit la marche de la séve ; Denis Do-
dart, Mariotte, Jean Woodward, Morison, Bobart, Ray,
Rivin et Tournefort. Ces trois derniers botanistes avaient
établi chacun un système, le premier en Angleterre (1680),
le second en Allemagne (1690) et le troisième en France
(1694). Tournefort, rendu particulièrement célèbre par ses
nombreux voyages scientifiques, rapporta de la Grèce et de

l'Asie un herbier considérable que l'on conserve au Musée de Paris, plus des notes importantes, et enfin des dessins de plantes rares qui sont devenus la base de la grande collection des vélins du Musée d'histoire naturelle. Hales publia à Londres, en 1727, sa Statique des végétaux, ouvrage justement célèbre par toutes les observations remarquables qu'il renferme sur la nutrition des plantes, les phénomènes de la transpiration, de l'exhalation et la puissance ascensionnelle de la séve.

Nous arrivons à une époque décisive dans l'histoire de la Botanique. Nous sommes en 1707, et Charles Linnée vient de naître. Après une jeunesse pénible et de longues années de misère, où le pauvre naturaliste fut obligé de recourir à un travail manuel pour gagner sa vie et acheter quelques livres indispensables, nous le retrouvons à Upsal, suppléant le professeur de Botanique Rudbeck. Envoyé en mission scientifique par le gouvernement suédois, il part pour le Nord, parcourt seul et à pied les régions septentrionales, et en revient avec sa belle Flore de la Laponie. Vers 1730, Linnée visita la Hollande où il publia ses plus importants ouvrages (*Systema naturæ, Fundamenta botanicæ, Genera plantarum*, etc.), puis, quelques années plus tard, il vint à Paris où il vit fréquemment pendant son séjour Antoine et Bernard de Jussieu. Son système dont il sera question plus tard, et particulièrement sa nomenclature botanique que l'on a conservée jusqu'à aujourd'hui firent dans le monde scientifique une sensation européenne.

En 1753, époque du plus grand triomphe de Linnée, Adanson établit ses familles naturelles; mais son ouvrage, quelque philosophique qu'il soit, ne put lutter avantageusement contre le système artificiel du botaniste suédois, et c'est à la glorieuse famille des Jussieu qu'il était réservé d'opérer dans la science botanique une révolution à peu près définitive. Antoine de Jussieu, l'aîné, était né à Lyon en 1686. Il fut nommé professeur au Jardin des plantes à la place de Tournefort, et exerça en même temps la médecine avec éclat. Joseph de Jussieu, né à Lyon en 1704, visita le Pérou et en rapporta de nombreux échantillons, mais il mourut à son retour des suites de ses fatigues. Bernard de Jussieu, né à Lyon en 1699, fut celui des trois qui conquit le plus beau nom. Il préluda à ses travaux sur la *méthode* par des observations remarquables sur diverses plantes aquatiques. Il fit le meilleur accueil à Linnée, s'éclaira des lumières de tous les botanistes de son temps, et reliant par une synthèse vaste et philosophique les découvertes faites avant lui, il posa enfin les bases de la méthode qui porte son nom, et que son neveu Antoine Laurent de Jussieu développa dans son admirable ouvrage du *Genera plantarum,* publié en 1789.

Après les Jussieu, citons rapidement quelques noms. Ludwig contribua puissamment à la réforme de la phytologie. J.-J. Rousseau écrivit sur la Botanique quelques pages éloquentes. Lamarck publia en 1778 un système dichotomique (ou clef analytique) au moyen duquel l'on arrive tout naturellement à la connaissance du nom de la plante (voir le second volume). Ce système fut modifié et simplifié quelques années plus tard par Lestiboudois. Puis vinrent des Flores remarquables parmi lesquelles nous citerons celle d'Italie par Pontedera, celle des environs de Leipsig par Gleditsh, celle du Danemark par Æder, celle d'Autriche par Jacquin, celle du Piémont par Allioni, celle d'Angleterre par Smith, et enfin celle de France par Lamarck et de Candolle.

Il nous serait maintenant impossible de retracer, même en les résumant beaucoup, les travaux immenses accomplis en Botanique depuis la fin du dernier siècle jusqu'à nos jours. Ces travaux se sont particulièrement portés vers la physiologie végétale, les observations microscopiques, et c'est là, dans ce beau champ de travail et de découvertes, que nous trouvons des savants de premier ordre depuis Priestley, Senebier, Ingenhouz, de Saussure et Mirbel, jusqu'à des noms tels qu'Amici (1818), Tréviranus, Meyen, Schultz, Raspail, De Candolle (1827), Brongniart, Agardh, Gaudichaud (1837), de Jussieu, Dutrochet, Decaisne, Pouchet, Schleiden, Hofmeister, Lecoq, Fermond, et vingt autres,—nous ne citons que les principaux,—dont les beaux travaux anatomiques ont placé au premier rang parmi les sciences, l'organographie et la physiologie végétales.

Parmi ceux qui se sont plus spécialement occupés de travaux de classification et qui ont le plus contribué au perfectionnement de la méthode naturelle, citons les De Candolle, A. Richard, A. de Jussieu, Lindley, Knigth, Endlicher, Meissner, Duchartre, Baillon, Vaucher, Agardh, Persoon, Fries, Viviani, Montagne, Léveillé, Payer, etc.

La Botanique fossile enfin, science toute nouvelle, se fonde sur les découvertes d'Ad. Brongniart, Sternberg, Hutton, Lindley, Schlotheim, Gœppert, Schimper, etc.

L'on voit quelle somme de travaux se sont accomplis et s'accomplissent chaque jour. Après une foule d'essais et de tâtonnements qui, sans critique comme sans philosophie, se traînaient dans l'ornière d'une théorie traditionnelle, la Botanique est enfin entrée dans une phase expérimentale qui, pour les classifications d'une part et pour l'organographie de l'autre, a amené et amènera cette science aux plus magnifiques découvertes comme aux résultats les plus importants.

LA

PLANTE VIVANTE

COUP D'OEIL GÉNÉRAL.

1.

Les plantes, les animaux, a dit un poëte allemand, sont les rêves de la nature dont l'homme est le réveil. Le poëte paraît avoir dit vrai. Il a surtout eu raison de comprendre dans sa définition fantaisiste mais profonde les deux règnes supérieurs, appelés *organiques*. Ils se tiennent et se confondent presque par leur origine qui parfois semble commune. L'on ignore où le premier finit ; l'on ne saura jamais peut-être où le second commence.

Au début de toute existence, alors que l'étincelle de vie a jailli, elle hésite entre deux voies qui s'ouvrent devant elle et au seuil se bifurquent. Ici c'est l'animal, à côté c'est la plante.

Il est des êtres mystérieux qui alternent, pense-t-on, allant de l'un à l'autre. Le Protococcus, petite Algue microscopique qui colore en rouge ou en vert la neige ou l'eau qu'elle remplit, semble être tour à tour plante et animalcule. S'il a deux modes d'existence, il a aussi deux noms, c'est tantôt le Protococcus et tantôt l'Astasia. Les Varechs, à l'époque de la reproduction, sont remplis de germes bizarres qui, jusqu'à l'heure de la transformation végétale, nagent et s'agitent avec une inconcevable vivacité; les Conferves ont été appelées d'un nom (Zoosporées) qui signifie « graines vivantes, » et dans le liquide qui s'échappe du pollen de toutes les fleurs s'opère un fourmillement de petits êtres inexpliqués, d'atomes inconnus.

Le végétal s'exalte jusqu'à l'animalité, vit un instant d'une vie supérieure, puis retombe, s'affaisse après l'idéal entrevu; il redevient plante, mais pour recommencer le beau rêve, et la vie qu'il lègue à ses descendants ne sera, comme la sienne, qu'une incompréhensible fluctuation, que l'alternative d'une double existence.

Regardez au microscope une gouttelette d'eau en putréfaction, tout un monde s'y agite. Voici un infiniment petit qui vient d'entrer dans la vie. C'est une cellule transparente, globuleuse, sans organes, n'ayant qu'un centre.... pas même, qu'une simple circonférence indécise....

— C'est une monade, n'a-t-elle pas roulé?

— Non, ce n'est qu'un Cryptogame de l'ordre le plus inférieur, une Diatomée sans doute qui s'agrandit, se partage et produit un bourgeon.

— Mais ce bourgeon contient des spores et ces spores se sont agitées.

— Non, ce sont des vibrions linéaires.... à moins

toutefois que la spore ne perde ses cils, ne s'arrondisse et ne devienne verte, car dans ce cas elle germerait, puis s'allongerait et deviendrait un tube végétal..... comme sa mère qui est une plante.

Il n'est pas de plus merveilleux spectacle que ces oscillations de la vie. Allez à l'Aquarium du Jardin zoologique, contemplez dans leur cage de verre, dans leur eau bleuâtre et vaporeuse comme une fumée endormie, les Actinies ou Anémones de mer, les Coralines, les Madrépores, tous ces polypes qui y rêvent sur le seuil de l'existence, et dites ce qu'ils sont.

— Des plantes?

— Oui, puisqu'ils végètent et semblent fleurir.

— Des animaux aussi?

— Sans aucun doute, puisqu'ils mangent, s'agitent, et soudain tendent un bras ou plutôt une bouche quand tout près d'eux quelque proie s'aventure.

Plus la plante est incomplète, plus bas elle est sur l'échelle végétale, et plus aussi elle confine au mystérieux royaume où s'éveillent les premières vibrations, où tressaillent les premiers candidats à l'animalité.

Presque toute la famille des Hydrophytes ou Protophytes, la première au bas de la série, se compose de ces êtres merveilleusement équivoques qui embarrassent le naturaliste et ne satisfont que le philosophe. C'est le Chaos primordial qui verdit les pierres humides, et que constituent des corpuscules momentanément animés ; c'est le Nostoc demi-plante et demi-polype ; ce sont les Ulves, les Fucus, les Conferves surtout, dont les diverses familles reproduisent, en le compliquant, toujours le même et curieux problème. Sous mille formes il est répété par les Arthrodiées, les Fragillaires, les Oscillariées, les Conjuguées, les Zoocarpées, qui toutes s'articulent, se séparent, se rejoignent, rampent, flottent, oscillent, végètent, puis se réveillent, entrent dans la vie animale pour en ressortir de nouveau, le tout avec cette richesse de combinaisons qu'emploie l'inépuisable nature.

Tous les grands naturalistes se sont inclinés sur ce mystère, hésitant, opinant pour la plante, opinant pour l'animal. Girod, Roth, Vaucher, De Candolle, Agardh, Müller, Monbret, Bory de Saint-Vincent, Unger, Pouchet, de Flotow, Thuret et beaucoup d'autres s'accordent à dire qu'il est impossible de classer d'une manière définitive, dans l'un ou l'autre règne, telle plante qui par moments s'agite, tel animal qui abdique pour végéter.

2.

Mais laissons ces merveilles inexpliquées. Franchissons ce carrefour étrange d'où s'élancent les trois règnes après s'y être un instant confondus. Laissons à gauche se cristalliser le minéral silencieux, laissons à droite l'animal tressaillir aux premiers souffles de la vie; marchons droit devant nous : là-bas germe, pousse et fleurit la *Plante*, le cher et gracieux objet de notre étude.

La plante, que certains physiologistes ont été tentés d'appeler un animal inférieur, a pour caractère distinctif son immobilité relative et sa dépendance absolue du sol où elle a germé. Elle y plonge par ses racines, ne peut

fuir le danger, se trouvera demain là où l'ennemi l'a re-
marquée ce soir. Elle n'a qu'un horizon, qu'un spectacle,
qu'une atmosphère; aussi la plante n'a-t-elle pas d'histoire.

Rien d'autre pour elle que le cycle annuel des saisons.
La séve monte, redescend, puis s'arrête; remonte pour
s'arrêter de nouveau.... et les siècles coulent ainsi sur les
grands arbres de nos forêts dont toutes les sensations
pourraient se résumer par ces deux mots : l'été, l'hiver.

3.

Je me trompe, la plante a une histoire, histoire
obscure, silencieuse autobiographie qu'elle écrit lentement dans le tissu même dont se compose sa tige.

Pour qui sait les comprendre, elles sont exprimées là
les impressions de toute sorte qu'a éprouvées le végétal.
Sur la coupe horizontale d'un vieux tronc, véritable cadavre de la plante qui n'est plus, sont tracés des cercles
concentriques, frangés, festonnés, empiétant parfois les
uns sur les autres. C'est la trace des années écoulées. Chacune d'elles s'est inscrite au répertoire. Ici la zone est
large et presque régulière, c'est la marque d'une année
heureuse, un témoignage de vie, de force et de santé. A
côté, une frange plus étroite nous raconte des souffrances,
tout au moins une saison de langueurs. Plus loin, s'ouvre
un cercle carié, noirâtre, sillonné de cicatrices rugueuses...
souvenir de douleur, presque de mort. C'est une longue

sécheresse ou bien un hiver exceptionnel qui a tordu cette enveloppe et désorganisé ces tissus.

Toutefois, n'insistons pas trop sur l'unité apparente de ce tronc dont nous étudions les débris. Un arbre n'est pas un individu, c'est un groupement d'êtres isolés, un assemblage de vies distinctes, une république, une sorte de polypier végétal, si l'on veut. Le rameau qui tous les printemps pousse et fleurit n'est qu'une plante annuelle, puisant dans l'arbre où elle pousse comme sur un véritable terrain les sucs dont elle a besoin pour l'année, et de même qu'elle a végété sur ses devanciers, il en viendra d'autres qui à leur tour végéteront en elle.

Sur chaque tige, au printemps, entre l'écorce et le bois se forme une nouvelle couche organique, sorte d'alluvion vivante dans laquelle viennent s'alimenter toutes les jeunes pousses de l'année, en même temps qu'elles concourent à sa formation, et c'est le résultat de ces emboîtements successifs, c'est le produit total de ces diverses vies superposées que l'on appelle un arbre parmi les grands végétaux.

La durée de l'un de ces derniers est donc bien plutôt apparente que réelle, surtout si l'on entend par là la longévité d'une existence isolée. Prise dans ce sens, elle n'existe même pas et l'on vient de voir par quel artifice de la nature on doit expliquer la persistance de ces plantes dont l'association se perpétue pendant des siècles.

4.

Il n'y a pas longtemps que l'on sait se rendre un compte exact du végétal et de son organisation complexe. On ne le sait même pas complétement aujourd'hui. L'on hésite entre tel et tel système. Le naturalisme empirique abhorre les hypothèses de la physiologie philosophique. Celle-ci à son tour ne peut se résoudre à toujours attendre les lentes preuves de l'expérimentation. L'incertitude qui plane sur la nature des plantes élémentaires se perpétue, s'étend jusqu'à l'histoire des végétaux les plus parfaits; et ceux-ci particulièrement, bien que nettement définis et classés, semblent avoir gardé je ne sais quels mystérieux vestiges d'une vie supérieure évanouie.... non, quelques tressaillements prophétiques plutôt.... Hélas! que savons-nous de ces profonds mystères?

Depuis les recherches de Hales sur la nutrition et la respiration des végétaux — recherches qui ne remontent pas au delà du siècle dernier — se sont formées deux écoles dont l'une prétend expliquer tous les phénomènes de la plante par la simple hypothèse d'une force mécanique, tandis que l'autre n'hésite pas à voir en elle une créature animée.

Ce qu'il y a d'incontestable, en dehors même de toute doctrine, c'est l'analogie qui existe entre certaines manifestations de la vie végétale, et les instincts les plus primesautiers, les plus obscurs de l'animalité. Tout en elle est vague, sans doute, inconscient, incertain. Outre la lenteur avec laquelle elle réalise ses aspirations, il y a dans la plante une passivité rêveuse qui semble exclure toute autre faculté... Mais ne nous laissons pas égarer par les apparences.

La plante a un instinct qui s'élève aux proportions d'une passion véritable, c'est le désir de son bien-être, le besoin impérieux de prospérer, la soif de la vie, en un mot, dans toute son invincible opiniâtreté. Elle se détourne des obstacles qui peuvent l'arrêter dans son développement et des voisinages qui peuvent lui nuire. Elle recherche avec avidité l'air, la lumière, les terrains fertiles, l'eau, qu'elle devine même à distance, et vers laquelle elle dirige ses racines aveugles avec une incompréhensible sagacité.

La plante respire et mange, c'est Hales qui nous l'enseigne. Elle se meut, souffre, prospère, travaille, s'individualise parfois par des phénomènes spéciaux, se passionne, s'exalte, languit et meurt.

Qui dit cela? Les plus savants, les plus autorisés parmi les philosophes et les naturalistes des temps modernes : Goëthe, De Candolle, Vrolik, Hedwig, Bonnet, Ludwig, Vaucher, Unger, Agardh, Pouchet et vingt autres.

Ed. Smith, le célèbre botaniste anglais, croit même que les végétaux éprouvent quelques sensations de bien-être. Percival considère comme volontaire l'acte de diriger ses racines dans telle direction choisie. De Martius et Fechner, enfin, physiologistes profonds et savants de premier ordre, ont prononcé le mot d'*âme de la plante!*

Qu'est-ce à dire? Que la plante aime, haïsse, se souvienne, pense, ait conscience d'elle-même? Non, à coup sûr. Qui veut trop prouver dépasse le but et nuit à sa propre cause.

Admettre la vie de la plante, c'est tout simplement rétablir dans son enchaînement nécessaire la série organique; c'est reconnaître, au bas de l'échelle et dans les limbes eux-mêmes de l'existence, le premier degré de cette vie progressive dont nous ne connaissons ni la base ni le sommet, mais qui, à coup sûr, s'étend de l'un à l'autre sans interruption, sans lacune.

Les formes des végétaux et des animaux, dit expressément le docteur Ch. Müller dans sa Botanique cosmique, dépendent des mêmes conditions qui président à la formation des cristaux. Les végétaux cellulaires ne sont que des formations cristallines d'un ordre supérieur, et la cellule végétale, à quelque famille qu'elle appartienne, conserve dans toute sa rigueur la progressive transition du règne minéral aux règnes organisés.

Oui, on l'a dit avec justice et profondeur, restituons aux petits, aux humbles premiers-nés de la création leur « droit d'aînesse, » leur antique préexistence et leur importance méconnue. C'est parmi eux qu'il faut chercher les vraies origines, jusqu'à eux qu'il faut remonter pour faire dans sa plénitude la grande histoire de la *Vie*.

Minéral, végétal, animal, trois mystères enlacés. Où commencent-ils? Où finissent-ils? Soyons sincères et sachons dire que nous l'ignorons. Progresser c'est connaître, et connaître c'est rentrer dans l'unité vivante.

Il y a des pierres qui se couronnent de rameaux et de fleurs. Il y a des plantes qui remuent et palpitent. Les trois règnes, merveilleusement confondus à leur source,

1.

s'empruntent leurs formes, leurs couleurs, leur intime nature. Le Corail a vécu, l'Éponge a respiré, et la Méduse que la vague balance fait flotter dans les eaux ses tentacules comme des racines.

5.

Les manifestations de la vie de la plante sont multiples. L'énergie, je dirais presque la passion qu'elle révèle à de certaines heures de son existence, est quelquefois incompréhensible. La puissance et l'obstination de la racine, qui cherche sa nourriture et malgré tout veut vivre, tiennent véritablement du prodige.

Tout le monde sait que les Châtaigniers de l'Etna trouvent les sources au travers des couches de laves et des assises de rochers. Mais il y a mieux encore, écoutez cette histoire :

Sur les ruines de New-Abbey, dans le comté de Galloway, croissait un Érable au milieu d'un vieux mur. Là, loin du sol au-dessus duquel le monceau de pierres s'élevait encore de quelques pieds, notre pauvre Érable mourait de faim, faim de Tantale, puisqu'au pied même du mur aride s'étendait la bonne et nourrissante terre.

Qui dira les sourds tressaillements de la plante qui lutte contre la mort, ses tortures silencieuses et ses muettes langueurs galvanisées par la convoitise? Qui saura raconter, ici en particulier, ce qui se passa dans l'organisme de notre pauvre martyr; quelles attractions s'établirent, quelles facultés s'aiguisèrent, quelles impérieuses lois se révélèrent, quelles vertus enfin furent créées ?... Toujours est-il que notre Érable, Érable énergique et aventureux s'il en fut, voulant vivre à tout prix, et ne pouvant attirer la terre à lui, marcha, lui, l'immobile, l'enchaîné, vers cette terre lointaine, objet de ses ardents désirs.

Il marcha, non, mais il s'étira, s'allongea, tendit un bras désespéré. Une racine improvisée pour la circonstance fut émise, poussée au grand air, envoyée en reconnaissance, dirigée vers le sol, qu'elle atteignit... Avec quelle ivresse elle s'y enfonça ! L'arbre était sauvé désormais. Nourri par cette racine nouvelle, il se déplaça, laissa mourir celles qui vainement plongeaient dans les décombres, puis, se redressant peu à peu, il quitta les pierres du vieux mur et vécut sur l'organe libérateur qui bientôt se transforma en un tronc véritable.

6.

Ce n'est pas seulement de sucs nourriciers que la plante est impérieusement affamée, c'est encore d'air et de lumière. Elle les recherche avec une ardeur infatigable.

Qui n'a été témoin quelquefois des efforts tentés par de pauvres plantes, des pommes de terre, par exemple, enfermées dans une cave sombre ? On les voit blanches, languissantes, mourantes il semble, et cependant opiniâtres, se traîner, s'allonger sans relâche en une seule tige où toutes les énergies se concentrent ; puis, chose merveilleuse, trouver la force, au pied d'un mur, de se dresser pour atteindre à ce qui là-haut brille dans l'ombre, à cette petite lucarne par où filtrent quelques rayons.

Un Jasmin héroïque traversa huit fois une planche trouée qui le séparait de la lumière, et qu'un observateur malicieux retournait vers l'obscurité après chaque victoire.

Dans les mines profondes de Mansfeld, le professeur Schwœgrichen de Leipzig vit une Clandestine écailleuse qui, pour arriver au jour, s'était élevée à la hauteur prodigieuse de cent vingt pieds, elle qui d'ordinaire ne s'élève qu'à quelques pouces.

7.

Que l'on ne se méprenne point sur la nature de cette énergie. Pour la plante, croître c'est agir, ainsi que le dit avec raison M. A. Boscowitz, auquel nous empruntons ici des détails pleins d'intérêt[1]. C'est là son grand œuvre, son véritable mode d'activité.

La furie de la croissance, d'une croissance spontanée, parfois soudaine et sans cause apparente, s'élève à des proportions inouïes. Un Convolvulus, dans le jardin botanique de Caracas, capitale du Venezuela, avait atteint, dans l'espace de six mois, la longueur paradoxale de six mille pieds ! c'est-à-dire qu'il avait crû de plus d'un pied

---

1. *L'Ame de la plante.* (*Revue germanique*, 1860 et 1861.)

par heure. La *Victoria regia* produit en quelques mois des feuilles qui ont jusqu'à sept pieds de diamètre, et dans les grands fleuves du Brésil et de la Guyane une seule de ces plantes gigantesques couvre plusieurs milliers de mètres de surface. Les tiges du *Fucus* atteignent, dans un temps relativement court, la longueur énorme de quinze cents pieds. Lindley a calculé que certaines feuilles, celles du Lupin entre autres, augmentent d'environ deux mille cellules par heure. Les Algues, simples végétaux composés d'une seule sorte de cellules juxtaposées, se reproduisent avec une si incroyable rapidité, que, d'après le calcul d'Ehrenberg, l'une de ces plantes, placée dans des circonstances favorables, pourrait, en vingt-quatre heures, produire un million de cellules, et en quatre jours environ cent quarante billions, c'est-à-dire à peu près deux pieds cubes. Il y a des Cucurbitées dont le poids augmente de plus d'un kilogramme par jour; enfin Jungius, cité par M. Leçoq, parle d'un Champignon (le *Lycoperdon giganteum*) qui, en une seule nuit, parvint de la grosseur d'une noisette à celle d'une gourde volumineuse. Le calcul de la dimension des cellules appliquée à la grosseur acquise, et divisée par le nombre d'heures de végétation, lui donna le chiffre énorme de soixante-six millions de cellules par heure, et un total de quarante-sept milliards pour une seule nuit. Que dire alors de ces Lycoperdons monstrueux qui, d'après le témoignage de Bulliard, atteignent jusqu'à neuf pieds de circonférence?

Et que l'on se garde de croire à la généralité de semblables lois. Ce qui fait ici ressortir la richesse du principe, ce sont les innombrables exceptions. Il n'y a rien de mécanique, rien de nécessaire dans la prodigieuse puissance de cette croissance végétale qui, bien loin d'obéir à une énergie continue, révèle, par ses divers modes d'activité, d'inconcevables fantaisies.

De Candolle nous raconte l'histoire d'un Agavé fétide au Jardin des Plantes qui, pendant plus d'un siècle, se développa avec une lenteur extraordinaire, puis qui tout à coup, en 1793, s'éleva avec une telle rapidité qu'il croissait d'un pied par jour. M. Pouchet affirme, d'autre part, que la hampe de ces mêmes Agavés, que surmonte une magnifique girandole de fleurs, n'emploie quelquefois que huit jours pour parvenir à dix-huit ou vingt pieds d'élévation.

8.

C'est dans les forêts vierges du nouveau monde, dans les vallées luxuriantes de l'Inde équatoriale ou les inextricables fouillis au milieu desquels coulent le Nil blanc et le Nil bleu, que l'on peut le mieux se faire une idée de l'incomparable puissance de la vie végétale. Il n'est vraiment pas de langage, pas de couleurs qui puissent rendre l'effet de ce spectacle, le plus émouvant, à coup sûr, qu'il soit donné à l'homme de contempler sur la terre.

Troncs gigantesques, lianes échevelées, parasites redoutables, frondaisons insensées dont rien ne saurait exprimer les formes insolites, floraisons d'une opulence inimaginable, couleurs, parfums, prodigieux entassements de tous les produits qu'une nature inépuisable crée depuis des milliers de siècles : — c'est là la forêt vierge, forêt qu'anime d'autre part, qu'électrise, que rend fourmillante à toute heure, un développement de vitalité animale n'ayant de comparable que la furie d'évolution de cet autre règne au milieu duquel elle se déploie.

Tout est démesuré dans ce monde phénoménal où chaque force se décuple par le magnétisme des forces voisines, où les transformations tiennent du prodige, et où, des putréfactions de tout un monde de débris, jaillit sans relâche une vie fiévreuse, indomptable. Depuis le brûlant colibri qui, de corolle en corolle, va puisant dans chacune de ces coupes de vertige quelque nouveau poison capiteux, jusqu'aux grands quadrupèdes et aux gigantesques reptiles; depuis la dernière des Mousses jusqu'au Wellingtonia, haut de quatre cents pieds et large de trente à sa base, colosse sans rival, arbre-mammouth qu'enlacent les Orchidées, les Vignes sauvages, les Figuiers parasites, la Bertholletia serpentine et la Cipo meurtrière.... tout est ivre de force et de trépidation vivante.

Ils sont là, les trois éléments de la forêt : l'herbe, la liane et l'arbre; l'herbe haute à cacher les rhinocéros et les buffles, la liane incommensurable qui, d'une cime à l'autre, jette ses cordages de géants, l'arbre énorme dont le tronc noir use les siècles.

Puis ces éléments se groupent. Les couleurs s'assimilent. Les formes se font équivoques. Les règnes se rapprochent et se copient. La nature prise de folie mêle ses types, confond ses moules, les prend l'un pour l'autre. Les Rotangs des forêts javanaises rampent et s'entortillent comme d'effroyables reptiles de quatre ou cinq cents pieds de longueur ; certaines plantes ont leurs feuilles tachetées comme une salamandre ; telle fleur a la tête d'un alligator, telle autre les lèvres visqueuses d'un batracien verdâtre ; celle-ci vous pique comme un hérisson, celle-là s'attache à vous comme une sangsue.

Les formes extravagantes des faunes éteintes, tous les monstres antédiluviens semblent s'être immobilisés dans un monde inférieur, en attendant le jour de je ne sais quelle résurrection mystérieuse. L'on croit assister à l'incarnation de quelque rêve panthéiste, rêve d'un Mithras en délire ou d'un Typhon insensé, et tandis qu'ici, au soleil, sur l'eau dormante d'un beau fleuve, s'étale la royale Victoria avec ses pétales blancs et roses sur des feuilles d'émeraude doublées de velours carminé, là-bas, dans l'ombre humide, presque aussi grande qu'elle et parodie de la fleur splendide, s'ouvre la Rafflésia, fleur sinistre de deux ou trois pieds de diamètre, dont les pétales épais et d'une couleur inquiétante exhalent l'horrible odeur d'une chair en putréfaction.

C'est particulièrement dans l'Afrique centrale qu'il faut voir une forêt vierge, si l'on veut s'en faire une idée qui réponde à la réalité. C'est là qu'il faut assister à cette lutte d'exubérance que se livrent les deux règnes organiques, si souvent confondus, rapprochés tout au moins par cette exubérance elle-même.

A mesure que le fourré se fait plus impénétrable, l'on voit s'augmenter l'activité des races animales. Tout ici s'agite, saute, rampe, glisse, bourdonne, frémit, palpite, creuse, ronge, dévore, détruit. L'écorce crie, la feuille tombe, le fruit éclate ; à partir de la profonde racine jusqu'au dernier panache que balance la brise, s'étend l'âpre curée, le festin qui ne finit pas. Sur les Figuiers aux fruits verts, les Gommiers, les Baobabs, les Ébéniers, les Ricins, les Sycomores, les Tamariniers, les Mimosées colossales, les Orangers, surtout, courent d'innombrables légions de pucerons, de fourmis, et ces termites redoutables qui partout règnent sans rivales et d'une ville feraient un désert, si l'homme essayait de s'établir dans ces régions où s'étale la nature avec une si indomptable sauvagerie.

N'approchez pas... Ce qui vous paraît une verte prairie n'est autre chose qu'un perfide et profond marécage. Sous des tapis de Roses bleues aquatiques, sous le blanc Nénuphar et le Lotus sacré, glissent des crocodiles énormes, nagent de monstrueux hippopotames. Des lézards de toutes formes, des serpents de toutes couleurs, des scorpions venimeux, remplissent ces massifs d'Eschek presque aussi dangereux que les hôtes qu'ils abritent. Au-dessous des lianes sarmenteuses qui, d'un arbre à l'autre, enchevêtrent leurs guirlandes chargées de colibris éclatants et de perroquets jaseurs, rôde dans les broussailles quelque chasseur sinistre et solitaire : ici un lion, là-bas une hyène ou un léopard.

Des milliers de singes sautent de branche en branche élastique qui les chasse, les fait bondir comme s'ils avaient des ailes. Là-bas s'avance une redoutable cohorte d'éléphants. Ils passent et brisent comme des brins de chaume sec les Bambous et les jeunes Palmiers.

Mais pourquoi chercher à décrire? Qui dira ce qu'elle est au matin cette forêt merveilleuse, alors que le soleil, pénétrant de lueurs empourprées la plume de feu de l'oiseau-mouche, l'élytre du scarabée d'or et la poussière diamantée de la corolle, réveille, réchauffe, électrise cet océan de vies murmurantes?

Acres parfums, chants d'amour, cris de rage, tout se mêle, se condense en un concert étrange, en une vapeur complexe où les fortes émanations du crocodile et de la bête fauve viennent se combiner avec les senteurs délicates du Baumier de la Mecque, de la Vanille aromatique et du Caféier d'Abyssinie.

L'œil est ébloui, l'oreille est pleine de bruits innomés. L'homme qui erre dans ces solitudes terribles sait qu'il foule le sol d'un pays qui ne lui appartient pas, et malgré ses enchantements, malgré ses ivresses, il éprouve une sorte de malaise ou de frisson indescriptible : il se sent dans le temple d'un dieu inconnu.

Quittons ce monde prodigieux. Laissons les vautours et les aigles se disputer quelque proie nauséabonde, les pintades courir dans les champs de Cotonniers, les faucons rouges poursuivre les grands vols de sauterelles, et les hérons argentés qui de loin semblent couvrir d'un manteau de neige les massifs de Mimosées où s'abattent leurs légions. Laissons là-bas sur la berge du fleuve les blancs ibis, les flamants roses, les cigognes rêveuses, les gracieux chiqueras et les graves ardéinées; partons, éloignons-nous : mais avant de quitter cette terre de merveilles, retournons-nous et regardons la forêt une dernière fois. Nous l'avons vue de près, contemplons-la de loin. Toute entière elle frissonne sous la brise, ondule comme une mer, chatoyante, moirée, confondant ses nuances, harmonisant à l'œil ses teintes innombrables.

L'on trouve je ne sais quel air mystérieux à cette immense agglomération végétale qui contient tant de germes et engendre tant d'existences. Outre le rôle capital que joue la forêt dans l'économie terrestre, rôle auquel nous reviendrons plus tard, elle a le privilége, comme l'océan avec lequel elle a tant de rapports, de toujours étonner par la multiplicité de ses aspects et le déploiement de ses richesses. L'on se sent involontairement porté à réunir en faisceau les diverses énergies qu'elle recèle, à lui prêter une vie commune et à voir en elle comme un organe spécial de notre terre dont elle serait l'un des centres de création les plus puissants.

Un dernier coup d'œil.... Mais au-dessus des mamelons arrondis, qu'est-ce qui s'élève là-bas et domine les vagues vertes? C'est le roi de la forêt, c'est le Doum magnifique, svelte et majestueux. Plus haut que le Baobab, plus élégant que le Deleb, il s'élève et l'emporte sur tout rival. Par groupes de six à douze il couronne la forêt, se couronne lui-même de lianes sarmenteuses, et forme au-dessus des massifs d'émeraude de hautes coupoles isolées qu'enguirlandent des fleurs éblouissantes, que surmontent des panaches sans pareils.

9.

Les végétaux n'obéissent pas, comme l'ont affirmé certains physiologistes, à une loi fatale de développement. L'on remarque chez eux de curieuses modifications d'allures, de formes, de moyens employés, une certaine faculté d'improvisation qu'ils adaptent aux circonstances imprévues, et comme une sorte de choix instinctif, mais nullement aveugle.

Qu'une plante éprouve, par exemple, le besoin de s'accrocher à un appui pour se fortifier contre une influence extérieure, eh bien, elle transformera l'une de ses feuilles en vrille, sorte de petite main nerveuse, tenace, qui ne cède qu'à la violence et se rompt, s'il le faut, mais jamais ne lâche prise.

Au moment où j'écris ces lignes, j'ai sur ma table un Liseron vivace qui, avec l'insouciance hardie et caractéristique des végétaux, s'est élancé à l'escalade d'une petite ficelle verticale que j'ai tendue à côté de lui. A peine avait-il fait quelques tours, que je l'ai déroulé et enroulé dans un sens opposé[1]. Le pauvret m'a laissé faire, mais il n'en protestait pas moins pour cela, croyez-le. Il l'a bien montré.

Ne pouvant, en effet, défaire tout ce que j'avais si malencontreusement emmanché, il s'est arrêté quelques heures, puis a pris son parti. D'une feuille crispée autour de la ficelle il s'est fait un point d'appui — expédient de circonstance, pure improvisation, remarquez-le bien, car les autres feuilles s'étalent de tous côtés libres et divergentes — puis, plus heureux qu'Archimède qui le chercha vainement son point d'appui, il s'est tordu sur lui-même, contournant ses fibres comme un athlète qui fait un effet de torse, et a

---

1. L'on sait que chaque plante grimpante obéit à une loi d'ascension d'une rigueur absolue, s'enroulant toujours suivant la même direction : les unes de gauche à droite et les autres de droite à gauche. Nous y reviendrons plus tard.

repris sa marche normale, avec la satisfaction de conscience d'un Liseron qui a résisté à la tyrannie, repoussé l'arbitraire et accompli son devoir sans concession ni sans faiblesse.

Les plantes font plus que de se retourner sur elles-mêmes, elles vont jusqu'à changer de direction quand un obstacle quelconque s'oppose à leur développement habituel. Couvrez, par exemple, la face supérieure d'une feuille, face qui toujours est tournée vers le ciel, et vous verrez la feuille s'incliner à droite, s'incliner à gauche, et se tordre enfin, s'il le faut, pour arriver à s'étaler de nouveau sous cette lumière qui la fait vivre et qu'elle semble contempler avec bonheur.

<h2 style="text-align:center">10.</h2>

Les fonctions vivantes du végétal sont nombreuses et aujourd'hui manifestement constatées. Il respire, mange, croît, prospère ou languit, et dans ce dernier cas paraît souffrir. Qui n'a vu souvent une pauvre plante privée d'eau incliner ses feuilles allanguies vers la terre, pencher la tête avec un accablement douloureux et demeurer là, dans la plus muette mais la plus navrante résignation, jusqu'à la mort.... ou la résurrection?

Les végétaux font plus encore, ils dorment et se réveillent. Ce phénomène, que nul n'a su encore expliquer, est l'un des plus remarquables dans la vie de notre plante. Les unes, relevant leurs folioles deux à deux, recouvrent et enferment leurs jeunes bourgeons; les autres ne les font se rejoindre que par leurs extrémités supérieures et forment comme une tente, comme un berceau gracieux sous lequel les fleurs s'abritent du froid de la nuit ou des fortes rosées.

Il en est d'autres, baromètres charmants, qui ne subissent pas seulement, mais encore annoncent, prophétisent le beau temps ou la pluie par leur réveil hâtif ou leur sommeil prolongé. La gentille Stellaire (Mouron des oiseaux) se réveille habituellement vers 8 ou 9 heures du matin, presque comme une grande dame. L'on dirait, à la voir à cette première heure, qu'elle écarquille les yeux et s'étire les rameaux et les feuilles, la jolie paresseuse. Ses fleurs étalées, elle demeure ainsi jusqu'à midi environ; mais s'il doit pleuvoir dans la journée, notre délicate boude et ne se réveillera point ce jour-là. Le Souci des pluies en agit à peu près de la sorte. Le Lotus du Nil et le Nénuphar blanc s'élèvent le matin, montent leurs fleurs à la surface des eaux, puis le soir venu les ramènent, contractent leurs tiges et les replongent dans les profondeurs [1].

1. Voici un spécimen de ce qu'on appelle en Botanique une *horloge de Flore*. Chaque fleur s'épanouit à son heure de la nuit ou du jour.

MATIN.			SOIR.		
1 heure.	Laitron de Laponie.		1 heure.	Œillet prolifère.	
2	—	Salsifis des prés.	2	—	Crépide rouge.
3	—	Grande Picride.	3	—	Barkhausie à feuilles de Pissenlit.
4	—	Liseron des haies.			
5	—	Crépide des toits.	4	—	Alysson.
6	—	Laitue cultivée.	5	—	Belle de nuit.
7	—	Nénuphar.	6	—	Geranium livide.
8	—	Mouron des champs.	7	—	Hemérocalle fauve.
9	—	Souci des champs.	8	—	Ficoïde nocturne.
10	—	Ficoïde napolitaine.	9	—	Nyctage du Mexique.
11	—	Ornithogale (Dame d'onze heures).	10	—	Liseron à fleurs pourpres.
			11	—	Siléné nocturne.
Midi.	Ficoïde cristalline.		Minuit.	Cactus à grandes feuilles.	

11.

C'est à l'époque fiévreuse de la floraison que les végétaux manifestent leurs énergies les plus étonnantes. Lorsque l'heure solennelle a sonné, la plante paraît se recueillir. Elle s'arrête dans sa croissance, concentre ses forces, s'absorbe, semble-t-il, dans la méditation du grand œuvre qui va surgir, puis éclate tout à coup, travaille sans relâche, modifie ses plus hautes feuilles et transforme en boutons, puis en fleurs l'extrémité de ses branches.

L'instinct est pour un moment dépassé, et la passion commence. Les vertus cachées se multiplient, les conditions chimiques sont elles-mêmes transformées. Une fièvre tout animale vient enflammer cette créature jusque-là si calme et si froide, et un bizarre dégagement de calorique s'opère dans ces tissus où nulle circulation anormale cependant, nulle inflammation interne ne peut rendre explicable le phénomène qui, à chaque renouvellement de saison, se reproduit dans certaines plantes.

L'Arum d'Italie, qu'entoure une spathe ou feuille enroulée en forme de cornet, et observé dès 1791 par Lamarck, acquiert à l'époque de la floraison un développement de chaleur considérable.

La mère de M. Hubert, le naturaliste, était aveugle. Elle voulut un jour se rendre compte de la forme de cette fleur singulière dont lui avait parlé son fils. Elle se rend dans son jardin, à l'endroit qui lui a été désigné, va tâtonnant, arrive à la plante, croit la reconnaître et la saisit; mais elle pousse un cri.... la fleur était brûlante. M. Hubert, bien vite averti du prodige, fit de nombreuses expériences, et il constata que cet Arum s'élève jusqu'à 44 degrés centigrades, tandis que l'air environnant n'en révèle qu'une vingtaine. Le Colocasia, Arum d'Amérique, manifeste le même phénomène, et la Victoria regia dégage aussi une somme de chaleur étonnante, bien qu'elle soit nue au grand air, c'est-à-dire privée de toute enveloppe fermée.

12.

Est-ce tout? Non certes. L'on marche de surprise en surprise dans cette merveilleuse histoire de la fleur. Que dire, par exemple, lorsque le pollen des anthères vient éclater sur le stigmate, et qu'au travers de la seconde enveloppe de ce pollen l'on voit, dans la mystérieuse fovilla qu'il contient, nager et s'agiter fort distinctement les granules qui y flottent?

Que ces granules bizarres soient de véritables animaux et comme les embryons de la plante future, je n'oserais vraiment pas vous l'affirmer, bien que je pusse le faire en compagnie d'éminents botanistes[1]. Non, ces granules ne sont pas animés de la vie ordinaire. Je les ai vus s'agiter dans de l'acide chlorhydrique dont le moindre atome foudroie instantanément les infusoires

1. MM. Gleichen, Brongniart et de Mirbel, entre autres.

les plus vivaces. L'on en trouve du reste jusque dans la
séve des plantes, ce qui prouve qu'ils n'appartiennent pas
exclusivement à la fovilla; et, d'autre part, ils sont rangés
par divers botanistes dans la catégorie de ces infiniment
petits qu'agite le mouvement Brownien, bien connu en
micrographie, et dont nous parlerons plus tard dans notre
chapitre sur le microscope.

Eh bien, malgré toutes ces négations, l'on n'en demeure pas moins surpris devant cet incompréhensible
phénomène. L'on doute un peu qu'une similitude parfaite existe entre ces granules et les atomes qu'agite un
mouvement mécanique; on se sent naturellement porté
à les comparer à ceux qu'une vie incontestable anime
momentanément dans certains végétaux, et, troublé ou
émerveillé plutôt par le mystère même du problème, l'on
se demande s'il faut aller chercher, dans l'un des at-
tributs essentiels de la vie animée, l'origine de la vie végétale.

13.

A cette heure de la floraison, heure de surexcitation
singulière, la mobilité des organes devient un fait presque
général chez les végétaux. Il n'est pas jusqu'aux plantes
les plus élémentaires, où le mouvement des germes embryonnaires ne pose dans toute sa complexité le problème
éternel des origines. Que dis-je? C'est surtout là qu'il se
présente et se multiplie. Les anthérozoïdes étudiés par

Hedwig, les zoospores reconnues par Unger, Endlicher, Agardh et beaucoup d'autres et enregistrés par la science officielle, se retrouvent dans la plupart des Cryptogames. Partout et toujours se montrent ces incompréhensibles petites créatures qui, commençant par vivre d'une vie incontestablement animale, finissent par s'allonger comme une racine ou par germer comme une véritable graine.

Ici, la vie, un instant individuelle, jaillit sans transition du néant, de la source obscure. Des germes mobiles s'échappent des cellules fécondées. Au moyen d'un rostre ou bec, ils en ont déchiré l'enveloppe. Ils s'élancent avec cette fièvre d'activité que manifestent tous les nouveaux venus à l'existence. Ils flottent, s'agitent au moyen de leurs cils vibratiles, montent à la surface de l'eau, nagent vers la lumière dont ils s'enivrent.... puis s'accrochent à un corps quelconque où ils s'immobilisent pour germer.

Dans certaines Algues, l'on voit deux filaments qui, à l'époque de la fructification, se rapprochent l'un de l'autre, se réunissent, se soudent en un seul tube de communication, au moyen duquel les globules colorés que renfermait l'un des filaments peuvent passer dans l'autre, où s'opèrent leur développement et leur maturation.

Dans une foule de plantes, les étamines se redressent pour atteindre jusqu'au pistil[1]; dans d'autres, c'est le pistil lui-même qui s'incline vers les étamines trop courtes ou situées trop bas[2]. Le Sablier d'Amérique, arbre monoïque, c'est-à-dire à fleurs distinctes dont les unes sont à pistils et les autres à étamines, rapproche ses branches pour rap-

1. Lis de Saint-Jacques, Renouée, Fritillaire, Urticées, etc.
2. Nigelle, Passiflores, etc.

procher ses fleurs. Les Utriculaires, plantes qui vivent sous l'eau, sont munies de petites vessies habituellement submergées. Au moment de la floraison, ces outres se remplissent d'air, se font légères, viennent flotter à la surface où elles soutiennent les fleurs, puis de nouveau s'enfoncent et nagent entre deux eaux.

Puis vient enfin, parmi les merveilles, la merveilleuse Vallisnérie, qui remplit nos fleuves et nos canaux du Midi. Elle aussi vit au fond de l'eau, et elle est dioïque, c'est-à-dire que ses fleurs à pistils ne sont pas portées par le même pied que ses fleurs à étamines. Or, ces dernières, courtement pédonculées et de plus étroitement enfermées dans une spathe, sont retenues sous l'eau à de grandes profondeurs, tandis que les fleurs à pistils sont portées par de longues tiges tordues en spirale élastique qui, selon le niveau de la nappe liquide, se déroulent ou se resserrent.

Ici, la nature use de véritables raffinements pour se faire coquette et charmante. Quand revient le printemps, quand les fleurs pistillées de notre Vallisnérie, allanguies, gracieuses et solitaires, flottent à la surface de la rivière, et que dans les spathes submergées sont retenues captives les pauvres fleurs à étamines qui y pâlissent sans doute d'ennui — voilà qu'un miracle se fait. La prison s'ouvre, les fleurs frémissantes, brisant toute chaîne, se détachent de leur tige, s'échappent, montent comme un vol de papillons qui émergerait des eaux, viennent nager autour des hampes florifères qu'elles entourent de leurs blanches corolles, brillent au soleil quelques heures, s'enivrent de lumière, de chaleur, de vie fugitive.... puis s'en vont entraînées par le courant du fleuve, tandis que les hampes élastiques se contractent et ramènent leurs fleurs fécondées pour les mûrir au fond des eaux.

14.

Que l'on ne parle donc plus de l'immobilité du végétal. La plante se meut, s'agite parfois d'une façon brusque et rapide. Voici les folioles du Porliera hygrométrique, arbuste de la famille des Rutacées, qui se rapprochent et s'accolent l'une à l'autre aussitôt que le soleil disparaît derrière un nuage. La Dionée attrape-mouche prend les insectes qui viennent se poser sur elle et les étouffe dans les lobes velus de ses pinces à charnières. La Rossolis recouvre du réseau de ses poils et emprisonne également tout visiteur imprudent qui passe sur la surface supérieure de ses feuilles. Le Népenthès de Madagascar ouvre et ferme alternativement l'opercule de l'urne étrange qui se balance à l'extrémité de ses feuilles, et où s'accumule une quantité relativement considérable d'eau limpide et potable. L'Oxalis, les Mimosées et généralement toutes les Légumineuses manifestent par des mouvements bizarres des facultés encore inexpliquées. Parmi elles se distingue l'Hedysarum ou Desmodie oscillante, qui perpétuellement bat de l'aile, agite par saccades successives les deux plus petites folioles de ses feuilles trilobées, et cela avec d'autant plus de rapidité que la lumière et la chaleur de l'atmosphère qui l'entoure augmentent d'intensité.

Est-il enfin besoin d'ajouter à cette série un nom de

plus, nom célèbre entre tous, celui de la Sensitive, la reine des Mimosées ? L'on sait qu'il suffit du moindre attouchement pour déterminer dans ses feuilles délicates des mouvements d'irritabilité..... nerveuse, oserai-je employer ce qualificatif ? Une vapeur l'inquiète ; l'ombre d'un nuage, un souffle, une odeur l'impressionnent. Et il n'y a rien de périodique dans ces influences : c'est par des mouvements spontanés, accidentels, qu'elle révèle les sensations de malaise ou de souffrance qu'elle semble éprouver.

M. de Martius, au Brésil, a vu des Sensitives fermer leurs feuilles quand un cheval passait à une certaine distance d'elles. M. Boscowitz, dans diverses contrées de l'Amérique tropicale, où ces plantes vivent en société, les a vues se replier précipitamment à l'approche d'un homme, comme un troupeau effarouché, et M. Müller enfin cite les observations d'un voyageur qui, dans les bois de Surinam, a maintes fois constaté que le plus léger attouchement se propageait immédiatement dans de grands champs de Sensitives jusqu'aux individus les plus éloignés de l'observateur. Toutes, incertaines et comme inquiètes, tressaillaient et repliaient leurs folioles à la première transmission du signal d'alarme.

Devant ce fait inexplicable, la science se tait et le philosophe se perd en de rêveuses hypothèses.

L'on a parlé de force mécanique, d'élasticité cutanée, de contractilité vasculaire, cellulaire.... Que nous apprennent tous ces grands mots ?

D'autre part, un célèbre physiologiste, M. Dutrochet, affirme avoir découvert dans tous les végétaux, et dans les plantes motiles en particulier, une sorte de système

2.

nerveux formé de corpuscules microscopiques disséminés dans les tissus.

La question en est là. Le problème subsiste avec tout son mystère, et l'on ne se demande pas moins, après avoir lu les plus gros livres, ce que sont ces étranges créatures que les acides brûlent comme nous, et que, comme nous, les narcotiques endorment. MM. Gœppers et Macaire Princep ont empoisonné des plantes comme ils l'eussent pu faire pour des animaux, avec de l'eau distillée de Laurier-cerise et des acides de toutes sortes. Une Sensitive arrosée d'opium s'endort, tombe en léthargie et devient insensible à toute influence extérieure.

Indépendamment du système de Dutrochet, Oken pense que les fibres spirales sont les nerfs des végétaux. Gœthe le croyait également. M. de Martius pense que le tissu cellulaire est dans un état permanent de polarité magnétique, semblable à celui de notre appareil nerveux.

Peut-être a-t-il raison. On serait tenté de le croire, surtout en rapprochant son hypothèse de la découverte qu'on vient de faire.

15.

Connaissez-vous l'od, lecteur? Non, n'est-ce pas? Eh bien, écoutez, voici encore des merveilles.

L'od, tout récemment découvert, est, d'après le baron de Reichenbach, savant chimiste allemand, une force électrique et lumineuse qui émane de presque tous les corps bruts, aussi bien que des corps organisés, mais dont l'existence n'est perceptible que pour une certaine classe d'individus appelés *sensitifs*.

Des astres cet od descend à·nous et de nous il remonte aux astres, imprégnant toute chose et tout être vivant. Le sensitif, dans l'obscurité, voit se dégager d'un aimant comme des lueurs phosphorescentes. Une aigrette bleue couronne le pôle nord, une flamme rouge jaillit du pôle sud.

Le même phénomène se manifeste pour les plantes. Elles aussi, semblables aux corps aimantés, dégagent de mystérieuses lueurs. M. Endlicher, botaniste éminent, doué de la faculté sensitive, reconnut, aux lueurs qu'elle émettait dans une obscurité profonde, une fleur bleue de Gloxinie. Tige, corolle, étamines et pistil, tout était lumineux. Chaque être, chaque plante est de la sorte entourée d'une fine incandescence, et de chaque arbre d'une forêt s'élève aux yeux du sensitif comme une auréole diaphane, sorte de nuée lumineuse qui couronne la forêt tout entière d'une flottante vapeur colorée.

Eh bien, cet od dont la puissance est telle que M. de Reichenbach en a obtenu des images photographiques, et qui n'est autre sans doute que le magnétisme animal ou que l'électricité dans son sens le plus général, cet od, substance presque psychique, abonde dans les végétaux et s'y révèle avec une remarquable intensité.

C'est par l'action de la polarité odique que la tige s'élève vers le ciel, tandis que vers la terre descend et plonge la racine, animées l'une et l'autre d'une égale et symétrique puissance.

C'est l'od qui relie les âmes entre elles, dit M. Boscowitz, qui les met en rapport avec toutes les forces vives de la nature, et lors même qu'il faudrait reconnaître avec les physiologistes de l'école négative que les plantes n'ont pas de système nerveux, l'on n'en serait pas moins contraint d'avouer qu'elles se rattachent à la famille vivante par les facultés singulières dont elles sont incontestablement douées. N'y a-t-il pas des polypes également privés de centres nerveux qui cependant mangent, s'agitent et vivent de la vie animale?

16.

Une étonnante complexité de résultats produite par la plus grande simplicité de moyens, telle est la vie de la plante. Cette vie, pour aussi manifeste qu'elle soit, est encore très-vague. Elle flotte, pour ainsi dire, atmosphère mystérieuse, enveloppant le monde végétal et se mêlant à la vie universelle.

Nulle restriction, nulle incarnation individuelle.

L'animal, dont la vie se limite avec rigueur et netteté, ne se reproduit que suivant un mode unique. Les plantes pour la plupart en ont plusieurs, et d'autant plus, qu'elles occupent dans la série vivante une place moins élevée.

L'organisation végétale est donc d'une simplicité remarquable. La vie naissante du reste fait peu de frais; tout lui suffit, tant elle est énergique. Le globule blanchâtre dont elle fait son premier organe pousse jusqu'à l'ivresse sa brûlante activité. Les volvox, les monades, les vibrions usent du mouvement en prodigues, en font des dépenses insensées.

De même, peu d'éléments suffisent à la plante. Deux tissus distincts, bien que d'origine identique, constituent la matière qui, durcie et plus ou moins desséchée, s'appellera plus tard du bois.

Le premier de ces tissus, formé de petites vésicules primitivement sphériques, est le tissu *cellulaire*.

Le second, composé de tubes allongés ou vaisseaux et qui ne sont que des cellules soudées bout à bout, s'appelle le tissu *vasculaire*. Ces deux tissus sont recouverts d'une écorce.

Au sommet du végétal, sur la partie supérieure de l'axe dont la partie inférieure et descendante s'appelle la racine, la vie produit une accumulation de nouvelles cellules, c'est le bourgeon ; du bourgeon sort le rameau, du rameau la feuille : voilà la plante et ses organes de conservation.

Mais il en est d'autres qui assurent la descendance, qui pourvoient à l'avenir. Les fibres supérieures s'épanouissent, nous l'avons dit. La tige monte, atteint son apogée de développement, puis s'arrête et concentre ses forces. La plante, comme aspirant à un idéal de beauté, de forme et de couleur, semble se faire artiste, métamorphose tout à coup les éléments dont elle s'est contentée jusque-là, et transforme merveilleusement ses feuilles, ces mêmes feuilles dont nous voyons la tige chargée.

Elle commence par émettre un pédoncule, petite tigelle qui va servir d'appui à ce qui se prépare. Le sommet de ce pédoncule s'élargit, se façonne en piédestal, c'est le plateau florifère. De là s'élance un dernier faisceau de feuilles, mais de feuilles magiques, colorées, parfumées, éclatantes : ce sont les feuilles calycinales, les feuilles corollines, les feuilles polliniques, les feuilles carpellaires — c'est la fleur, en un mot, admirable résumé de la plante, foyer de vie renaissante et de forces plastiques au milieu desquelles se prépare lentement et mûrit la semence.

17.

Les végétaux recouvrent la terre entière depuis la cime de ses montagnes jusqu'aux plus sombres profondeurs de ses mers ; depuis le Mont-Blanc haut de 14,780 pieds et le Chimborazo haut de 20,000 environ, où pousse encore le Lichen géographique, jusqu'à 12,000 pieds de profondeur océanique où végètent certaines Algues, sous une pression de 375 atmosphères. Cette masse innombrable de plantes qui revêtent la surface terrestre s'appelle le tapis végétal.

Ce tapis se subdivise en trois groupes :

Les *espèces*, comprenant les individus semblables ;

Les *genres*, formés par l'assemblage des espèces ;

Les *familles*, que compose la réunion des genres [1].

Pour aussi loin que s'étende un paysage, il se montre toujours paré des trois éléments de cette gradation constante. S'il n'y avait que des individualités semblables, il

1. Ainsi le Rosier blanc, le Rosier jaune, le Rosier mousseux sont des *espèces*, toutes ces espèces forment le *genre* Rosier, et tous les genres voisins du Rosier, tels que le Fraisier, la Potentille, la Spirée, etc., constituent avec lui la *famille* des Rosacées.

n'y aurait qu'une espèce, et le revêtement de la terre entière présenterait la monotonie d'un champ de Trèfle ou d'un carré de Choux. Si, au contraire, tous les individus étaient dissemblables, il y aurait autant d'espèces que d'individus; le tapis végétal en renfermerait des myriades et nous offrirait l'image d'une sorte de mosaïque fatigante dont les détails n'arriveraient jamais à former le moindre ensemble harmonique.

Les diverses parties du globe ont chacune leurs végétaux particuliers. Rochers, plaines, marais, plages désertes, fonds des océans, régions souterraines où vivent des familles entières, tout sert de patrie à ces créatures innombrables qui, depuis la goutte limoneuse que fait évaporer la brise, jusqu'aux savanes gigantesques dont se couvrent des moitiés de continent, s'éparpillent avec une invincible vitalité.

Outre la nature des milieux spéciaux, terrains ou liquides, chaque zone a ses productions. Les espèces alors se conforment aux lieux qu'elles habitent. Nombreuses, dispersées, feuillées ou nues, grimpantes ou couchées, ensevelies ou aériennes, sous un ciel pur ou dans une atmosphère chargée, isolées ou sociales, rabougries ou luxuriantes, de tous côtés elles foisonnent et multiplient, inondant, électrisant de vie cette terre qui les nourrit.

Les stations sont multiples, les niveaux différents. Elles s'échelonnent sur les flancs des hautes montagnes où se trouvent réunies diverses températures, de telle sorte que des bas-fonds aux neiges éternelles se juxtaposent par superposition toutes les flores successives.

Après l'Olivier viennent le Maïs et la Vigne, ensuite le Noyer, le Cerisier, les Céréales. Là où s'arrêtent celles-ci commencent les Sapins, qui couronnent les derniers contre-forts ou sommets secondaires; puis plus rien que des pâturages, un court gazon qu'arrosent au sortir des glaciers des filets de neige à peine fondue.

18.

On pourrait faire de bizarres rapprochements entre le monde végétal et le monde animal.

Ce serait un curieux chapitre que celui où une plume humoristique peindrait, à la manière de Toussenel, les habitudes, les fantaisies, les affections des végétaux, leurs haines et leurs amours, leurs passions obscures, rêveuses, et leurs obstinations tenaces que nulle violence ne saurait fléchir.

Il y aurait dans leur vie, leur mode de croissance et leur dissémination à la surface du globe de curieuses observations à faire. Les uns se rencontrent en foule et comme en peuplades conquérantes ; les autres n'apparaissent qu'en nombre très-limité. Il en est de vagabonds, sortes de bohémiens audacieux qui partout s'aventurent, s'accrochent aux vieux murs, s'improvisent des terrains improbables, poussent sur une corniche de pierre ou bien suivent les grands chemins, se livrent à tous les vents, s'embarquent sur les navires, s'abandonnent aux flots, traversent les mers à la nage et s'en vont d'un hémisphère à l'autre conquérir des plages nouvelles. Il en est d'autres timides qui se cachent, qu'un rien détruit, qu'un orage emporte, qu'un oiseau déracine, qu'un insecte ronge et anéantit. Telle est cette pauvre Wulfénie carinthienne, sorte de Gueule de lion qui n'a encore été trouvée que dans le Gailthale près de la chapelle de Hermagor, dans la haute Carinthie.

Il y a des plantes sociales, il en est d'autres solitaires, véritables anachorètes qui aiment l'isolement, le silence, l'oubli. Tandis, par exemple, que dans tous les champs de Seigle ou de Froment, s'assemblent en joyeuses compagnies, le Bluet azuré, la Nielle violette et l'éclatant Coquelicot, au milieu des décombres, près des ruines isolées ou des roches éparses fleurit, en février, avant toute autre fleur, la sinistre Rose de Noël, l'Hellébore fétide dont les feuilles crochues ressemblent à des serres d'oiseau de proie.

Il est enfin une dernière classe de plantes auxquelles nous reviendrons et qu'il faut mettre à part, ce sont les parasites, affreuses égoïstes qui vivent aux dépens des autres végétaux. Parmi elles, faisons grâce à celles qui, ne réclamant qu'appui et protection, sont appelées fausses parasites; mais anathème aux autres, à celles qui sucent, étranglent, assassinent, plongent comme autant de poignards leurs racines et leurs spongioles, et, vampires silencieux, boivent le sang de leurs victimes, c'est-à-dire leur séve.

19.

L'on doit comprendre quel rôle important jouent les plantes dans l'histoire de la terre. Le tapis végétal n'est pas un simple tissu mécanique fait pour récréer les yeux. C'est un ensemble complexe, harmonique, dont la texture, en se modifiant, peut modifier les empires, et duquel dépendent les progrès et la civilisation des peuples.

Le règne végétal n'est pas seulement un décor sur la scène du monde, c'est une république fédérale dont les communautés ou associations donnent la vie ou la tarissent, créent ou dépeuplent, et transformeraient bien vite la terre en désert, si l'homme négligeait, pendant quelques années seulement, de diriger et d'utiliser à son profit leur puissance redoutable.

Parmi ces associations, les forêts, par leur importance, occupent le premier rang. Ce sont elles qui au plus haut degré interviennent dans l'aspect des diverses contrées de la terre et dans l'économie statique de la nature. A leur ombre, le sol conserve une éternelle humidité que favorise, qu'augmente sans cesse le refroidissement de l'atmosphère entretenu par l'évaporation même qu'occasionne la forêt. Par suite d'un admirable enchaînement d'actions réciproques, l'effet reproduit la cause en devenant cause à son tour. Le nuage donne l'eau à la forêt; la forêt crée le nuage, et du suintement général des terres humides naissent les sources, les ruisseaux et les fleuves dont on connaît l'importance capitale dans l'histoire de l'humanité.

Au cap de Bonne-Espérance, par exemple, toute source devient le berceau d'une colonie. C'est l'absence des sources fixes, en revanche, qui fait les peuples nomades, et l'on comprend que les anciens rendissent un culte aux dryades et aux nymphes.

Que sont devenues, que sont demeurées les terres manquant de sources, ou dont les eaux se sont taries? L'Espagne, l'Afrique, la Grèce et la Judée sont là pour répondre avec leurs rochers calcinés et leurs plaines torrides. Autant en peuvent dire sur une plus petite échelle toute la chaîne des Apennins depuis Gênes jusqu'aux États de l'Église, les plaines arides du midi de la France et les stériles gorges de la Provence.

Que manque-t-il à tous ces déserts? demande M. Ch. Müller. Des forêts! — Oui, désert ou marécage, telles sont les suites immédiates d'un déboisement excessif, sans parler des inondations, des éboulements, des ensablements et des sécheresses périodiques. L'on connaît l'importance capitale des plantations de Conifères pour la fixation des dunes, et par contre quels dangers redoutables peuvent résulter d'un déboisement inconsidéré sur les rivages des mers sablonneuses.

Sur les côtes basses de la Prusse, à l'embouchure de la vieille Vistule, il existe un estuaire, le Frische Haff, qui n'est séparé de la mer Baltique que par un étroit cordon littoral s'étendant de Dantzick à Pillau. Il en était tout autrement avant le XVIIe siècle. Une longue forêt de Sapins assujettissait le sable des dunes, résistait à la mer et permettait à d'immenses champs de Bruyères de s'étendre là où s'amoncèlent aujourd'hui ces effrayantes collines fauves qui toujours coulent et marchent, poussant devant elles le désert, envahissant les fermes isolées d'abord, puis les villages ensuite et menaçant parfois les villes elles-mêmes. Mais un jour le roi Frédéric-Guillaume Ier avait eu besoin d'argent — tout comme les rois d'aujourd'hui. — Un courtisan offrit de lui en procurer sans emprunt, obtint toute autorisation pour cela, fit abattre la forêt protectrice et donna au roi 200,000 écus.

Spéculation insensée! L'on donnerait des millions aujourd'hui pour que les Sapins fussent encore à leur place. Les vents de la mer qui soufflent sans relâche remplissent peu à peu de sable le Frische Haff qu'ils transforment en marécage infect, puis dans leurs moments perdus rongent d'une manière inquiétante la route de la presqu'île appelée le paradis de la Prusse, entre Elbing et Kœnigsberg.

En revanche, à deux lieues de Constantinople, à Bojukdereh, s'étend une magnifique forêt de Hêtres et de Platanes. C'est elle qui alimente d'eau depuis des siècles l'antique Stamboul. Que l'on abatte cette forêt et Constantinople mourra de soif comme Marseille, comme Nîmes et tant d'autres villes altérées. Les Turcs l'ont si bien compris qu'ils ont dans leur code tout un chapitre d'ordonnances défendant à tout jamais de mettre la cognée à un seul arbre de la forêt de Bojukdereh.

Toutefois, les excès sont pernicieux en tout genre. Autant sont fâcheux les déboisements imprudents, autant ils sont parfois nécessaires lorsque de trop vastes forêts nuisent à la température d'une contrée.

Les forêts ont un pouvoir réfrigérant considérable. Utiles, indispensables même sous un ciel brûlant, elles deviennent nuisibles dans les zones trop froides ou même tempérées. Lorsque autrefois, dit M. Ch. Müller, la forêt hercynienne dont parle César s'étendait sur soixante journées de marche, depuis les bouches du Rhin jusqu'en Suisse, la vieille Germanie avait le climat actuel de la Suède. Le coq de bruyère, l'élan, le renne, l'ours et le loup y vivaient comme ils vivent aujourd'hui en Finlande et en Scandinavie. Il eût été difficile alors de pressentir quels délicieux vignobles devaient plus tard s'étendre sur les rives du Rhin brumeux.

D'après Fuster il y avait bien à l'époque de César des Vignes et des Figuiers, mais leur culture ne s'étendait pas au delà du 47° de latitude, c'est-à-dire qu'elle ne dépassait pas en France le lieu qu'occupe aujourd'hui la ville de Bourges et en Suisse la pointe septentrionale du lac de Neufchâtel. A la fin du IIIe siècle de notre ère, la culture atteignit les bords de la Loire ; elle s'étendit bientôt jusqu'à Paris et à Trèves. Au VIe siècle on la vit s'avancer dans la Bretagne et la Normandie. Au moyen âge, enfin, elle pénétra jusque dans l'Alsace et la Lorraine. Tels sont les faits qui coïncident avec la marche du déboisement et qui prouvent de quelle importance est pour l'histoire de la terre habitable, le premier groupe végétal, la forêt.

20.

Une seconde grande association végétale sont les Graminées qui, depuis les petites plantes herbacées que l'on foule en marchant jusqu'aux forêts de Bambous hauts de soixante pieds, couvrent les prairies, les savanes, les steppes et diverses régions tropicales.

Parlerai-je d'une troisième communauté, celle des Bruyères qui, en arrêtant les eaux, favorisent la production des tourbières et décorent si magnifiquement nos landes stériles?

M'arrêterai-je à la quatrième, celle des Mousses dont se compose uniquement le tapis végétal des pays septentrionaux et qui forment l'élément constitutif de ces tourbières merveilleuses d'où l'industrie contemporaine sait tirer de l'huile, de la blanche parafine de bougie, du coke, de l'ammoniaque, toutes sortes de sels et d'engrais? Non, mais un mot sur la cinquième ou association d'herbes marines, celle des Algues.

21.

Les Algues, les premiers nés d'entre les végétaux, servent d'introduction au monde que nous étudions. Elles forment le premier chapitre de la flore terrestre, chapitre sans pareil. C'est là que se trouvent, équivoques charmantes, ces plantes demi-vivantes, ces Protococcacées ou globules primitifs, ces Desmidiacées aux filaments mous et ces Diatomées aux filaments siliceux, toutes d'une si incroyable petitesse qu'on peut en aligner dix mille sur la longueur d'un pouce, et qui cependant arrivent à produire des résultats incalculables, tant est prodigieuse leur puissance de multiplication.

Qu'on en juge. De ces végétaux, dont chacun équivaut à la millionième partie d'un milligramme, de telle sorte qu'il en faudrait plus d'un milliard pour faire le poids d'un gramme, de cet être fantastiquement petit sont formées des couches végétales de vingt pieds d'épaisseur dans l'Amérique du Nord, de quarante pieds dans la bruyère de Lunebourg, et des bancs pour le moins aussi épais sous la ville de Berlin, où, au-dessous des fondations les plus profondes, l'on trouve encore des terrains si mouvants qu'il faut descendre jusqu'à la base du dépôt, pour obtenir toute garantie de sécurité dans les constructions de quelque importance.

Et, toujours parmi ces Algues, à côté de ces infiniment petits se trouvent des géants, des Fucus longs de quinze cents pieds, ces Sargasses dont s'épouvantèrent les compagnons de Christophe Colomb, et qui, dans certaines parties de l'Océan, forment des prairies, de véritables forêts vierges qui entravent la marche des navires. Il y a, dans les mers navigables, trois amas célèbres de ces redoutables Sargasses : un champ immense entre le 19e et le 34e degré de latitude, un autre près des Bermudes et enfin un troisième banc le long de la côte californienne. Toutes ces surfaces équivalent au moins à sept fois la superficie de la France.

22.

D'après les approximations les plus sérieuses et les plus récentes, l'on peut évaluer à près de deux cent mille le nombre des espèces végétales qui couvrent la terre ;

à cinq mille, environ, le nombre des genres et à deux cents le nombre des familles.

Ces chiffres, qui vont toujours croissant, s'augmenteront à mesure que l'homme connaîtra mieux le globe qu'il habite et qu'il ne connaît que bien imparfaitement encore, malgré l'essor nouveau donné aux voyages et aux explorations.

Toute limite disparaît, toute circonférence recule à mesure que l'on avance dans le cercle magique de la vie. Ce que l'on croyait inerte palpite tout à coup. Ce que l'on croyait désert se transforme soudain en un océan de vitalité ardente. Au delà du seuil des origines s'étendent d'autres limbes, d'autres mondes inattendus où sommeille l'élément qui sera germe plus tard, où l'infusoire se prépare... à sa dignité d'infusoire. — De quels univers n'a-t-on pas entrevu la profondeur depuis la découverte du microscope, et qui saurait dire quels horizons nouveaux s'ouvriront encore devant l'homme qui patiemment cherche, tâtonne, mais ne s'arrête jamais dans sa soif de paisibles conquêtes?

L'on connaît donc cinq mille genres, chiffre considérable, lorsqu'on songe que la plupart de nos Flores françaises les plus complètes n'en cataloguent environ que la cinquième partie.

Il est des genres qui ne se composent que d'un nombre limité d'espèces, quelquefois même que d'une seule, tel que le genre Camellia par exemple. Le Néflier en comprend deux, le Coignassier trois, le Seigle quatre, etc., tandis que l'on connaît deux cent quarante Chênes et neuf cent quarante-neuf variétés de roses.

La famille la plus riche en types divers est celle des

Composées. Elle est la plus universellement répandue, comprend trois cents genres environ et plus de douze mille espèces. Après les Composées viennent en série décroissante les Légumineuses, les Champignons, les Graminées, les Orchidées, les Rubiacées, les Algues, les Euphorbiacées, les Mousses, les Crucifères, les Ombellifères, les Labiées, les Scrofularinées, etc., jusqu'aux Nymphéacées, aux Cycadées et aux Typhacées qui sont les plus pauvres de toutes les familles.

23.

Les deux cent mille espèces environ, dont se compose dans sa totalité le règne végétal, se divisent en trois grandes classes ou tribus fondées sur le nombre ou l'absence des *cotylédons*.

Ne vous effrayez pas de ce mot barbare, vous allez bien vite le comprendre.

Vous avez souvent vu naître une plante, n'est-ce pas? Vous avez remarqué ces deux petites folioles délicates qui, à droite et à gauche, écartent la terre, montent ensemble et émettent du milieu même de leur bifurcation le premier bourgeon de la plantule d'où sortiront plus tard les feuilles à mesure que s'élèvera la tige. Eh bien, ces deux premières folioles primordiales sont les *cotylédons,* d'un mot grec qui signifie écuelle.

— Écuelle?

— Je dis écuelle et vous avez bien lu. Ces premières

3.

feuilles, habituellement charnues, pulpeuses, gorgées de sucs et de forme plus ou moins convexe [1], sont de véritables mamelles végétales, deux cavités pleines de matière nutritive, deux vases, deux *écuelles* enfin dont le contenu nourrit le premier bourgeon de la plantule, jusqu'à ce qu'il puisse se suffire à lui-même.

Mais ces deux feuilles n'existent pas toujours. Voyez pousser une herbe de la prairie, ou un pied de Froment; à la place des deux folioles, il n'y a plus ici qu'une fine aiguille verte qui jaillit de la terre, droite et ferme comme l'extrémité d'une épée lilliputienne.

Cette pointe unique enfin n'existe pas toujours non plus. Voyez naître une Mousse, se former une Moisissure, ou surgir un Champignon, ils sortent de terre, ils apparaissent tels qu'ils seront plus tard avec une tête sphérique ou aplatie.

De là, vous le voyez, ces trois grandes classes de végétaux dont je parlais tout à l'heure :

Les *Acotylédonés*, de deux mots grecs qui signifient sans cotylédons (Champignons, Mousses, Lichens, Algues, etc).

Les *Monocotylédonés,* qui n'ont qu'un seul cotylédon (Graminées, Liliacées, Palmiers, etc).

Les *Dicotylédonés*, enfin (toujours du grec !), qui ont deux cotylédons, c'est-à-dire la plupart des plantes ordinaires appartenant à diverses familles : Renoncule, Rosier, Chêne, etc., etc.

---

1. Voir les deux moitiés d'un pois ou d'un haricot qui ne sont pas autre chose que les cotylédons au milieu desquels s'allonge la gemmule.

Malgré mes tentatives d'explication, ces trois mots vous déplaisent-ils encore? Eh bien, pour mieux nous comprendre entre nous, disons tout simplement, nous qui nous moquons, non pas de la science, mais des formules scientifiques :

Les Plantes incomplètes (Acotylédonées).

Les Plantes à végétation simple (Monocotylédonées).

Les Plantes à végétation double (Dicotylédonées).

LE

MONDE SOUTERRAIN

LA RACINE. — LA GUERRE.

24.

Creusons, descendons. Plus bas que l'herbe courte de la prairie, plus bas que la Mousse qu'elle recouvre ou que le Lichen qui rampe, plus bas que la feuille morte qui devient poussière, là dessous, dans l'ombre, s'étend un monde mystérieux.

Laissons la fleur, laissons la tige ; allons jusqu'à l'extrémité inférieure de cet axe végétal que certains naturalistes ont appelé avec raison la colonne vertébrale de la plante ; sous la forêt, supposons des catacombes et contemplons l'étrange spectacle.

Des milliers de racines de toute grosseur s'allongent, se ramifient, s'entre-croisent en lacis inextricables. Chacune d'elles, d'abord simple, va se bifurquant sans cesse, se complique, s'étale en réseaux parallèles suivant la nature de la plante et les couches de terrain, ou bien s'en va, plongeant dans les profondeurs humides, vers les filons riches en sucs nourrissants.

Quel silence se fait dans ce ténébreux royaume. Plus de lumière ici, plus de vents, plus d'orages, pas un souffle ; une immobilité éternelle, le calme du sommeil ou de la mort et la paix des tombeaux.

La paix ! Trompeuse apparence. C'est la guerre qui règne ici, comme elle règne là haut sur la terre, guerre silencieuse mais obstinée, sans trêve ni relâche, sans miséricorde, sans pitié.

Parmi ces racines entrelacées comme des lutteurs, c'est à qui s'étendra plus loin, à qui trouvera au plus tôt une couche de bonne terre humide, à qui se gorgera le plus possible, et au détriment de toutes les voisines, des meilleurs sucs qu'elle renferme. C'est donc une lutte de vitesse dans ce prétendu monde immobile. C'est un combat d'appétits assassins dans ce prétendu peuple d'innocents.

Là, point de repos, point de nuit qui délasse du jour, point de diversion, nulle halte. Une activité éternelle dans d'éternelles ténèbres. Une avidité absorbante que rien n'assouvit. Une obstination d'empiètement que rien ne fléchit ou n'arrête. Rien en effet ne peut donner une idée de l'insatiable voracité d'une racine ni de son égoïsme féroce. Chacune va devant elle, allongeant ses avides spongioles

qui, gonflées de sucs épais, abusent de l'attraction moléculaire et attirent, pompent les eaux souterraines avec
une inconcevable puissance.

Ce n'est pas seulement au moyen de ses spongioles
qu'elle absorbe, c'est par tout son être et au moyen de
toutes ses surfaces. Comprend-on un monstre semblable?
Se fait-on une idée d'un serpent ou d'un crocodile qui,
non content de sa gueule, mangerait et boirait avec tout
son corps, qui tout entier ne serait qu'une bouche?

Eh bien, c'est ainsi qu'est la racine, elle n'est qu'un
vaste suçoir [1], un suçoir qui se multiplie avec la nourriture,
qui grandit d'autant plus qu'il absorbe, et qui, en face
d'un filet d'eau, s'improvise toute une chevelure, toute
une nasse de fibrilles dévorantes. Voyez un Saule pleureur
sur le bord d'un ruisseau, un simple pied d'herbe poussant
près d'un tuyau de conduite, tous deux s'exaltent, se ramifient d'une façon incroyable. Chaque bout de racine se fait
légion, s'épaissit au point d'encombrer le tuyau, se penche
sur le ruisselet, le dessèche ou le déplace tout au moins,
si le courant n'est pas assez rapide pour ronger en fuyant
ces forcenés envahisseurs.

Ces envahissements sont poursuivis par la racine avec
une sombre ténacité. Elle semble animée d'une vie spéciale tant elle y met de passion. Manger et boire malgré tout, à travers tout obstacle et toute souffrance, telle
est sa loi. Là-bas filtre une source, allons-y et buvons-la.
Tant pis pour ceux qu'elle alimente! Et la racine alors
de s'allonger et de se tordre avec des ondulations de serpent, ici autour d'une pierre qu'elle n'a pas le temps de

---

1. MM. Ohlert et Link l'ont prouvé par de récentes expériences.

percer, là au travers d'une couche de tuf, de schiste ou même de calcaire qu'elle finit par disloquer et par disjoindre. Elle va, multipliant et dirigeant avec un instinct incompréhensible l'aveugle mais redoutable légion de ses suçoirs. Chacune de ses fibrilles repousse, affame une rivale, la plus vigoureuse l'emporte.... Qui donc réclame ici? Le droit c'est la force, et les faibles ont tort!

25.

Bizarre et triste spectacle que cette insouciance superbe de la nature élémentaire. La pitié ne commence à poindre que chez l'homme et quelques animaux supérieurs, et encore que d'infractions à ses timides lois!

Je regardais un jour deux oisillons dans une cage. Tous deux, insouciants et joyeux, chantaient et sautillaient par-dessus leurs barreaux avec une ardeur infatigable. Tout à coup l'un d'eux s'accroche la patte, se débat, se brise les membres et se renverse juste à l'endroit où les faisait toujours retomber leur sarabande désordonnée. Il jette des cris perçants, appelle manifestement son frère libre à son secours ; mais celui-ci aveugle et féroce dans sa légèreté poursuit sa course et ses bonds insensés. A chaque tour, il retombe lourdement sur le corps du malheureux qu'il étourdit, puis qu'il assomme lentement avec une horrible obstination.

Le pauvre petit martyr longtemps agita ses ailes, fit

des efforts désespérés, se tordit avec angoisse, criant
d'abord, puis soupirant ensuite à mesure que venaient
les défaillances et que la vie s'en allait...

La cage était loin de moi, de l'autre côté de la rue; je
ne pouvais rien pour la misérable créature, et je vis l'autre
odieux, stupide, qui toujours piaulant et joyeux continua sa
gymnastique brutale sur le pauvre petit cadavre de son frère.

26.

Cette même insouciance égoïste, on la retrouve chez
les plantes. Les empiétements et les meurtres que com-
mettent les racines sous la terre sont renouvelés au-dessus
par la tige et par les rameaux. Une prairie, une forêt sont
des champs de bataille. La victime affamée par le bas
est en même temps asphyxiée par le haut. Tandis que la
racine est privée de sucs et d'humidité, la tige et la tête
comprimées, surchargées, s'affaissent dans l'ombre sous
une oppression mortelle.

Il y a parfois lutte et résistance. C'est corps à corps que
les plantes s'attaquent, s'ensevelissent, se privent d'air et
de lumière et finissent souvent par s'étouffer l'une l'autre
dans leurs contractions lentes, mais continues.

Oh! si elles pouvaient se plaindre toutes celles que des
rivales étouffent tout doucement, en les embrassant, en
les couronnant de vertes feuilles, de festons élégants et
de grappes splendides! Que d'enlacements sinistres et
que de silencieux étranglements sous les belles lianes des

tropiques! Avec quelle grâce perfide elles enguirlandent celles qui vont mourir! Quelles étreintes implacables voilent leurs flottantes arabesques où murmure la brise, où se balancent les colibris et combien saisissants, si l'on pouvait les comprendre, seraient le spectacle de ces luttes, les combats de ces ennemis impassibles qui, sans cris, sans fuite possible, s'assassinent à longue échéance et agonisent pendant des années!

27.

Ces lianes serrent avec une telle violence le tronc des arbres envahis, qu'elles finissent par pénétrer dans l'intérieur même du bois, à travers les plus dures écorces. Il en est une, surtout, appelée meurtrière, *la Cipo matador* qui, parmi les plus dangereuses, se distingue par ses redoutables embrassements. C'est, dit Burmeister, un des phénomènes végétaux les plus émouvants. L'on voit réunis deux troncs d'arbres également robustes; l'un, droit, indépendant et reposant sur de solides racines, s'élève du sol à une hauteur de quatre-vingts ou cent pieds, tandis que l'autre élargi, aplati et comme moulé sur celui qui le porte ne tient à la terre que par de minces et frêles radicelles. Aussi comme il semble avoir peur de tomber! Il se suspend à son voisin, s'y fixe par de nombreux anneaux, anneaux terribles, cercles mortels qui vont toujours serrant, à mesure que grossit la victime, jusqu'à ce que ces deux troncs fatalement soudés l'un à l'autre n'aient plus désormais qu'une destinée commune.

Longtemps, ils se maintiennent ainsi, côte à côte, avec une luxuriante vigueur, entremêlant leurs rameaux et leurs feuillages diversement colorés. L'un soutient, l'autre s'appuie. Il n'y a jusque-là qu'alliance. Le protecteur semble fier de secourir, le protégé reconnaissant d'être soutenu ; mais tout en se retenant, il étrangle le perfide, et un jour vient où l'étreinte devient si formidable, que toute séve s'engorge et s'arrête dans la tige du malheureux asphyxié. Il languit, se dessèche, meurt... Et maintenant ils sont là, demeurant encore debout, le vivant appuyé sur le mort, jusqu'à ce que celui-ci, rongé par une rapide décomposition, tombe, se brise et entraine le meurtrier dans sa ruine. — Il s'est bien vengé, le vaincu, car voici l'assassin ; spectre extravagant qui, enchaîné au cadavre, cherche en vain d'autres victimes, et dans la boue noire de la forêt rampe et se tord comme un serpent blessé.

28.

Ce n'est pas seulement d'individu à individu, mais encore d'espèce à espèce que se livrent ces luttes meurtrières. Ce sont parfois de véritables armées qui s'en vont à la conquête d'un pays. Les vents, les fleuves, les courants de la mer eux-mêmes se font complices de ces envahisseurs. Les intempéries des saisons, les étés trop chauds, les hivers trop froids se liguent avec les forts contre les faibles. Telle pluie qui noie par milliers des germes qui allaient éclore, fait pousser par millions d'autres graines assez robustes pour attendre encore quelques jours les rayons d'un vivifiant soleil.

Dans nos landes et sur nos montagnes, les Genêts, les Bruyères, les Ajoncs, les Euphorbes et les Chrysanthèmes envahissent des régions considérables, des départements entiers.

Dans les steppes de la Russie méridionale, M. Hommaire de Hell a vu, pendant cinq années consécutives, une Graminée, la Stipe, couvrir toutes les plaines et y prendre un si dangereux développement qu'il fallut pour la détruire employer des moyens mécaniques.

Qui ne connaît la rapidité avec laquelle le Chiendent se développe dans les terres cultivées, avec quelle exubérance s'allongent et se ramifient ses tiges traçantes? Dans le midi de la France, il n'est pas rare de voir des fossés ou des chemins creux littéralement comblés par des monceaux de cette plante que l'on y verse par tombereaux, et d'où elle s'échappe encore invincible, ressuscitée, avec cette ténacité qui caractérise les Graminées à racines vivaces. La Menthe sauvage couvre des prairies entières et s'y perpétue avec une obstination qui triomphe de tous les défrichements et parfois de l'incendie lui-même. Il y a une espèce de Carex qu'on ne peut déloger des bas-fonds humides. Le Raifort Ravenelle infeste les cultures en telles proportions que l'on croirait, à voir les tapis qu'il forme et les espaces qu'il recouvre, qu'on l'a ensemencé artificiellement. Cette plante dont la graine est vénéneuse, selon Linnée, cause de temps à autre, en Suède, de redoutables épidémies, lorsqu'elle parvient à s'emparer des champs de blé. Enfin, l'Érigeron du Canada, apporté d'Amérique dans des caisses d'emballage, s'est propagé en Europe avec tant de rapidité, que quelques années lui ont suffi pour envahir tout le centre de la France. L'abbé Delarbre écrivait, en 1800, qu'il n'en avait encore observé qu'un seul pied dans l'Auvergne; en 1805, MM. de Salvert et Auguste de Saint-Hilaire retrouvaient cette plante à chaque pas dans ces mêmes régions d'où elle a rayonné sur l'Europe entière.

Gœppert raconte que la ville de Schweidnitz, en Silésie, fut frappée d'une véritable calamité par la multiplication de la Leptomite laiteuse, petite plante aquatique qui obstrua le canal d'un moulin, ferma tous les conduits hydrauliques, putréfia l'eau et s'étendit sur une superficie de plus de dix mille pieds carrés. Récemment encore, une Conferve d'Amérique échappée du Jardin botanique de Cambridge s'est multipliée en Angleterre d'une si étrange façon, qu'elle encombre les canaux, ferme les écluses, entrave le halage, comble les aqueducs, entraîne les filets de pêche et noie les nageurs qui s'aventurent au milieu de ses filaments redoutables. En peu de temps elle a haussé d'un pied tout le lit du fleuve Cam.

Mais en fait d'envahissement irrésistible, rien n'égale la puissance des végétaux Carduacés. Les Chardons détruisent tout dès que la main de l'homme se ralentit un instant. Le Chardon est le sceau des terres mortes ou de celles qui n'ont encore jamais vécu. C'est l'allié des conquérants, le complice des ravageurs, l'éternel et infatigable ennemi de toute prospérité sociale.

Depuis que les rives du Jourdain sont abandonnées, il s'y est fait une immense solitude de Roseaux et de Chardons. Les Chardons ont également envahi la Grèce. Landerer affirme que depuis mars jusqu'en octobre, certaines régions de ce pays ne présentent à l'œil qu'un tapis lamentable de Chardons mêlés d'Orties. C'est surtout dans l'Amérique méridionale, dans les déserts de la Plata, que le Chardon s'impose avec une souveraine sauvagerie. Dans les Banda (groupe des Moluques) ils couvrent, d'après Darwin, plusieurs milliers de lieues carrées de fourrés effroyables, hauts de six pieds et également impénétrables pour les hommes et pour les animaux. Des bandes de brigands s'y sont creusé des tanières auxquelles ils arrivent par des labyrinthes où nul n'ose s'aventurer.

Voilà comment se propagent les plantes envahissantes et quels sont les hauts faits de notre racine, car c'est par elle que s'effectuent ces prodigieuses multiplications. L'on a calculé que si pendant un très-petit nombre d'années, toute culture s'arrêtait en Europe, l'on en verrait disparaître, jusqu'à leurs dernières traces, les Céréales et les Légumineuses dont on la couvre périodiquement, et que notre hémisphère deviendrait la proie de huit ou dix espèces vivaces pour l'extirpation desquelles il faudrait une somme d'années et d'efforts incalculables.

29.

Une lutte non moins dramatique que celles dont il vient d'être question se livre continuellement, dans nos forêts, entre les arbres à feuilles étroites, tels que les Pins, les Sapins et les Mélèzes, et les arbres à feuilles larges, tels que les Chênes, les Hêtres, les Charmes et les Érables. De toutes parts ces derniers reculent.

Faut-il chercher, dans ce curieux chapitre de l'histoire végétale, l'indice d'un refroidissement progressif[1], ou bien plutôt ne faut-il y voir, avec MM. H. Lecoq et Ch. Müller, que l'un des résultats de cette grande loi d'alternance dont les oscillations aujourd'hui incontestables s'effectuent de siècle en siècle, à longues périodes, n'accomplissant que deux fois en mille ans, à peu près, le cycle de ses lentes évolutions?

Quoi qu'il en soit, le duel se poursuit de tous côtés et parfois avec une rapidité singulière. M. Edmond de Berg, inspecteur des forêts du Hanovre, nous apprend que le paysage d'une contrée peut souvent se transformer en une vingtaine d'années. Dans la principauté de Lunebourg, les forêts à feuilles acérées et les forêts à feuilles larges se sont disputé la suprématie pendant cent ans environ. Dans le Solling, ce combat n'est pas encore terminé. Dans la Forêt-Noire, la victoire est restée aux Sapins. Le Hartz lui-même eut autrefois des Chênes d'une tout autre nature que ceux qui y croissent aujourd'hui. En pleine forêt de Schalek, non loin de Zellerfeld, l'on a trouvé, en 1824, en abattant une sapinière dont on arrachait les

---

1. La théorie du refroidissement séculaire y gagnerait un argument de plus. S'il est vrai, comme le pensent quelques astronomes et physiciens modernes, MM. J. Reynaud et Zurcher entre autres, que notre hémisphère soit en voie de refroidissement; s'il est vrai que, tous les douze mille ans environ, s'opèrent des phénomènes astronomiques dont les résultats soient de donner alternativement aux saisons un

souches, d'énormes troncs de Chênes enfouis et tels qu'on ne saurait en retrouver d'aussi gros dans un rayon très-étendu. Le même phénomène fut observé en 1843 sur le sommet du Schindeln, et enfin dans le Brocken, on rencontre souvent au fond de vieilles tourbières des accumulations considérables de Bouleaux, d'Érables, de Hêtres et de Chênes qui mesurent jusqu'à trente pieds de circonférence.

Ils gisent donc encore là, les débris de cette immense forêt hercynienne dont César nous a laissé la description, et qui depuis les Alpes et le Hartz s'étendait jusqu'à la mer Baltique, couvrant toute la vieille Germanie de son ombre impénétrable.

En Livonie, en Esthonie, en Silésie, en Danemarck et en Suède, il existait également des forêts à feuilles larges dont la place est aujourd'hui complétement envahie par les Conifères. Cette loi d'alternance est désormais un fait acquis pour la science. Des observations nombreuses faites dans les deux hémisphères établissent que partout les Pins, les Sapins et les Mélèzes alternent avec les Hêtres, les Aunes et les Chênes.

Il y a parmi les arbres des espèces qui s'en vont, il en est d'autres qui renaissent. Tandis que le Sapin prospère et s'étend chaque jour, le Bouleau, race atteinte par je ne sais quelle loi fatale, meurt de toutes parts, en Suède, en

maximum et un minimum d'intensité; s'il est vrai enfin qu'en l'année 1122 de notre ère, c'est-à-dire sous le règne de Louis VI, se soit manifesté le minimum d'intensité relative dans les températures de l'hiver et de l'été, nous sommes dans la voie ascendante. A mesure que s'écouleront les siècles, les hivers seront de plus en plus rigoureux, jusqu'à ce qu'ils arrivent à leur apogée en l'année 14000 de notre ère.

Islande, en Laponie. Aussi semble-t-il porter sur tout son être la marque de malédiction. Sa blancheur paraît maladive, et l'on ne peut se défendre d'un vague sentiment de pitié douloureuse, lorsque au travers des massifs sombres l'on voit resplendir sa tige presque toujours grêle et blanche — pâle comme la face d'un condamné.

D'où vient cela? Comment expliquer cette réapparition le plus souvent périodique, mais parfois soudaine de certaines races végétales? Personne encore ne l'a fait d'une manière satisfaisante. L'on parle de semences enfouies par les oiseaux ou dispersées par les vents. L'on fait valoir la longévité des graines, la durée de leur puissance germinative à l'appui desquelles l'on cite surtout ces grains de blé qui, trouvés dans les sarcophages égyptiens, ont parfaitement germé après deux ou trois mille ans d'attente. Mais outre que ces derniers faits ne sont rien moins que prouvés, la longévité de la puissance germinative paraît encore ne pouvoir répondre aux diverses difficultés dont se compliquent, dans leur généralité, la question des végétations dites spontanées et la grande loi des alternances périodiques. Elle est particulièrement impuissante devant le récit de certains phénomènes végétaux vraiment incompréhensibles et qui seraient, de prime abord, révoqués en doute, s'ils n'avaient pour garantie l'incontestable autorité des auteurs qui les racontent.

Fursh raconte qu'à la suite des défrichements faits au moyen du feu dans l'Amérique du Nord, l'on voit régulièrement apparaître une quantité considérable de Seneçons, de Trèfles et de Molènes. Suivant le capitaine Franklin, l'on a vu dans la baie d'Hudson pousser des

Peupliers partout où l'on avait brûlé des Pins. Zollinger affirme qu'à Java, une gigantesque Arundinacée paraît sur tous les sols défrichés des forêts vierges. Le célèbre Auguste de Saint-Hilaire rapporte qu'au Brésil, après l'incendie de ces mêmes forêts, apparaît un reboisement nouveau qui, brûlé à son tour, donne naissance à tout une flore de Ptérides (sortes de Fougères) auxquelles succède infailliblement une herbe laide et visqueuse, la Méline minutiflore. Aux Canaries, dit M. Lecoq, lorsque les bois de Châtaigniers plantés par les Européens sont détruits ou abandonnés à eux-mêmes, les Ronces et les Fougères les ont bien vite envahis. Après elles viennent les Mille-pertuis, les Cinéraires, puis apparaissent les Bruyères et après celles-ci enfin se montrent les Lauriers et les Faya, premiers indices de la renaissance des forêts indigènes. A l'Ile de France, d'après du Petit-Thouars, quand on défriche une forêt, soit par le fer, soit par le feu, le sol se couvre immédiatement après d'espèces toutes différentes, la plupart étrangères à l'île et, chose incroyable, originaires de Madagascar! Le botaniste Morison nous raconte que trois mois après le grand incendie de Londres, en 1666, il apparut tout à coup sur le lieu même du désastre une telle quantité de Sisymbres à larges feuilles, qu'en réunissant tous ceux du continent européen, l'on eût difficilement pu reconstituer une agglomération semblable. Citons un dernier fait pour clore cette série vraiment merveilleuse. Après le bombardement de Copenhague, en 1807, le Seneçon visqueux qui croît toujours isolément couvrit avec une profusion incroyable les ruines de la capitale danoise.

Devant des affirmations de ce genre, et je pourrais en

ajouter bien d'autres, l'on demeure muet, confondu. Ces phénomènes ne s'expliquent pas. L'on se borne à les constater.

M. Hoffmann, habile naturaliste danois, n'a pas craint, après une série d'observations qui toutes l'amenèrent à des résultats analogues, d'avancer la fameuse hypothèse de la génération spontanée et j'avoue que l'on se demande souvent pourquoi l'on ne partagerait pas son point de vue, malgré les protestations énergiques de certains naturalistes conservateurs et orthodoxes.

30.

Mais revenons à notre racine.

En sommes-nous donc bien loin? Non en vérité. N'est-ce point elle qui joue toujours le principal rôle dans la dissémination de ces végétaux dont nous venons de raconter à la hâte les envahissements, les voyages et les merveilleuses réapparitions?

L'on remarque chez la racine plus encore qu'une force inexplicable dans sa marche souterraine, c'est une sorte d'instinct passionné avec lequel elle recherche et finit par atteindre, à travers des obstacles insurmontables en apparence, la nourriture et l'humidité dont elle a besoin.

A une profondeur parfois considérable, l'on trouve de minces filets presque microscopiques qu'une mouche en passant ferait ployer avec ses ailes. Eh bien, ces filaments flexibles, ces cheveux frémissants, ils ont percé des couches compactes de terre durcie, des lames de schiste, de calcaires ou de laves, ou bien se sont insidieusement introduits dans les joints de pierres qu'ils ont fait éclater. L'on a vu de fortes murailles se lézarder, s'écrouler même à la longue, par suite du voisinage de quelques arbres dont les racines avaient glissé sous la masse énorme, l'avaient soulevée, disloquée, puis en avaient rompu l'équilibre.

Et qu'on ne croie pas que tout ce travail soit vain. Si ces racines ont percé ces pierres, si elles ont renversé ces murailles, ce n'est point poussées par un aveugle besoin de destruction qu'elles l'ont fait, non, c'est pour obéir à l'impulsion de leur voracité toujours inassouvie. Elles renversent, fendent, brisent, tuent... Pourquoi? Pour aller boire quelques gouttes, là, dans le filet d'eau voisin dont elles ont deviné la présence avec cette incompréhensible divination qui les distingue.

L'on dirait vraiment parfois que la ruse s'en mêle. Duhamel raconte que, voulant garantir un champ de bonne terre des racines voraces d'une rangée d'Ormes qui l'épuisaient, il fit faire le long de ces arbres une tranchée profonde qui coupa toutes les racines inculpées. Précaution superflue! Une armée de racines nouvelles s'élança, se mit en marche, arriva à la tranchée, descendit, ne pouvant traverser le vide, passa sous le fossé, remonta de l'autre côté de l'obstacle et envahit de nouveau ce champ qu'on avait espéré mettre pour toujours à l'abri de ces indestructibles maraudeuses.

31.

Ce n'est pas seulement à la recherche de sa nourriture que la racine consacre toutes les remarquables facultés dont elle paraît douée. Elle a aussi pour tendance de se diriger vers le centre de la terre ; tendance qui se manifeste particulièrement dans les jeunes racines. Vague et indistincte chez les plantes dont le développement est avancé, cette faculté est d'une inconcevable énergie dans la radicule, première manifestation de la vie végétale. Tout obstacle est surmonté, toute ruse déjouée. Il n'est pas d'expérience que l'on n'ait faite dans le but de faire violer, ne fût-ce qu'une fois, cette loi essentielle de germination et personne n'a jamais pu y parvenir.

Semez une graine quelconque, un haricot, une fève, dans les conditions ordinaires. Lorsque la germination aura eu lieu, quand la jeune racine, obéissant à sa tendance impérieuse, se sera dirigée vers le centre de la terre, retournez le vase où pousse le sujet de l'expérience, et bientôt vous verrez se recourber cette radicule qu'on ne saurait ni tromper ni soumettre.

L'on n'a pu trouver encore d'explication satisfaisante à cette curieuse propriété végétale. Ce n'est point comme source d'humidité que la terre attire la racine vers elle. Les expériences de Duhamel l'ont constaté d'une manière irréfutable. Il a fait germer des graines entre deux éponges

4.

humides, suspendues à l'air libre, et l'on a vu les radicules s'allonger, descendre entre les éponges et mourir de soif, de désir, dans les vains efforts qu'elles faisaient pour atteindre cette terre qui les attirait mystérieusement.

Aux éponges, Dutrochet substitua de la terre. Dans une caisse suspendue et percée de trous à la partie inférieure furent semées diverses graines. Elles n'avaient qu'à pousser de quelques centimètres la tête en bas pour trouver sous la caisse de l'air et de la lumière, tandis qu'au-dessus s'étendait pour les racines une couche d'excellent terrain. Vaine supercherie! Les radicules sortirent de la caisse par les ouvertures, s'allongèrent, se tordirent lentement dans l'espace inhospitalier pour elles et ne tardèrent pas à s'y dessécher, tandis que dans la caisse les malheureuses tiges enterrées vivantes se consumaient en suprêmes efforts, pour soulever ou percer le lourd couvercle de leur sépulcre. Elles aussi moururent à la peine.

On a essayé plus encore. Knight, célèbre physicien anglais, sema un jour des graines dans les auges d'une roue verticale faisant cent cinquante révolutions par minute. L'invention dut paraître diabolique à ces malheureuses semences. Quel bouleversement incompréhensible et comment s'y reconnaître? — Elles s'y reconnurent cependant. L'horrible vertige ne les troubla point. Chacune d'elles germa, poussa pendant quelques jours, dirigeant imperturbablement sa tige vers le centre de la roue et sa radicule vers la circonférence, comme si elle eût voulu, chaque fois que le mouvement de rotation les rapprochait de la terre, y plonger, y accrocher, ne fût-ce qu'un instant, cette racine désespérée.

Quelle est-elle donc cette puissance que rien ne peut vaincre ni désorienter? L'on s'interroge, l'on doute, et les auteurs sont d'opinions diverses. Les uns ont supposé, que c'est la pesanteur des racines qui les entraîne vers le centre du globe; les autres, que c'est à une attraction spéciale de la terre humide et riche des sucs divers dont la radicule est altérée qu'il faut attribuer la direction de celle-ci; d'autres encore, que c'est une force intérieure, spontanée et inhérente à la racine elle-même, ou bien, peut-être, une sorte d'application partielle de la grande et universelle loi de la gravitation. Un dernier, enfin, un botaniste célèbre, M. A. Richard, pense qu'une véritable *polarité* pénétrant l'axe végétal comme un barreau aimanté pousse la tige vers la lumière, tandis que la racine, entraînée par une force contraire, s'en va et plonge éperdument dans les ténèbres.....

Sont-ce des explications satisfaisantes que toutes ces hypothèses plus ou moins ingénieuses? Non. Mystère éternel, c'est toujours ce mot-là qui termine certaines discussions et beaucoup de recherches.

Quoi qu'il en soit, la lumière, les ténèbres, voilà les deux mondes opposés qui se partagent le végétal. Autant la tige aérienne s'élève avec passion vers la lumière, autant la tige souterraine plonge avec obstination vers l'obscurité.

Placez, par exemple, dit M. Payer, dans un appartement éclairé d'un seul côté un verre rempli d'eau sur laquelle flotte une légère couche de coton. Semez sur ce coton imbibé des graines de Moutarde blanche ou de telle autre plante vivace, et au bout de quelques jours vous verrez, d'une part, la radicule s'enfoncer dans le coton, atteindre l'eau, puis s'infléchir, pour fuir le jour, du côté sombre de l'appartement ; d'autre part, la tigelle s'incliner passionnément vers la fenêtre, comme pour boire jusqu'à l'enivrement la belle lumière qui en provient.

Mais voici un fait remarquable. L'on sait que la lumière est composée d'un certain nombre de rayons colorés que l'on peut, au moyen d'un prisme, isoler et séparer les uns des autres. Eh bien ! tous ces rayons n'exercent pas une égale influence sur la partie aérienne de la tige. La lumière bleue seule (et ses composés) attire la plante vers elle, tandis que les rayons jaunes et rouges la laissent indifférente ; de telle sorte qu'une plante située dans un appartement exclusivement rempli de rayons rouges ou jaunes s'y comporte exactement comme dans l'obscurité la plus complète, sans infléchissement ni de la tige, ni de la racine.

<h2 style="text-align:center">32.</h2>

Pas de règle toutefois sans quelques exceptions. Si toutes les plantes, obéissant à la loi centripète, dirigent invariablement leurs radicelles vers le centre de la terre, il est une classe de végétaux, les parasites, classe bizarre entre tous, qui habituellement échappent à la loi commune. Ces plantes, en effet, poussent leurs radicules, dans quelque situation que le hasard les place, vers le corps (tronc, branche ou racine) que convoitent leurs redoutables suçoirs. Dutrochet, que nous retrouvons chaque fois qu'il s'agit d'expériences curieuses et décisives, a fait germer divers parasites et du Gui en particulier sur toutes sortes de corps, sur du bois, de la pierre, du verre, voire même sur un boulet de canon et en toutes circonstances les radicules se sont toujours dirigées vers le centre des objets sur lesquels les graines avaient été fixées.

33.

La racine est un organe éminemment capricieux, poussant partout, s'accrochant à tout, ici s'allongeant dans l'eau où elle flotte et ondule comme une couleuvre, là se crispant autour d'une pierre, sur un mur ou une roche qu'elle a fait éclater, ailleurs s'enfonçant dans l'écorce des autres plantes et jusque dans les profondeurs mêmes de leurs tissus. Il n'est pas d'allure qu'elle ne prenne, pas de station qu'elle ne choisisse, pas de forme qu'elle n'affecte, depuis la mince et tremblante fibrille qu'on appelle capillaire, jusqu'à ces exostoses monstrueuses du Cyprès chauve d'Amérique, par exemple, qui, de distance en distance sortent de terre et s'élèvent nues et arrondies au sommet comme des bornes végétales.

Nous venons de la voir chez les parasites échapper à une loi générale, celle de la gravitation, nous la retrouvons ici, dans d'autres végétaux, dans tous les végétaux même au besoin et selon les circonstances, rebelle à cette autre tendance essentielle qu'ont les tiges souterraines de rechercher toujours les ténèbres.

Certaines racines, en effet, vivent dehors, au grand air et en pleine lumière, avant de rencontrer la nourriture qu'il leur faut et qu'elles recherchent, on le sait, à travers tout obstacle. Pour cette raison, on les a appelées *racines aériennes,* expression peu justifiée sur laquelle nous reviendrons tout à l'heure.

Mais citons des exemples. La Cuscute germe, naît, sort de terre, cherche autour d'elle quelque victime, l'enlace dès qu'elle l'a trouvée, s'y accroche au moyen de ses suçoirs qui ne sont que des racines supplémentaires, et laisse alors mourir ses premières racines souterraines dont elle n'a plus que faire désormais. Le Lierre, lui, il cumule. A la vérité, il tire de ses racines souterraines la meilleure partie des sucs dont il se nourrit; mais il émet de plus, tout le long de sa tige fragile, une foule de petites pattes équivoques, demi-crampons, demi-racines dont l'innocence absolue n'a pas encore été suffisamment reconnue pour qu'on puisse les déclarer entièrement inoffensives. La Liane meurtrière du Brésil entoure le tronc des arbres au moyen de ses racines aériennes et les serre avec une telle puissance qu'elle défie jusqu'à ces ouragans formidables qui brisent quelquefois des arbres centenaires. La Cipo d'Imbé, autre plante des forêts vierges, croît à une hauteur prodigieuse sur le tronc des plus grands arbres. La souche de cette étrange parasite embrasse leur circonférence et forme autour d'eux une sorte de couronne d'où s'élancent des rameaux tortueux. Ces rameaux, ponctués de cicatrices par la chute des anciennes feuilles dont chacune a laissé sa trace, offrent l'aspect de je ne sais quels reptiles tachetés. Une touffe de grandes feuilles nouvelles les surmonte comme un panache de chef caraïbe, et de la partie inférieure de la plante pendent d'immenses fibres radicales qui plongent verticalement vers la terre.

Parmi les racines aériennes se rangent encore celles du Manglier ou du Palétuvier, arbre bizarre d'Amérique qui croît à l'embouchure des grands fleuves et sur les plages vaseuses de l'Océan. Ici point de souche. Le végétal manque de base immédiate. De part et d'autre de ce tronc suspendu, qui parfois ne commence qu'à huit ou dix pieds de terre, s'abaissent vers le sol, où elles plongent profondément, de longues et fortes racines obliques semblables à des contre-forts. M. de Saint-Hilaire pense que la partie inférieure du tronc s'est graduellement pourrie, ainsi que les racines normales auxquelles il avait donné naissance, et que le tronc porté par les racines aériennes n'est alors que la partie supérieure d'une tige accidentellement détruite.

Certaines racines aériennes font plus encore que celles que je viens d'énumérer. Plus que ces dernières, elles s'éloignent des saines traditions que doit suivre toute racine orthodoxe, modeste et souterraine. Des hautes branches d'où elles s'élancent elles n'arrivent pas jusqu'à la terre; elles demeurent suspendues, flottantes à l'air libre dont elles absorbent l'humidité. C'est ainsi que la Vanille laisse pendre de ses tiges sarmenteuses de longues racines qui se balancent. Plusieurs arbres des forêts tropicales, tels que des Fougères arborescentes, des Pandanées, des Lauriers géants, couvrent également leurs troncs et leurs branches de longs appendices flottants qui poussent pendant la saison des pluies, boivent l'humidité par tous leurs pores, se baignent dans la fraîche atmosphère, puis se dessèchent et meurent au retour des chaleurs et sont périodiquement remplacés chaque année comme les feuilles de nos forêts.

34.

Mais faisons halte un instant. Cette dénomination de racine aérienne, généralement employée par les auteurs, est-elle juste et de saine science botanique? N'avons-nous pas, par une appellation inconsidérée, accusé la racine, la vraie racine souterraine de méfaits dont elle fut de tous temps innocente? En un mot, cette prétendue racine aérienne est-elle bien une racine?

Non, répond M. de Saint-Hilaire, le maître en morphologie. Si, avec tous les physiologistes, l'on appelle racine la partie inférieure et descendante de la tige, partie qui, en toute circonstance, se trouve au-dessous du *collet* que connaît déjà le lecteur, il est évident que ces racines dites aériennes, produites par l'organe ascendant, ne sont point des racines véritables, mais bien plutôt de simples moyens de support, tels que celles du Manglier ou du Figuier des pagodes (fig. 1), ou des organes de nutrition tels que celles de la Vanille.

Comment donc les appeler? Le nom ne fait rien à la chose, quand la chose est parfaitement connue. Appelons-les des racines accessoires ou adventives, si vous voulez,

à la condition qu'il demeure bien entendu que ces organes de circonstance ne sont que le produit de certains
bourgeons latents, sortes de provisions qui, selon les besoins de la plante, donnent naissance à des racines, à des
rameaux ou à des feuilles, et que l'on peut développer
d'une manière artificielle.

Fig. 1. — Figuier des pagodes.

C'est là même une de ces vérités récemment acquises
qui rendent plus curieuse encore l'histoire de notre plante,
c'est qu'elle a par devers elle des facultés de réserve ; c'est
qu'en dehors de toute loi nécessaire, c'est-à-dire aveugle,
elle possède le pouvoir d'émettre, ici une racine pour se
nourrir, là un soutien pour s'appuyer, plus loin une
vrille ou un crampon pour s'accrocher et résister à son
ennemi, qu'il s'appelle animal, homme ou tempête.

La racine donc, et que cette définition demeure bien

établie, sera essentiellement la partie inférieure, descendante et souterraine de la plante.

Souterraine ou non, peu importe. Il est des racines qui poussent au grand air et en plein soleil et qui n'en sont pas moins racines pour cela. Le lecteur se souvient-il de l'histoire de notre pauvre petit Érable de New-Abbey qui, mourant de faim sur son mur, envoya une racine aux provisions vers la bonne terre? Eh bien, voici des faits analogues. Sur les bords du lac de Côme, près de la villa Pliniana, l'on peut voir des racines que les arbres du sommet de la montagne font descendre le long des roches nues, et qui finissant par trouver un sol plus propice, y pénètrent, grossissent et déplacent le végétal que ne pouvaient nourrir les terrains supérieurs.

Voilà donc des organes qui croissent à l'air libre, mais qui naissent au-dessous du collet, descendent dans la terre, et se comportent en vraies racines. — Comment les appellerons-nous? Racines à coup sûr.... Pas trop longtemps toutefois, car voici un phénomène remarquable qui s'opère. Nos racines peu à peu deviennent de véritables tiges. Un renversement de forces s'y accomplit. Un déplacement du centre vital se fait insensiblement sous leur écorce impassible. La partie qui de la terre s'étend jusqu'à l'ancien collet devient ascendante. La nouvelle racine commence au niveau du sol. Le tronc s'est augmenté, en déviant de sa direction première, de tout l'organe qui, d'abord simple renfort d'approvisionnement, a bientôt acquis une importance capitale, et l'on voit s'entourer d'incertitudes la définition de cette tige où la racine et le tronc, s'avançant l'un vers l'autre, se sont fondus dans une équivoque singulière.

Maintenant, là, au bas de ce tronc de formation nouvelle, se forme-t-il un autre collet supplémentaire, sorte de succursale destinée à remplacer graduellement celui qui, ne se trouvant plus à l'intersection des deux forces divergentes, doit nécessairement déchoir de ses fonctions? C'est là un problème curieux demeuré jusqu'ici, je crois, sans solution définitive.

35.

Nous avons dit, à propos des envahissements de cette racine que nous connaissons maintenant, de ses fonctions et de ses stations diverses, quelques mots des plantes parasites. Revenons-y un instant.

Le parasitisme est une des monstruosités de la nature. Vivre aux dépens de tous par un travail individuel, puiser dans les réservoirs communs les liquides et les gaz dont se nourrissent tous les autres, diminuer la part d'autrui par sa consommation personnelle et quotidienne, c'est là le fait, hélas! de toute plante et aussi de tout être vivant. La vie ne s'alimente qu'au détriment de la vie, et l'égoïsme, volontaire ou non, est, il faut bien le reconnaître, l'une des lois essentielles de conservation pour la race comme pour l'individu. Mais au moins, dans ce rôle obligatoire, y a-t-il la chose morale par excellence, le travail personnel. Le végétal, qui au moyen de ses racines, de sa tige, de ses canaux, de ses feuilles et de ses fruits, vit, grandit, élabore des sucs, des essences, des gommes, des huiles, des fécules, en un mot des éléments divers de nutrition et de vie nouvelle, est un travailleur qui échange avec le dehors, qui rend après avoir pris et modifie en les multipliant les choses qu'il a reçues.

Le parasite ne fait rien de tout cela. Le parasite est un oisif; plus qu'un oisif, un voleur ; plus qu'un voleur, un assassin. Non content de prendre les autres pour appui de sa faiblesse perfide, il vit à leurs dépens, pompant, aspirant sans fatigue les sucs déjà élaborés par eux.

Ces végétaux, pour la plupart, n'ont ni force, ni grandeur, ni beauté, bien que certains d'entre eux arrivent, par suite d'une vie de seconde main, pour ainsi dire, et deux fois épurée, à un degré de perfection que n'atteignent pas leurs victimes. Leurs tissus sont d'ordinaire mous et décolorés; beaucoup d'entre eux exhalent une odeur nauséabonde, et presque tous offrent l'aspect désagréable d'une vie anormale et malsaine.

Les parasites les plus redoutables — qu'il ne faut pas confondre, on le sait, avec les fausses parasites telles que le Lierre, le Célastre, certains Figuiers, diverses Lianes et particulièrement les brillantes Orchidées des tropiques — sont celles qui, simplement munies d'écailles, et conséquemment privées de vraies feuilles, ne peuvent puiser dans l'atmosphère un complément de nourriture à celle qu'elles empruntent le poignard sur la gorge. Celles-là ont des étreintes mortelles. Les Orobanches, les Lathrées et les Cuscutes sont de ce nombre.

Cette dernière, en particulier, est d'une férocité sans égale. Blanche, menue, semblable à un fil, elle sort de terre faible et tremblante. — Rien qu'un appui, s'il vous plaît!.... Une tige se présente. La Cuscute ne fait d'abord que s'y enrouler, puis de plus en plus elle l'enlace et la serre avec ses petits anneaux de serpent. Désormais sûre de vivre, elle rompt avec les apparences. Vous la croyiez semblable aux autres plantes, tout au plus une fausse parasite. Erreur ! Elle-même se scinde, se coupe en deux, abandonne avec impudeur ses racines terrestres, honnêtes et conséquemment superflues, renie son passé, son enfance innocente, se fait vampire, se couvre de suçoirs, s'arme de ventouses, suce, affame, étrangle, en quelques semaines ; et lorsque, le meurtre accompli, vous la détachez de force du cadavre de sa victime, vous voyez sur l'écorce de celle-ci d'innombrables blessures, un trou sous chaque suçoir comme autant de morsures de sangsue ! (fig. 2.)

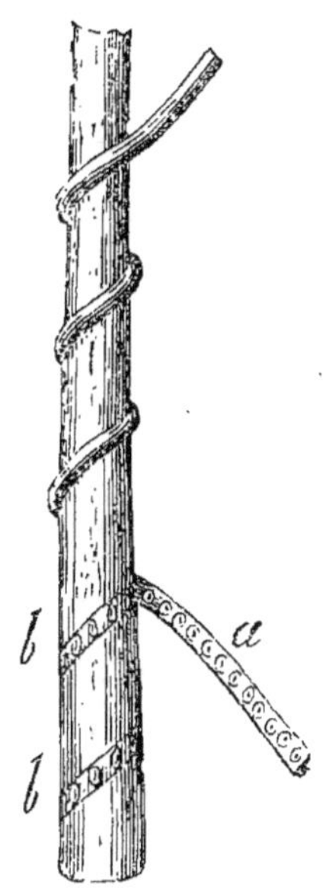

Fig. 2. — Cuscute enroulée autour d'une tige. — a, Suçoirs. — b, b, Traces sur la tige.

Je pourrais citer encore les Balanophores qui croissent sur les racines des plages marines, les Monotropes, les Cytinels qui élèvent sur les racines des Cistes ligneux, leurs tiges molles et squameuses, et enfin cette bizarre et sinistre Rafflésia dont j'ai déjà parlé, gigantesque fleur de huit ou dix pieds de circonférence dont les tissus spongieux ressemblent à ceux d'un Champignon, et dont la corolle charnue, qui parfois pèse de six à huit kilogrammes, exhale une odeur fétide, presque cadavéreuse.

Les parasites feuillées sont moins redoutables, bien que fort dangereuses encore. Ce sont les Guis, les Loranthées, les Arceuthobics, les Célastres vulgairement appelés *Bourreaux des arbres*, et tant d'autres parasites vraies ou fausses, telles que le Lierre par exemple, qui pour ne pas assassiner directement leurs victimes ne les en étouffent pas moins, à la longue, au moyen de toutes les lourdes guirlandes dont elles les surchargent.

36.

Mais hâtons-nous. Nous avons fait l'histoire de la racine. Nous avons dit ses méfaits, son égoïsme, ses voracités dangereuses, ses caprices et les formes diverses qu'elle peut revêtir; disons, en terminant, comment elle nourrit la plante dont elle est le prolongement souterrain; justifions ses déprédations par le résumé rapide de son œuvre alimentaire.

La racine, outre qu'elle sert de point d'appui aux plantes en les fixant solidement dans le sol, est encore et surtout l'organe principal de nutrition chez les végétaux[1].

Indépendamment de la nourriture aérienne dont nous parlerons plus tard, et avant même que celle-ci ne commence, il s'opère un travail incessant d'assimilation dont la racine est l'instrument. Elle pompe les liquides dans le milieu où elle est plongée, au moyen de ses cellules per-

---

1. Il est cependant des cas où les racines ne servent aux plantes que de simples points d'appui. D'énormes plantes grasses poussent avec vigueur dans de petites caisses dont la terre n'est jamais arrosée.

Lierre.

méables. Or ces liquides souterrains dont les racines sont si avides portent avec eux toutes sortes d'éléments invisibles que la plante saura choisir et approprier à sa nature. L'eau qui, à l'état de pluie, s'est déjà imprégnée dans l'atmosphère d'acide carbonique et d'ammoniaque, se charge de plus, dans les terrains dont elle désagrége les particules, de soufre, de silice, de chaux, de magnésie, de potasse, de phosphore et de mille autres ingrédients que contient l'argile, ce riche résidu des roches fondues et décomposées.

Ces derniers éléments exercent une telle influence sur la vie des végétaux, qu'un seul mètre cube d'argile pourvoit de potasse, pendant trois cents ans, une plantation de Chênes de 2,500 mètres de superficie.

Il existe de si intimes rapports entre la nature géologique du sol et les végétaux qu'il nourrit, qu'un botaniste expérimenté peut, par la seule inspection de ceux-ci, déterminer la constitution de celui-là.

Une Violette particulière, en Belgique et dans les régions rhénanes, la Violette calaminaire, indique avec certitude aux mineurs les gisements de calamine ou minerai de zinc ; or l'analyse chimique a démontré qu'il existe en effet du zinc dans la Violette calaminaire. La jolie Montie des ruisseaux indique qu'une source d'eau douce ruisselle sous le sol. La Glaux maritime révèle une source d'eau salée. Chaque fontaine thermale, chaque infiltration sulfureuse, ferrugineuse ou autre est signalée de la sorte par une végétation spéciale, et il n'est pas de terrain pur — salines, steppes, dunes, tourbières, roches schisteuses ou calcaires — qui ne serve à quelque plante de station préférée et habituelle.

Un terrain produit-il des Stipes, il contient de la chaux et convient aux céréales. C'est la silice qui constitue et durcit la tige des Graminées. C'est le phosphate de chaux, ce même phosphate dont le rôle est si important dans l'économie animale, qui se trouve en quantité notable dans les céréales et dans les légumes. — L'on n'a du reste qu'à brûler une plante sèche pour trouver dans le résidu qui en résulte tous les éléments essentiels à son organisation particulière.

Ne sortons pas de notre sujet.

Lorsque l'eau qu'absorbe avidement la racine et qui lui arrive de l'atmosphère toute chargée d'acide carbonique et d'ammoniaque s'est en outre enrichie, dans les terrains qu'elle a traversés, de quelques-unes des substances minérales dont il vient d'être question [1], elle constitue cette nourriture végétale où la plante puise ce qu'il faut à sa vie et prend, dès lors, un nom bien connu, celui de *séve*. Cette séve, attirée par les spongioles, va, monte dans la tige, s'épaississant à mesure qu'elle s'élève et qu'elle dissout, en passant, les matériaux contenus dans les petites cavités ou cellules du tissu végétal.

Mais ici se présente une grosse, grosse question : cette séve, pourquoi monte-t-elle ?

Elle monte par suite du phénomène de la *capillarité*.

Ca-pil-la-ri-té! Répétez-vous avec épouvante. Écoutez-moi bien, vous allez voir s'évanouir le fantôme.

Vous n'êtes pas, à coup sûr, sans avoir remarqué combien vite monte un liquide quelconque, du café, par

---

1. Le meilleur terrain, le terrain type, se compose d'un mélange proportionnel de calcaire, de sable et d'argile.

exemple, dans un morceau de sucre que l'on y a trempé par sa partie inférieure. Eh bien, voilà de la capillarité.

Il arrive, et c'est là une des grandes lois physiques, que tout liquide s'élève rapidement dans un canal ou tube d'une extrême étroitesse. Ce phénomène est exprimé par le mot en question de capillarité, formé du mot latin *capillus*, qui signifie cheveu. Tout canal, donc, tout tube étroit comme un cheveu se prête à l'ascension des liquides par suite du poids de la masse d'air qui à l'extérieur et tout autour du tube, pèse sur ce liquide. Or, un morceau de sucre peut être considéré comme l'assemblage d'innombrables tubes capillaires formés par les petits grains de cristaux dont il se compose. Dans chacun de ces petits tubes s'élance alors le café comme à l'escalade. Du premier il passe dans le second, de celui-ci dans le suivant et ainsi jusqu'au dernier, s'il ne se trouve pas à une trop grande distance de la surface que l'air comprime.

Voilà tout le mystère. Il est maintenant aisé de comprendre que ce qui se passe dans le morceau de sucre se reproduit, par les mêmes raisons, dans la tige de la plante toute composée, ainsi que nous le verrons plus tard, de petites cellules et de petits canaux d'une étroitesse capillaire.

Mais il y a plus encore, et ce phénomène de la capillarité est augmenté dans sa puissance par les effets d'une autre loi physique désignée par le nom de..... vous le dirai-je encore celui-là? Bah, soyons audacieux. Vous en serez quitte pour éternuer s'il vous est trop désagréable. Ce mot est celui d'*endosmose.* — Hâtons-nous de disséquer le monstre.

Le terme d'endosmose, qui vient de deux mots grecs dont le sens indique un courant allant de l'extérieur à l'intérieur, désigne un phénomène par suite duquel un courant s'établit, par attraction, entre deux liquides de densités différentes. Je m'explique.

Plongez dans un verre d'eau une petite vessie remplie d'eau gommée, et aussitôt les deux liquides se hâteront de se mélanger à travers les parois de la pochette. Mais il est évident qu'ils le feront avec une vitesse fort inégale. Tandis qu'il sera facile à l'eau pure de pénétrer rapidement dans la vessie, il le sera beaucoup moins pour l'eau gommée de passer par les pores microscopiques de celle-ci pour s'en aller dans le verre. Le courant du dehors au dedans sera donc plus rapide que le courant du dedans au dehors, et il arrivera au bout de quelques instants, par suite de cette inégalité de transmission, que le niveau de l'eau gommée sera plus élevé que le niveau de l'eau pure. Eh bien, voilà toute la question de l'endosmose. C'est, en deux mots, le liquide épais qui, du dehors au dedans, attire le liquide plus clair ou moins dense[1].

Maintenant, au lieu d'une vessie ou d'un tube, supposez-en un grand nombre superposés bout à bout — et la tige d'une plante n'est pas autre chose — il est évident qu'aussitôt que le liquide du tube qui communique avec l'eau pure se sera un peu clarifié par son mélange avec cette dernière, il sera immédiatement attiré par le liquide du tube supérieur qui, devenant plus liquide à son tour,

---

1. L'endosmose a été signalée pour la première fois par M. Dutrochet, en 1828. — L'exosmose indique un courant en sens inverse.

montera dans le troisième, et ainsi de suite jusqu'au dernier, y en eût-il des milliers superposés.

C'est ainsi que monte la séve de la racine au sommet des plus grands arbres, attirée qu'elle est sans cesse de cellule en cellule par le liquide épais dont chacune d'elles est remplie.

Maintenant, outre la capillarité et l'endosmose qui expliquent jusqu'à un certain point le fait matériel de l'ascension des sucs au moyen desquels la plante se nourrit, l'on suppose qu'il y a encore une force vitale inconnue, qui, selon De Candolle, Richard, Pouchet et autres savants, sort du domaine des lois purement physiques et demeure conséquemment inexplicable.

N'oublions pas que la *vie*, ce mot plein de problèmes éternels, est après tout le grand, le seul magicien qui opère dans notre plante. Malgré tout ce que les hommes ont découvert d'admirable, ce dernier sanctuaire de la nature leur demeure obstinément fermé. C'est donc la vie seule qui peut rendre compte de la puissance incroyable de succion exercée par les racines, les branches et les feuilles des végétaux.

Le physicien anglais Hales voulut un jour se rendre compte de cette énergie. Il coupa un cep de Vigne à quelques pouces de la terre, y adapta un tube rempli de mercure, et la séve qui en sortit éleva en quelques jours la colonne de mercure à 32 pouces et demi au-dessus de son niveau habituel, c'est-à-dire que la séve s'élevait des racines avec une force plus considérable que la pression atmosphérique. Or, l'on sait combien puissante est cette pression. Elle est équivalente au poids d'une colonne d'eau dont la base équivaut à la surface chargée et dont la hauteur est d'environ 10 mètres, de telle sorte que chaque centimètre carré supporte une colonne d'air du poids d'un kilogramme et chaque pied carré une colonne du poids de plus de mille kilogrammes. Que l'on juge dès lors de la puissance avec laquelle ce cep de Vigne attirait sa séve, puisque ce liquide, au sortir de la branche, soulevait une colonne du poids de deux kilogrammes environ.

Il sera question plus tard du chemin que parcourt la séve, ainsi que de la nutrition des végétaux par les feuilles.

<h1 style="text-align:center">37.</h1>

Terminons par quelques définitions rapides. La racine, terme un peu général lorsqu'on l'applique à toute la partie souterraine du végétal, se compose de trois parties distinctes : le *collet*, ligne de démarcation fictive, surface mathématique qui sépare la partie ascendante de la partie descendante; le *corps* de la racine, ou partie moyenne de forme et de consistance variées; et enfin les *radicelles* ou le *chevelu*, fibres plus ou moins déliées qui, par touffes plus ou moins épaisses, terminent en les ramifiant les extrémités du corps de la racine (fig. 3). C'est à ces radicelles que sont attachées ces fameuses spongioles dont on connaît la prodigieuse voracité.

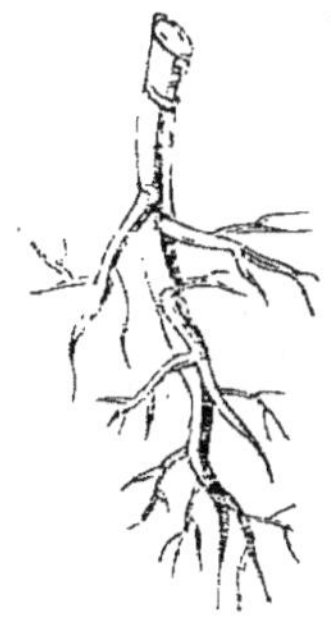

Fig. 3.

Le collet, je l'ai déjà dit, n'est point un organe effectif, c'est une simple ligne de démarcation ou, si l'on préfère, la surface de juxtaposition de deux systèmes opposés. Mais il n'en est pas moins, malgré ses qualités négatives, l'une des plus curieuses parties de la plante. C'est en effet, de cette surface singulière que s'élancent de part et d'autre, vers le haut et vers le bas, vers la lumière et vers les ténèbres, les deux sections de la tige qui, sous des aspects différents, constituent l'unité du végétal.

Sur cette surface reposent bout à bout deux forces inexplicables qui, semblables à deux pyramides symétriques, se touchent par la base et vont chercher leur sommet dans des directions opposées. Ces deux tendances, on le sait, n'ont pas de causes scientifiquement connues. Que ces causes soient appelées polarités magnétiques, forces odiques, ou de tout autre nom qu'on voudra, peu importe après tout, le mystère n'en est pas moins demeuré impénétrable jusqu'à ce jour.

Le corps de la racine n'est que le prolongement de l'axe végétal que l'on pourrait presque appeler tige supérieure au-dessus du collet et tige inférieure au-dessous ; car l'une et l'autre sont d'une conformation à peu près identique et ne se distinguent que par leurs habitudes.

La vraie racine, botaniquement parlant, c'est le chevelu. C'est là la partie souterraine, essentielle; elle qui nourrit la plante, elle qui vit d'une vie énergique, active, progressive, et qui, par ses fonctions d'une part, et ses ramifications de l'autre, ressemble d'une manière frappante à la partie supérieure du végétal, avec ses rameaux et ses feuilles. Le chevelu, en effet, n'est autre chose qu'un feuillage souterrain. Comme celui d'en haut, il se renouvelle chaque année, et il est vraiment étrange de retrouver dans le monde ténébreux l'histoire renversée et comme l'image antipodique de cette tête végétale que nous allons étudier dans les pages suivantes.

Dirons-nous encore que suivant leur durée les racines sont appelées *annuelles, bisannuelles* ou *vivaces*; que cette durée est susceptible de variations sous l'influence de circonstances diverses telles que le climat, la température, la culture ou le terrain; que suivant ses formes la racine s'appelle *pivotante*, lorsqu'elle s'enfonce perpendiculairement dans le sol (fig. 4 et 5), *fibreuse* lorsqu'elle

Fig. 4. — Carotte.   Fig. 5. — Rave.
Racines pivotantes, simples, verticales et coniques.

se ramifie en fibrilles nombreuses (fig. 6), *tubériforme*, lors-

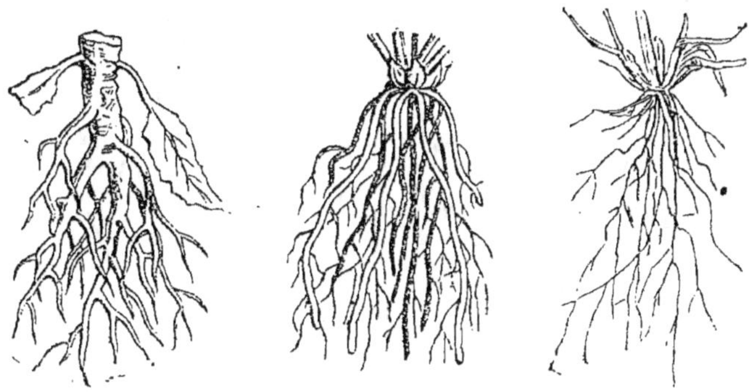

Fig. 6. — Racines fibreuses, capillaires.

que les fibres se renflent en tubercules (fig. 7 et 8), *bul-*

Fig. 7. — Racines tubériformes fasciculées.

bifère, enfin, lorsqu'elle est formée par une sorte de tubercule aplati qui, dans sa concentration, offre tous les carac-

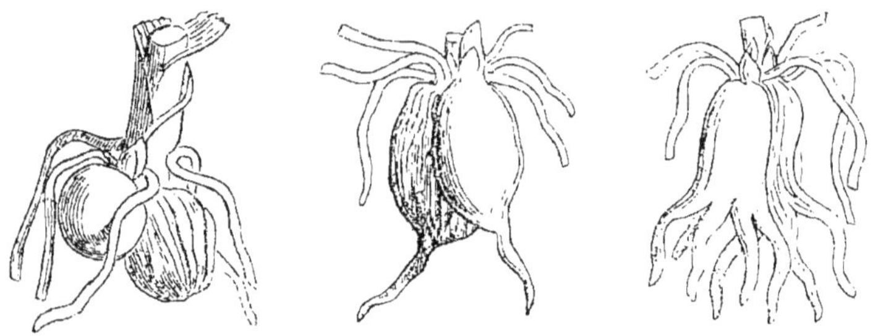

Fig. 8. — Racines tubériformes.

tères d'une véritable tige en raccourci, composée d'un

grand nombre d'écailles superposées ? (fig. 9 et 10.)

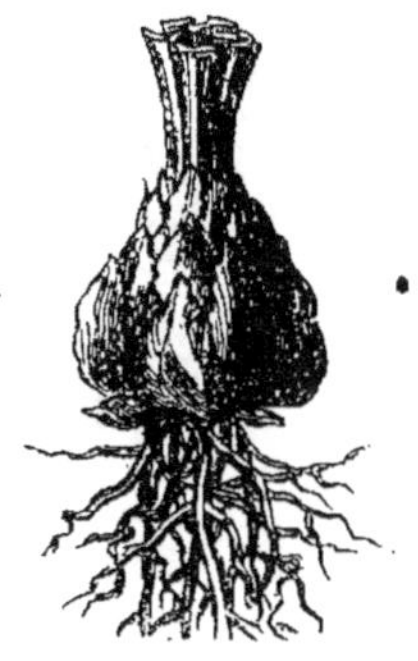

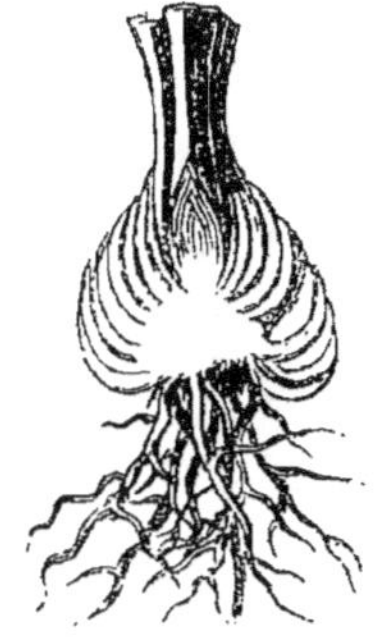

Fig. 9. — Lis. Racine bulbifère.

Fig. 10. — Bulbe de Lis coupé
dans sa longueur.

Dirons-nous encore que, outre cette classification générale, les racines peuvent s'appeler *simples*, *rameuses*,
verticales, *obliques*, *horizontales*, *fusiformes*, *coniques*,
arrondies, *noueuses*, *grenues*, *fasciculées*, *capillaires* ou
chevelues, et, dans ce dernier cas même, *queues de re-
nard*? Non; vous le savez déjà ou vous le devineriez du premier coup d'œil. Passons, la matière abonde.
Montons, voici la tige.

L'ATMOSPHÈRE

LA TIGE.

> De la lumière, plus de lumière encore
> GŒTHE.

38.

Oui, la lumière, la voici! Laissons ce sol humide et ténébreux. Franchissons ce dernier obstacle. Qu'est-ce donc, une motte de terre, une pierre ou simplement une feuille sèche? Peu importe. Soulevons tout et sortons. Voici l'espace, le soleil, les douces brises et les fraîches rosées... Quelle ivresse!

Dès l'instant où la plante frêle et tendre est sortie de la graine où elle dormait, jusqu'au jour où ayant accompli sa tâche, elle la couronne par le chef-d'œuvre, l'explosion de vie — la fleur, elle ne cesse de grandir et de monter.

Croître, croître sans relâche, c'est là son labeur par excellence, là sa passion sans terme et sans rassasiement. Elle le prouve suffisamment, par l'invincible énergie qu'elle met à s'élever toujours. Il n'est pas d'obstacle qui puisse l'arrêter. C'est de lumière surtout qu'elle est affamée, la silencieuse créature, et l'on dirait vraiment que le soleil exerce sur elle une véritable attraction moléculaire.

Qu'est-ce donc que la lumière? Hélas, qui saurait le dire avec certitude? Étrange phénomène qui éclate, éblouit, crée, ressuscite, s'impose à tous avec une souveraineté irrésistible, et que nul de ceux qu'il aveugle par sa toute-puissance ne peut même définir.

Insaisissable, impondérable, indescriptible, la lumière échappe à toute analyse. Vibrations de l'éther, a-t-on dit, ondes lumineuses qu'envoient les corps enflammés... Ces définitions, comme tant d'autres, ne font que traduire un mystère par un mot obscur. — C'est de la définition elle-même qu'on demande l'explication.

Les effets de la lumière sur les végétaux sont chose extraordinaire. C'est elle qui donne à presque tous la station droite et la force ascensionnelle qui les dirige. C'est elle qui, du matin au soir, les attire, les fait se tourner vers elle, leur fait dresser tiges, rameaux, feuilles et fleurs comme autant de mains tendues vers la source de toute beauté, vers le foyer de toute vie. C'est elle enfin qui, les pénétrant de ses rayons magiques, organise leurs éléments et solidifie leurs tissus, en leur infusant le carbone de l'air par la décomposition de l'acide carbonique que contient l'atmosphère.

Aussi, voyez l'aspect languissant et les teintes mal-

saines de la plante qui a poussé loin de la lumière.
Voyez les arbres d'une forêt épaisse ou d'un taillis serré :
tous s'élancent, s'allongent. Ne faut-il pas dépasser les
voisins? — Fi! les vilains égoïstes!

Ne les jugeons pas trop sévèrement toutefois. Ils obéissent à une loi rigoureuse, absolue. L'on a essayé de faire
enfreindre cette loi d'ascension irrésistible ; tout a été vain,
on le sait. Des graines semées sur des corps sphériques,
sur des roues que l'on tournait à mesure, se sont rele-
vées autant de fois qu'il l'a fallu pour monter vers la lumière, vers le zénith.

Une tige plongée dans l'obscurité s'allonge d'une façon
exceptionnelle, doublant, décuplant, centuplant, s'il le
faut, sa longueur normale, pour arriver à la lumière lointaine. Une graine trop profondément semée emploie toute
son énergie à triompher de la couche de terre qui l'oppresse, et si, après tout, cette masse est trop lourde ou
trop dure, elle meurt dans les ténèbres, après avoir
accompli des prodiges de force et d'opiniâtreté.

39.

Mais posons nos personnages avant de parler du rôle
qu'ils joueront, et pour la tige, en particulier, précisons
le signalement, afin d'éviter toute équivoque. Cette équivoque est facile en de certains cas entre la tige et la racine
ou tout au moins la partie souterraine de la plante.

L'axe végétal, organe essentiel, centre de vie, sorte de

colonne vertébrale de la plante, s'étend depuis les premières radicelles jusqu'à l'extrémité des rameaux. Cet axe, à
direction double, se compose de deux systèmes : l'un supérieur, ascendant, c'est la tige ; l'autre inférieur et descendant, c'est la racine (fig. 11). Leur point de jonction,

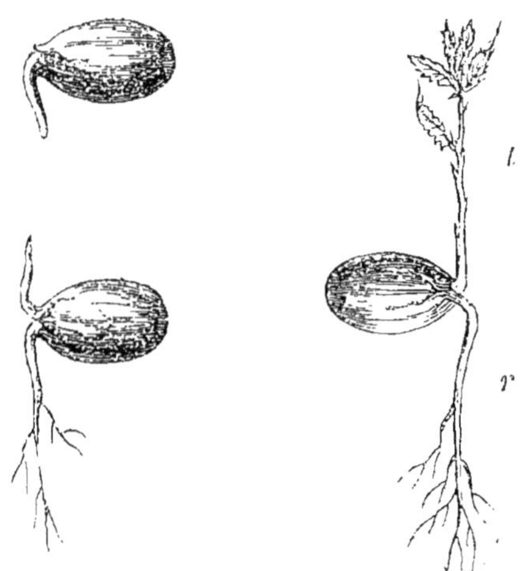

Fig. 11. — Glands de Chêne à divers degrés
de germination. — *t*, tige ; *r*, racine.

je l'ai dit, s'appelle le collet, simple ligne de démarcation,
surface mathématique qui, parfois difficile à déterminer,
n'en sépare pas moins toujours l'une de l'autre les deux
sections de l'axe végétal.

Longtemps l'on a confondu dans l'ancienne Botanique
ces deux systèmes essentiellement distincts. L'on appelait
racine toute la partie de la plante que recouvre la terre,
et tige toute celle qui s'élève au-dessus du sol ; mais des
observations plus sérieuses ont fait justice de ces fausses
appellations. Si, d'une part, la tige, fût-elle souterraine, se
distingue d'une manière essentielle par ses petits renfle-

ments ou nœuds vitaux symétriquement disposés d'où
s'échappent, soit des feuilles, soit de simples bourgeons,
soit enfin des organes accessoires de nutrition, la racine,
de son côté, ne possède à sa surface ni renflements vitaux,
ni organes accessoires, ni articulations, ni bourgeons d'aucune sorte, et n'offre que des ramifications irrégulières, de
tous points différentes de celles des rameaux supérieurs.

Ce sera donc bien le nom de tige qu'il faudra hardiment
appliquer et à cet organe couché qui, à peine sorti de
terre, s'allonge parallèlement au sol en émettant çà et là
des racines adventives (fig. 12 et 13) ; et à cet autre organe

Fig. 12. — Bugle rampant.   Fig. 13. — Euphorbe.

souterrain, appelé *rhizôme*, qui, blanchâtre et hérissé de radicelles, rampe à fleur de terre, mais entièrement recouvert (fig. 14, 15, 16, 17 et 18) ; et à ces bulbes ou ognons
qui, pour être singulièrement ramassés sur eux-mêmes,
n'en sont pas moins des tiges en raccourci composées
d'écailles charnues ou d'enveloppes superposées (fig. 9
et 10).

Voulez-vous une dernière surprise ? Eh bien le tuber-

cule si connu sous le nom de pomme de terre n'est pas
autre chose qu'une tige, ne vous en déplaise, une tige

 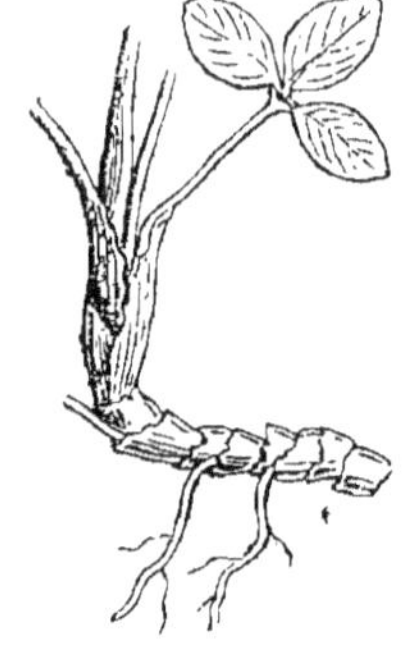 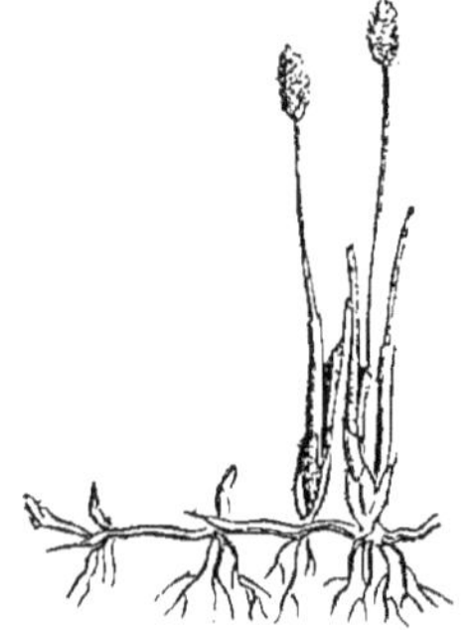

Fig. 14. — Primevère.   Fig. 15. — Ménianthe.   Fig. 16. — Scirpe.

 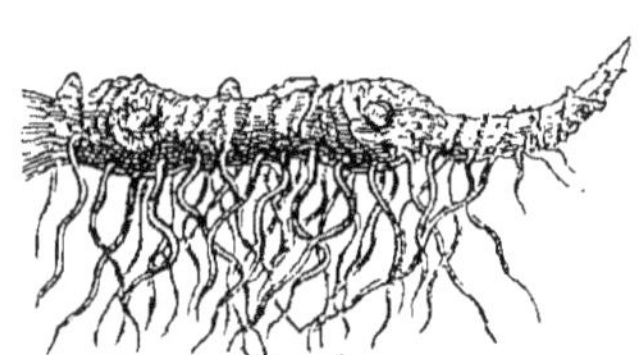

Fig. 17. — Iris.   Fig. 18. — Rhizôme du Polygonatum
(Sceau de Salomon).

souterraine bel et bien constituée comme telle par les
nœuds vitaux que recèle chacune des cavités que l'on remarque à sa surface (fig. 19). Ces nœuds vitaux, ces *yeux,*
comme les appellent les jardiniers, seront donc en toute
circonstance, l'un des signes caractéristiques les moins
équivoques de la tige ou organe ascendant.

La racine et la tige sont parfaitement distinctes, toutes les observations l'ont constaté, et il n'est pas jusqu'à la

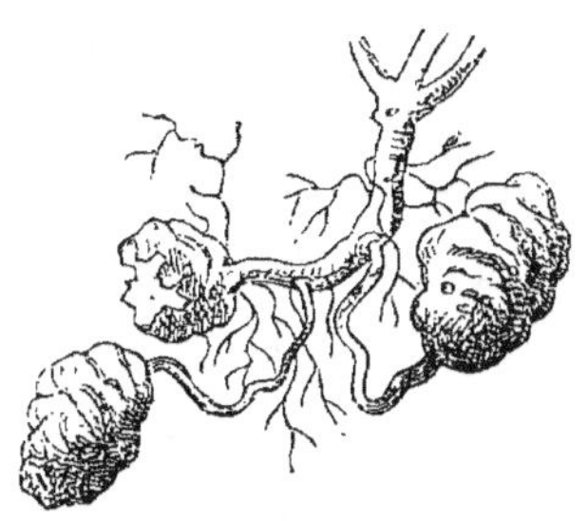

Fig. 19. — Pomme de terre.

bizarre et curieuse expérience de Duhamel qui ne prouve, elle aussi, malgré les apparences contraires, cet axiome de physiologie végétale.

Duhamel, l'illustre botaniste, retourna un jour un arbre, mit les racines en l'air, enfouit les branches dans la terre et peu de temps après.... l'on vit des feuilles couvrir les racines et des fibrilles radicales s'allonger tout le long des anciennes branches aériennes.

Cette expérience dont on a voulu inférer une confusion complète entre les deux systèmes, paraît précisément décisive au morphologiste par excellence, M. Auguste de Saint-Hilaire. L'assimilation n'est qu'apparente, selon lui, et ce qui le prouve, c'est que les vraies feuilles moururent, et en même temps qu'elles, les véritables racines. Qu'étaient donc ces feuilles nouvelles de l'arbre retourné et ces radicelles inattendues? Rien d'autre que les produits de germes latents dont il sera question plus tard, et qui, cachés dans le tissu des branches et des racines arrivent parfois, sous l'influence d'une excitation anormale, à donner naissance, soit à des bourgeons, soit à des fibrilles.

Que l'on se garde donc de voir ici autre chose qu'une création nouvelle et toute de hasard. Il n'y a pas plus de métamorphoses que de substitutions, et l'on ne doit chercher dans cette sorte d'improvisation curieuse, qu'une preuve de plus en faveur de l'admirable richesse de l'organisation végétale, qui toujours proportionne ses énergies créatrices aux besoins ou aux accidents que font surgir les circonstances.

40.

La tige est un organe d'une telle importance que tous les végétaux phanérogames en sont munis. Cette tige peut être très-courte, si courte même quelquefois, qu'elle a fait appeler *acaules*, c'est-à-dire sans tige, certaines plantes qui, au premier abord, en semblent dépourvues; mais, pour aussi indistincte qu'elle soit, elle existe, fût-elle presque entièrement contenue dans le collet de la racine.

Les variétés de toutes sortes que nous avons remarquées dans la racine, nous les retrouvons dans la tige qui, en fait de formes, d'allures, de consistance et de durée, présente les plus bizarres fantaisies. La tige est donc annuelle, bisannuelle ou vivace, selon qu'elle dure une, deux, ou un nombre illimité d'années (fig. 20, 21 et 22). Simple ou ramifiée, ligneuse ou herbacée, pleine ou creuse, chaume ou tronc, elle revêt tous les aspects, depuis la tige filiforme de la plus frêle Graminée, depuis la Tristique ou la Scirpe dont la grosseur ne dépasse guère celle d'un cheveu, jusqu'à ces monstrueux Adansonias qui mesurent

Fig. 20. — Chaume.

Fig. 21. — Tige.

Fig. 22. — Tronc.

quatre-vingt-dix pieds de circonférence, et ces Sequoias gigantesques de la Californie, hauts de trois cents pieds.

Il en est de cylindriques, de renflées, de comprimées, d'angulaires, de carrées, de triangulaires, de sillonnées, d'ailées, de fusiformes, et enfin à sommet aplati [1]. Il

1. M. Welwitsch, botaniste autrichien vient de découvrir, dans les sables ardents de l'Afrique centrale, la Welwitschia mirabilis, plante improbable, plante sans pareille, dont le tronc brun, rugueux, fendillé et haut de quelques pouces seulement, ressemble à une large table mise à plat sur le sol. M. Welwitsch en a trouvé qui avaient jusqu'à quatre mètres de circonférence. A cette tige extraordinaire adhèrent deux feuilles gigantesques, deux lames de six pieds de longueur sur un de large qui se divisent en vieillissant et s'enroulent plus ou moins sur elles-mêmes comme d'énormes lanières de cuir. A l'aisselle de ces feuilles s'élèvent des hampes florales qui se succèdent, se juxtaposent, forment des bourrelets latéraux et de plus en plus élargissent l'étrange surface caulinaire. Ces deux grandes feuilles restent seules. Ce sont deux feuilles cotylédonaires rappelant cette autre feuille unique cotylédonaire du Streptocarpus des Jardins botaniques qui, lui aussi, se borne à ce modeste appendice.

y a des Figuiers d'Amérique dont les troncs s'étendent en lames obliques qui les soutiennent comme des arcs-boutants. Certaines lianes ressemblent à des rubans on-

Fig. 23. — Tige renflée d'une plante grasse (Echinocactus).

dulés, d'autres se tordent en décrivant de larges spirales ; elles pendent en festons, s'élancent d'un arbre à l'autre, les enlacent, les couronnent, les étouffent même au besoin, et forment sur leurs cadavres de véritables édifices de verdure où l'œil s'égare avec stupéfaction. Il est enfin d'autres tiges appelées volubiles, grimpantes ou sarmenteuses qui s'enroulent autour de tout appui, l'escaladent et le surmontent, avec cette singulière propriété de toujours se diriger dans le même sens, quels que soient les obstacles qu'on puisse leur opposer. Le Haricot et le Liseron, par exemple, montent de gauche à droite, étant donné que la convexité de la tige soit tournée vers l'observateur, tandis que le Houblon et le Chèvrefeuille montent de droite à gauche dans les mêmes conditions de situations respectives.

Fig. 24.

Fig. 25.

Bien que toutes les tiges tendent à s'élever plus ou moins, toutes, on le sait, ne sont pas verticales. Il en est d'obliques, de couchées et même de rampantes, rampantes dans l'herbe, sous les feuilles mortes, sous la terre elle-même où elles semblent vouloir, a-t-on dit, fuir, comme les racines, cette lumière attractive et tant désirée par les autres parties du végétal. Mais il n'en est rien, les apparences trompent et l'esprit de système aveugle. Ceux qui ont cru voir cela obéissaient à leur insu à l'influence d'une idée préconçue. Non, ces tiges couchées ne fuient pas la lumière. Elles rampent mais ne se cachent point. Elles semblent, tout au contraire, par les bourgeons et les bouquets de feuilles dont elles couronnent leur face supérieure, vouloir protester contre l'humiliation subie. Courbées par une loi inconnue, condamnées à la poussière, elles participent du moins aux bienfaits de la lumière par les rameaux qu'elles émettent, et si, complétement ensevelies comme celles du gracieux Sceau de Salomon (fig. 18), elles doivent pendant quelque temps demeurer dans les ténèbres, l'on voit l'extrémité de la tige faire de visibles efforts pour remonter au jour, puis s'élancer subitement et presque à angle droit quand l'épreuve est accomplie ou que le charme fatal paraît être rompu.

Nous avons donc, somme toute, des *racines aériennes* et des *tiges souterraines*; mais que ces apparences diverses ne nous fassent jamais confondre les choses que distingue la caractéristique végétale.

Outre les tiges rampantes, il y a encore, nous l'avons déjà dit, des tiges raccourcies, je dirais presque condensées, des bulbes, des ognons à écailles superposées, et ces tumeurs singulières, sortes de loupes énormes qui bossellent certains arbres et qui ne sont en définitive, non comme on l'a cru, le produit d'une piqûre, mais tout simplement des tiges avortées que viennent chaque année recouvrir des couches successives.

41.

Mais laissons les apparences, les dehors de la tige, soulevons son écorce et pénétrons. De quoi se compose-t-elle? L'on se souvient que nous avons divisé les végétaux en trois classes générales : les végétaux incomplets (Acotylédonés), les végétaux à germination simple (Monocotylédonés) et les végétaux à germination double (Dicotylédonés). Commençons par ceux-ci.

Vous souvient-il d'avoir remarqué quelque tronc d'arbre renversé, triste cadavre scié en grands tronçons épars? Vous avez dû voir sur les surfaces mises au jour des lignes concentriques et à peu près circulaires traversées par des rayons moins apparents qui de part et d'autre s'arrêtent un peu avant la circonférence extérieure. (Fig. 26.) Eh bien, la partie centrale c'est la moelle; les couches de couleurs diverses qui, entre la moelle et l'écorce s'enveloppent et s'emboîtent d'une manière à peu près régulière, sont les couches ligneuses, et enfin l'enveloppe générale composée encore de moelle et de couches corticales que recouvre une dernière enveloppe mince appelée épiderme, c'est l'é-

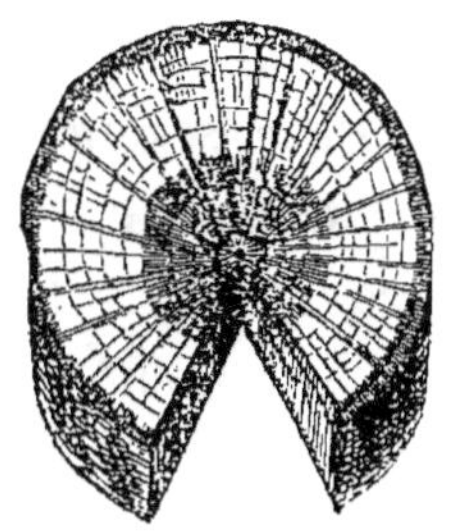

Fig. 26. — Tronc d'un Dicotylédoné.

corce. Les rayons qui traversent le tout sont des rayons médullaires.

Il y a donc deux moelles dans le tronc, l'une intérieure l'autre extérieure; la première appartenant à un système composé de trois parties : la moelle centrale, les couches ligneuses et les rayons médullaires; la seconde faisant partie d'un autre système enveloppant composé de la moelle externe et de couches corticales que traversent encore de petits rayons médullaires et que recouvre l'épiderme. — Le premier système c'est le *bois*, le second c'est l'*écorce*.

42.

C'est par le nombre des couches concentriques du tissu ligneux, on le sait, qu'on peut approximativement reconnaître l'âge de l'arbre auquel elles ont appartenu.

Je dis approximativement. Dans telles conditions de prospérité extraordinaire, en effet, il peut se former la même année deux couches de bois, la première au printemps, la seconde au mois d'août, tandis que telle autre couche au contraire, appartenant à une époque de soufrance, se contracte, noircit et disparaît presque dans celles qui l'avoisinent.

Ce fait est toutefois exceptionnel. Lorsque la végétation est normale, il se forme, après chaque hiver, dans les arbres des climats tempérés, une couche nouvelle entre le bois et l'écorce. Cette couche, qui n'est d'abord qu'une matière à peu près liquide et qu'on appelle *cambium*, s'organise, se durcit et se moule sur la précédente, en même temps que l'écorce s'augmente de quelques feuillets nouveaux.

La formation de ces couches annuelles a été constatée par d'intéressantes découvertes. En abattant de très-vieux Ormes, l'on remarqua des solutions de continuité dans la série des couches concentriques. L'on en chercha la cause, l'on fit des rapprochements, des calculs, l'on compta le nombre des couches saines qui recouvraient celles dont l'absence ou la désorganisation indiquaient une catastrophe dans l'histoire des Ormes abattus, et l'on arriva ainsi à une certaine année qu'avait précisément rendue mémorable un hiver d'une rigueur extraordinaire.

Dans la galerie botanique du Musée d'histoire naturelle de Paris, l'on conserve un tronçon de Hêtre qui porte une date, 1750, inscrite sur son écorce. Cette même date se trouve répétée dans l'intérieur du tronc à une assez grande profondeur, séparée de la première par un grand nombre de couches superposées. Qu'est-il donc arrivé à cet arbre et comment expliquer le fait? Le voici. Cette date, profondément creusée, traversa l'écorce et attaqua la couche ligneuse qui venait immédiatement après elle ; mais les deux furent bientôt séparées. Chaque année, au printemps, une nouvelle couche de cambium s'interposa entre les deux inscriptions primitivement contiguës. L'écorce, toujours repoussée par l'accroissement du tronc, s'élargit, s'éloigna et si bien, que l'on compte cinquante-cinq couches entre ces deux dates, creusées simultanément autrefois par la même lame de canif. Que signifient donc ces cinquante-cinq couches, sinon que cinquante-cinq années se sont écoulées entre le jour où la date fut creusée et celui où la mort de l'arbre a interrompu la séparation progressive des inscriptions? Eh bien, l'histoire justifie merveilleusement cette indication. Le Hêtre fut abattu en 1805, juste, on le voit, cinquante-cinq ans après 1750.

Des expériences de ce genre sont faciles et ont été faites. Il suffit d'introduire entre le bois et l'écorce d'un arbre un corps résistant quelconque, une lame métallique par exemple, et plus tard l'on retrouve cette lame recouverte par un nombre de couches égal à celui des années qui se sont écoulées depuis le jour de l'insertion.

43.

La formation des couches annuelles entre le bois et l'écorce est donc un mode d'accroissement désormais constaté, et l'on peut approximativement, par l'inspection de leur tige, évaluer l'âge des grands végétaux. Ces faits sont connus depuis longtemps déjà. On lit le passage suivant dans le *Voyage en Italie,* de Montaigne, à la date de 1581 :

« Il m'enseigna — il s'agit d'un ouvrier célèbre — il
« m'enseigna que tous les arbres portent autant de cer-
« cles qu'ils ont duré d'années et me le fit voir dans tous
« ceux qu'il avait dans sa boutique. Et la partie qui re-
« garde le septentrion est plus étroite et a les cercles plus
« serrés et plus denses que l'autre. Par ce, il se vante,
« quelque morceau qu'on lui porte, de juger combien
« d'ans avait l'arbre et dans quelle situation il poussait. »

Cet ouvrier avait raison, et ses observations sont justes. Outre les différences de densité produites par l'orientation des arbres, l'on en trouve d'autres dans la nature de leurs tissus. L'on remarque dans tous les arbres dont le bois est plus ou moins coloré, une différence très-sensible entre les couches ligneuses du centre qui, non-seulement sont plus dures, mais encore d'une couleur plus foncée, et celles du pourtour plus molles et plus pâles. L'on a donné le nom *d'aubier* à ces dernières, et celui de *cœur* aux couches plus anciennes. Cette différence

de coloration s'opère parfois sans transition comme dans
le bois d'Ébène et dans le bois de Campêche dont le cœur
est noir dans le premier et rouge foncé dans le second,
tandis que l'aubier demeure jaune pâle. Dans les arbres à
bois blanc, au contraire, la différence des couches est
presque nulle, bien que celles du centre soient un peu
plus dures et d'un tissu plus compacte.

14.

L'organisation intérieure de la tige dans les plantes à
végétation simple (Monocotylédonées) diffère sensiblement
de celle des végétaux dont il vient d'être question. Prenons
un Palmier, par exemple (fig. 27), et coupons-le transver-

Fig. 27. — Palmier.

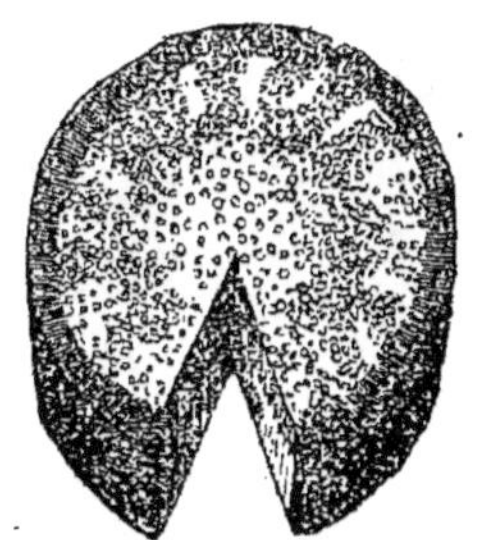

Fig. 28. — Tronc d'un
Monocotylédoné.

salement (fig. 28). Nous n'avons plus ici de couches concentriques, emboîtées les unes dans les autres, avec plus
ou moins de régularité. Une matière égale, un tissu homo-

gène remplit toute la circonférence du tronc, et l'uniformité de la teinte n'est rompue que par un certain nombre de fibres ligneuses plus dures et plus foncées dont les sections apparaissent comme une ponctuation diffuse. Quant à l'écorce des Monocotylédonées, elle se compose, d'après M. A. Richard qui, contrairement à beaucoup d'autres botanistes, affirme son existence, d'un épiderme, d'un tissu assez épais et de faisceaux de tubes fibreux rapprochés formant au dehors de l'épiderme comme une zone circulaire. La tige des Monocotylédonées est quelquefois creuse, telle que celle des Bambous.

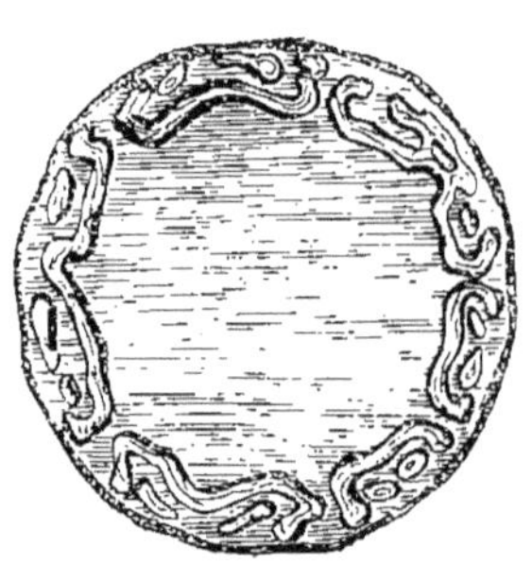

Fig. 29. — Tronc d'un Acotylédoné.

Si enfin nous arrivons à la tige des végétaux incomplets (Acotylédonés), à celle des Fougères, par exemple (fig. 29), nous ne trouvons plus qu'une masse uniforme que bordent des lignes noirâtres diversement contournées.

45.

Revenons à la surface du tronc, c'est-à-dire à son écorce, et cela avec d'autant plus d'empressement qu'un nouvel élément vient d'y apparaître.

Voyez-vous, le long de notre tige ou de ses rameaux, ces petits corps globulaires, oblongs, le plus souvent

pointus au sommet et formés extérieurement d'écailles
imbriquées les unes sur les autres? Ce sont des bourgeons
(fig. 30); des bourgeons, c'est-à-dire de jeunes branches,

que dis-je? des arbres tout entiers qui des nœuds vitaux s'é-
lèvent, plantes sur plantes, superposition remarquable où la
branche mère joue le rôle d'un
véritable terrain. Un arbre,
nous l'avons déjà dit, n'est
pas une individualité isolée,
c'est un groupement, un assemblage de végétaux greffés

Fig. 30.

les uns sur les autres, une grande
confédération de membres vivant chacun d'une vie distincte, bien que tirant
de la communauté les éléments qui
le font subsister. Eh bien, c'est dans
le bourgeon que se formule chacune
de ces individualités nouvelles. Cette
petite branche, encore si courte et con-
tractée en elle-même est pourtant complète. Elle porte en germe déjà toutes
les feuilles dont elle sera chargée plus
tard (fig. 31).

C'est d'ordinaire à l'aisselle des
feuilles que se forment les bourgeons,
c'est-à-dire dans l'angle formé par le pédoncule de la
feuille et la tige mère. L'on y voit d'abord apparaître de
petits corps ovoïdes, ce sont des *yeux*. Peu à peu leur
volume augmente. Des écailles d'abord indistinctes s'é-

Fig. 31. — Bourgeons
de Lilas.

bauchent à leur surface, et lorsque, à la fin de l'été, les feuilles vieilles et jaunies finissent par tomber, les yeux se sont transformés en boutons ou en bourgeons qui restent seuls sur le végétal. C'est du milieu de leurs écailles que sortiront, au printemps suivant, les jeunes pousses de la végétation nouvelle.

Les écailles qui constituent la partie extérieure des bourgeons et qui d'ordinaire ne sont pas autre chose que des feuilles arrêtées dans leur développement (fig. 32),

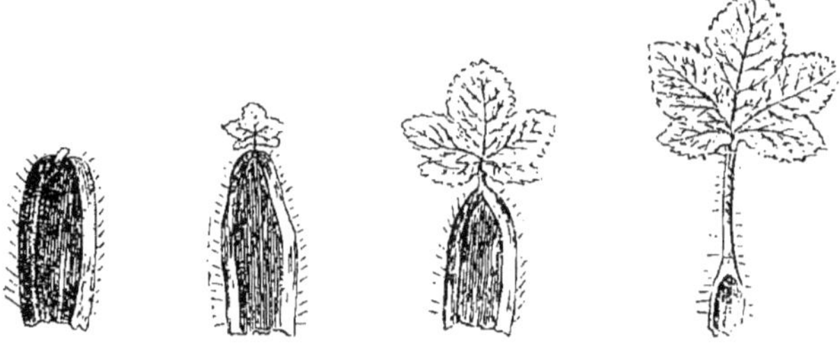

Fig. 32. — Écailles d'un bourgeon de Groseillier.

sont destinées à protéger contre le froid et l'humidité de l'hiver les jeunes branches dont elles contiennent l'embryon. Aussi sont-elles infiniment plus nombreuses sur les végétaux des régions froides ou tempérées que sur ceux des pays tropicaux, et l'on dirait parfois qu'elles comprennent la mission importante dont elles sont chargées tant elles prennent soin de se faire chaudes au dedans, en se capitonnant d'un soyeux duvet, et impénétrables au dehors, en se couvrant d'un enduit résineux qui se rit de la neige, de la pluie et des brouillards les plus obstinés.

Dans certains cas les bourgeons, appelés alors *folii-*

fères, ne donnent naissance qu'à une petite tige accompagnée de feuilles ; mais dans les arbres fruitiers et dans la plupart des végétaux herbacés, ils contiennent une ou plusieurs fleurs, ce sont alors des bourgeons *florifères*. On reconnaît ces derniers à leur forme ovoïde et renflée.

Il est des bourgeons qui, souterrains dans certaines plantes, prennent le nom de *bulbes* (Jacinthe, Ognon) et représentent alors une plante complète composée d'une tige large ou plateau, d'un œil formé d'écailles et d'une racine fibreuse armée de radicelles.

D'autres enfin, indépendants, aventureux, se détachent de la plante mère, vivent d'une vie distincte et reproduisent sans son secours un végétal parfaitement analogue à celui dont ils se sont séparés. Ces bourgeons-là s'appellent *bulbilles*. Ils poussent tantôt le long des tiges à l'aisselle des feuilles (fig. 33), quelquefois sur la surface même des feuilles, et tantôt enfin, chose fort remarquable, dans la fleur elle-même, comme pour suppléer à son insuffisance (Ornithogale vivipare, Ail caréné).

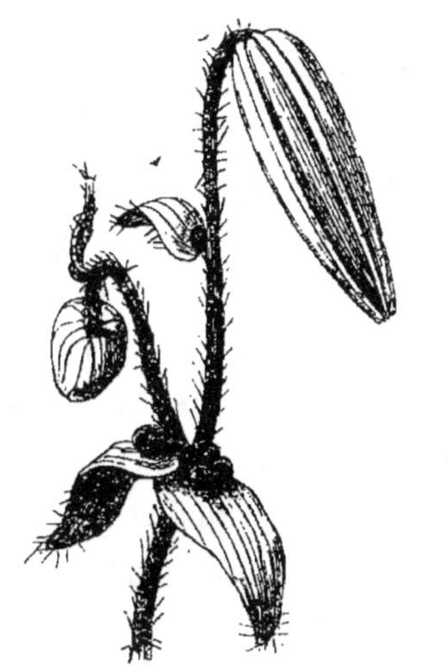

Fig. 33. — Lis bulbifère.

46.

Un bourgeon, nous l'avons dit, c'est une branche; une branche possible du moins, si pas toujours une branche réelle, car beaucoup d'entre elles avortent, et particulièrement à la partie inférieure des tiges ou des rameaux.

La séve en effet monte toujours. Elle afflue vers tous les sommets, négligeant et laissant souvent mourir de faim les pauvres bourgeons inférieurs. C'est ainsi que les tiges s'allongent, se dépouillent par le bas, formant de la sorte les grosses branches et les troncs d'arbre. Dans les végétaux monocotylédonés ligneux, tels que les Palmiers, les Pandanus et tant d'autres, c'est le bourgeon terminal qui seul se développe. De là ces troncs immenses, ces stipes démesurés qui, nus de la base au sommet, ressemblent à de véritables colonnes.

C'est la branche qui fait l'arbre, elle qui lui donne son aspect et constitue son caractère. Décroissante ou croissante, dressée, horizontale ou penchée, elle forme ici la pyramide du Sapin, là la large cime du Chêne, plus loin la flèche du Peuplier d'Italie, là-bas la figure désolée du Saule pleureur ou du Frêne échevelé. Variable comme la racine ou comme la tige, elle affecte toutes les allures, revêt toutes les formes. Elle va, la capricieuse, jusqu'à imiter de véritables feuilles, s'élargissant, s'aplatissant de la façon la plus singulière.

Connaissez-vous le Fragon ou le Petit-Houx, joli sous-

arbrisseau qui remplit certains taillis du midi de la France?
Avez-vous remarqué que cette plante curieuse porte ses
fleurs et ses fruits, de jolies boules rouges, sur la surface
même de ses feuilles (fig. 34)? — Des fruits mûrissant sur
une feuille comme une cerise sur
une assiette! En vérité c'est à n'y
plus rien comprendre, et ce fait
à lui seul serait capable de brouil-
ler à tout jamais nos idées de
morphologie botanique, si la bi-
zarrerie particulière à nos rameaux
ne nous était suffisamment connue. Ne nous laissons donc pas
abuser par notre Fragon mystifi-
cateur et replaçons les étiquettes.
Ici la tige, et ici le rameau. Cette
prétendue feuille qui nous présente ironiquement son fruit mûr
n'est pas le moins du monde une
feuille, c'est une branche, —
branche aplatie, branche foliacée,
branche déguisée tant qu'on voudra, mais branche incontestable
dont le masque ne nous trompera
plus. (Voy. fig. 40, 41 et 42.)

Fig. 34. — Fragon (Petit
Houx) dont les rameaux
aplatis portent les fleurs.

Savez-vous où est la véritable feuille? Elle est là à la
base de la feuille apparente. C'est cette petite écaille,
quelquefois imperceptible, à l'aisselle de laquelle se développe notre rameau foliacé, et c'est parce qu'elle n'a
pu se développer, retenue par je ne sais quelle cause,
que la vie, qui jamais ne perd ses droits, s'est dédom-

magée dans cet organe bizarre, rameau large et plat comme une feuille, feuille qui fleurit comme un rameau.

47.

Un mot avant de poursuivre. Nous avons employé tout à l'heure le terme de morphologie. Or, qu'est-ce que la morphologie ?

Il y a là-dessus divers ouvrages et entre autres un gros livre de M. Auguste de Saint-Hilaire, livre justement célèbre que nous aurons l'occasion de citer bien souvent. — La morphologie est la science qui s'occupe des formes diverses de la plante et particulièrement de la transformation de ses organes qui, par dégradations ou perfectionnements successifs, arrivent quelquefois à n'avoir plus rien de commun en apparence avec ce qu'ils étaient à leur point de départ. Eh bien, la morphologie retrouve le lien qui réunit ces deux extrêmes. Elle rapproche les divergences, explique les différences et justifie toutes les excentricités de la forme.

Gœthe, l'un des premiers, signala ce principe d'unité permanent dans la diversité. Dès la fin du XVIIIe siècle il montra dans son « *Essai sur la métamorphose des plantes,*» que l'organisme végétal obéit, dans ses développements les plus bizarres, à une loi inviolable.

Il fit voir que rien n'est dissemblable au fond, mais que tout se transforme; que les organes sont frères, presque identiques, sinon par la forme et par la couleur, du moins par l'analogie de leurs éléments ; qu'une fleur, par exemple, n'est qu'un assemblage de feuilles perfectionnées, et que l'on peut de la racine jusqu'au dernier rameau floral, suivre et ramener à la loi d'unité toutes les diversités apparentes. Cela dit, continuons.

48.

La *feuille* (*phullon* en grec et *folium* en latin), voilà l'élément essentiel, l'organe végétal par excellence. Cela est si vrai que la feuille est, morphologiquement parlant, le type et comme le résumé de la plante tout entière. A la rigueur l'on pourrait dire qu'un arbre est une grande feuille dont le tronc n'est que la nervure médiane. Les cotylédons sont des feuilles alimentaires, les bractées des feuilles florales, les sépales des feuilles calycinales, les pétales des feuilles corollines, les étamines des feuilles polliniques, les ovaires des feuilles carpellaires — partout la feuille, qui de mille façons se reproduit en se métamorphosant.

Toutefois n'anticipons point. La feuille est l'organe appendiculaire qui, émanant des nœuds vitaux, naît sur la tige et les rameaux par suite du développement des bourgeons. Elle est ordinairement verte, plane, membraneuse et compo

Fig. 35.

sée de deux parties : un support ou *pétiole* et une partie élargie, foliacée, connue sous le nom de *limbe* (fig. 35).

D'abord simples, entières et d'une grandeur habituellement moyenne, les feuilles, vers le milieu de la tige, s'élargissent, se frangent, se festonnent, se découpent, atteignent leur maximum de développement, leur plus grande variété de formes, puis diminuent en montant, se changent en bractées parfois écailleuses, souvent colorées, préludent à de plus admirables métamorphoses et enfin se transfigurent sous les noms de calyce et de corolle.

La plante, Protée végétal, est un magicien inépuisable en perpétuelles transformations. Nous avons déjà vu combien varient à l'infini les racines, les tiges et les branches; comment dire maintenant tous les aspects de la feuille? *Pétiolée* lorsqu'elle a un pédoncule (fig. 36), *sessile* quand

Fig. 36. — Feuilles simples pétiolées.

elle en est dépourvue (fig. 37), elle devient *embrassante*, lorsqu'à sa base elle entoure la tige (fig. 38), et elle pousse l'amour de la variété jusqu'à disparaître quelquefois, jusqu'à se supprimer elle-même au profit de son pé-

tiole qui, alors, d'après la grande loi des avortements et
de leurs compensations, se dilate et prend les appa-

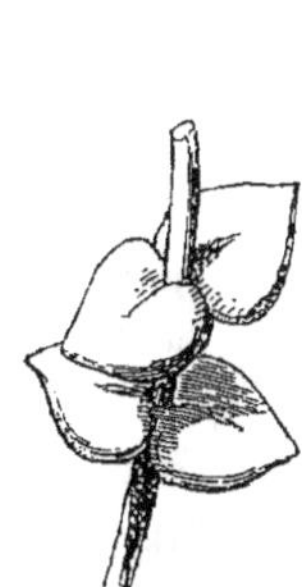

Fig. 37. — Feuilles simples
sessiles.

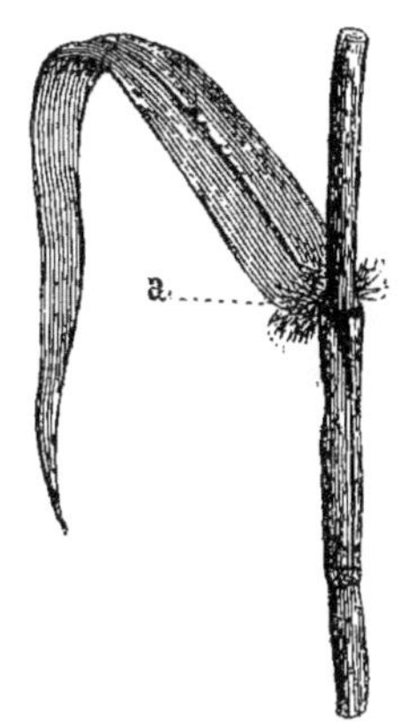

Fig. 38. — Feuille embrassante. — *a*, ligule.

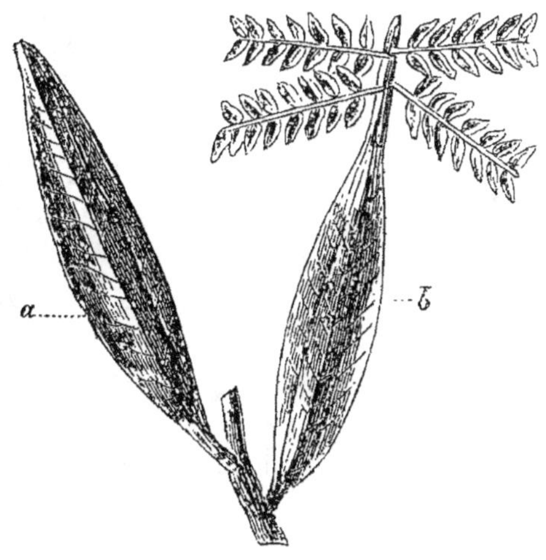

Fig. 39. — Feuille de l'Acacia hétérophylla.
a, phyllode; *b*, pétiole élargi.

rences d'une feuille qu'on appelle *phyllode* (fig. 39).

7.

Ce phénomène est fréquent chez certains Acacias de la nouvelle Hollande et sert à expliquer la formation de

Fig. 40. - Rameaux aplatis nés à l'aisselle de feuilles écailleuses.

Fig. 41. — Fleurs attachées à un rameau aplati.

toutes les feuilles bizarres que présente le règne végétal. (Népenthès, Sarracenia, etc.)

Et nous n'avons rien dit encore du limbe de la feuille, de cette partie fantaisiste par excellence qui par ses découpures de toutes sortes pourrait défier l'imagination la plus inventive. Ovales, aiguës, arrondies, filiformes, canaliculées, tubulaires, planes ou repliées, entières, frangées ou déchiquetées, les formes sont innombrables. C'est un

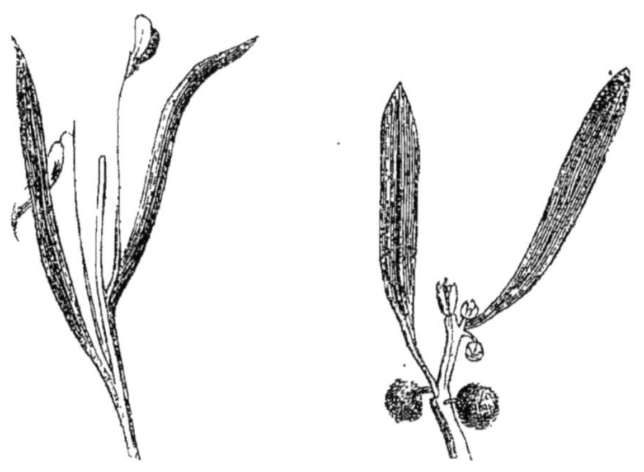

Fig. 42.

glaive, c'est une lance, c'est un fer de flèche barbelée, c'est une lame de sabre turc ou une scie à rangée double.

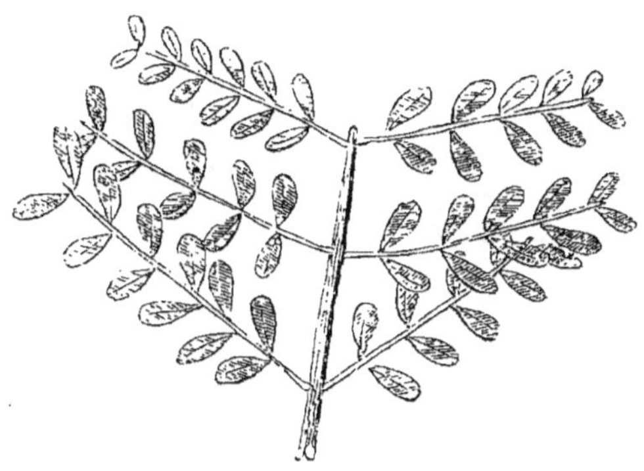

Fig. 43. — Feuilles composées.

C'est quelquefois une patte crochue dont les lobes se contractent comme les ongles d'une serre; c'est d'autres fois

une série de folioles opposées qui au vent s'agitent, palpitent, paraissent prendre leur vol et ressemblent à une
rangée de papillons qui posés sur une tige commune em-
boîteraient leurs ailes (fig. 43 à 75).

Fig. 14.

Fig. 15. — Six feuilles
composées d'Acacia

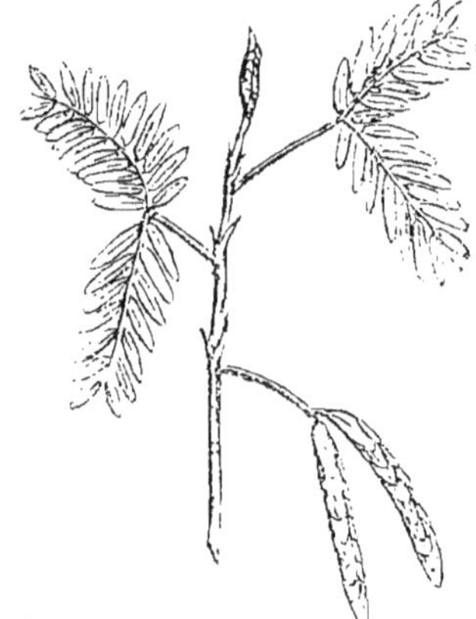

Fig. 46. — Sensitive dont une
feuille a été touchée.

Trèfles mystiques, palmes digitées, lobes décomposés
en subdivisions harmoniques, longues spatules, cœurs
arrondis, ovales acuminés ou rétrécis en aiguillons, lyres,
croissants, griffes, poinçons, vrilles, touffes chevelues,

tubes infundibuliformes du Sarracenia, urnes distillatoires du Népenthès[1], qui donc vous décrira? qui, seulement,

Fig. 47. — Sarracenia.   Fig. 48. Népenthès.

pourra vous classer en série vraiment morphologique, c'est-à-dire en série qui range dans leur ordre toutes les métamorphoses successives?

1. Le Sarracenia et le Népenthès, parmi les plantes curieuses, offrent les plus étranges conformations. Le premier (fig. 47) se distingue par la soudure longitudinale de ses feuilles qui ressemblent à de longs entonnoirs couronnés par un appendice frangé; le second (fig. 48), plus extraordinaire encore, offre à l'extrémité de ses feuilles, atténuées en filament allongé, une sorte d'urne que recouvre un opercule mobile s'ouvrant ou se fermant suivant l'heure de la journée ou l'état de la température. Chaque matin cette urne est pleine d'une eau limpide que la plante a distillée pendant la nuit. (Voy. fig. 75.)

49.

Le limbe de la feuille offre deux surfaces distinctes. L'une, constamment tournée vers la lumière, l'aspire, l'emmagasine dans tous ses pores, l'autre, tournée vers la terre et d'une teinte plus pâle semble tout particulièrement destinée, vu les nombreuses ouvertures ou *stomates* dont son épiderme est criblé, à aspirer certains gaz particuliers de l'atmosphère. C'est sur cette dernière face que ressort avec netteté le réseau des diverses nervures ou côtes qui, réunies en faisceau plane et comme en éventail, sont ramenées à l'unité par celle du milieu appelée nervure médiane. La partie verte, étalée d'une nervure à l'autre comme une membrane et constituant proprement le tissu de la feuille s'appelle *parenchyme*.

Suivant l'abondance ou la pauvreté de ce parenchyme, nous voyons le limbe de la feuille se dilater ou se rétrécir, se cribler de lacunes ou se déchiqueter sur ses bords, se fendre en languettes ou se lacinier en lanières et se hérisser de piquants lorsque le limbe vient à manquer à l'extrémité des nervures, car toute pointe, tout aiguillon est un symptôme d'épuisement.

S'il y a des feuilles maigres, il y a aussi des feuilles grasses, des feuilles épaisses, spongieuses et gorgées de sucs qui, quelquefois, conservent quelque ressemblance avec les feuilles ordinaires, mais qui d'autres fois n'ont plus ni bords, ni surfaces, et s'arrondissent en gros limbes charnus. (Cactus.)

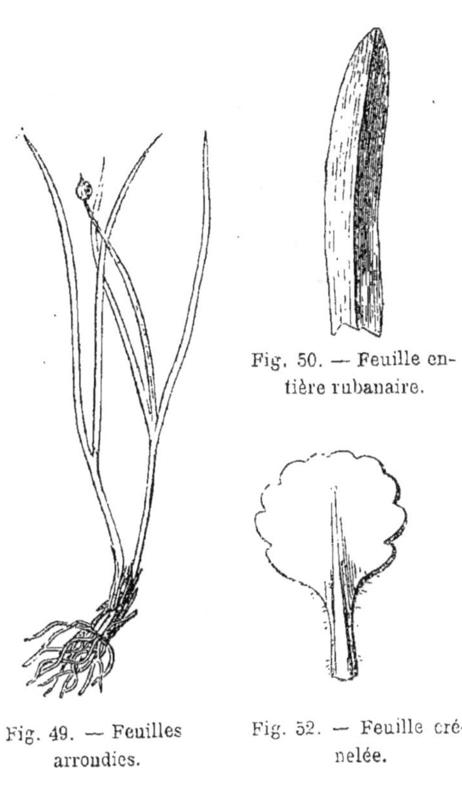

Fig. 49. — Feuilles arrondies.

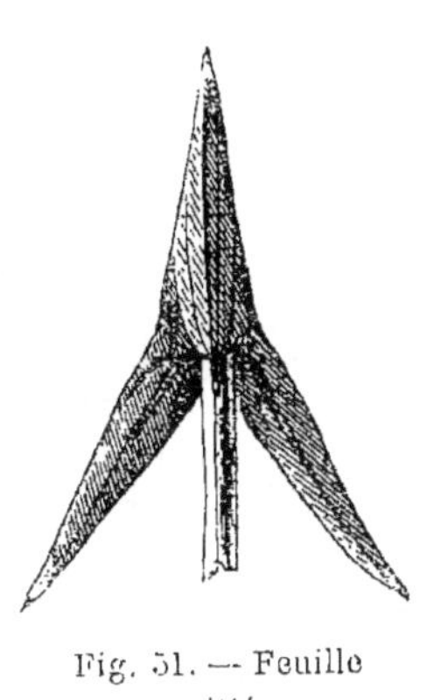

Fig. 50. — Feuille en-tière rubanaire.

Fig. 51. — Feuille sagittée.

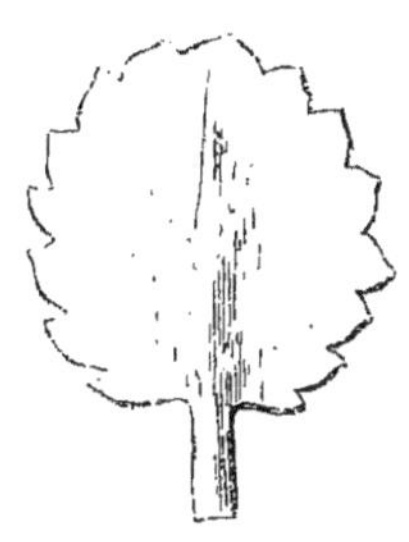

Fig. 52. — Feuille cré-nelée.

Fig. 53. — Feuille dentée.

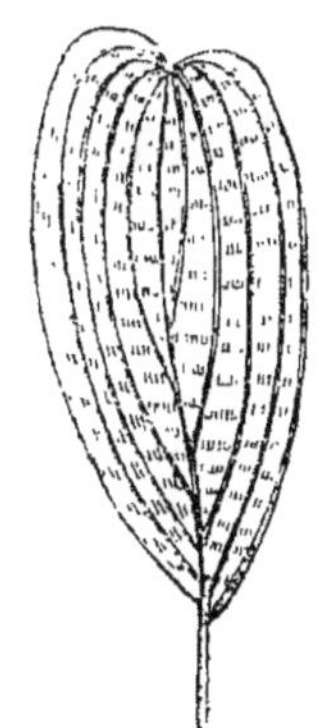

Fig. 54. — Feuille échancrée.

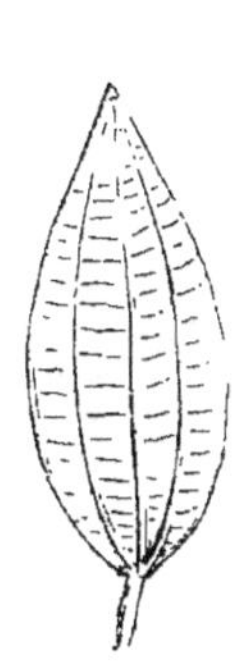

Fig. 55. — Feuille rectinervée.

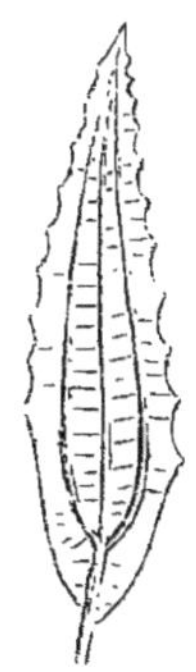

Fig. 56. — Feuille triplinervée.

Fig. 57. — Feuille dentelée.

Fig. 58.—Feuille penninervée.

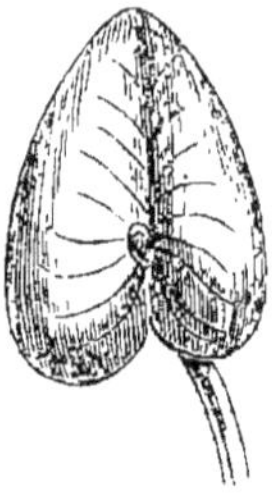

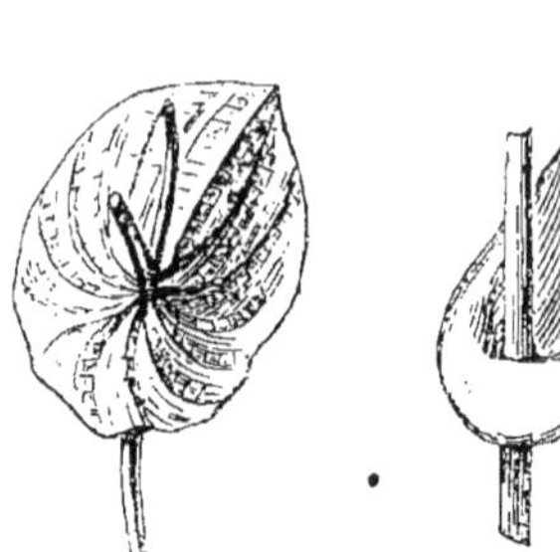

Fig. 59.—Feuille cordiforme.

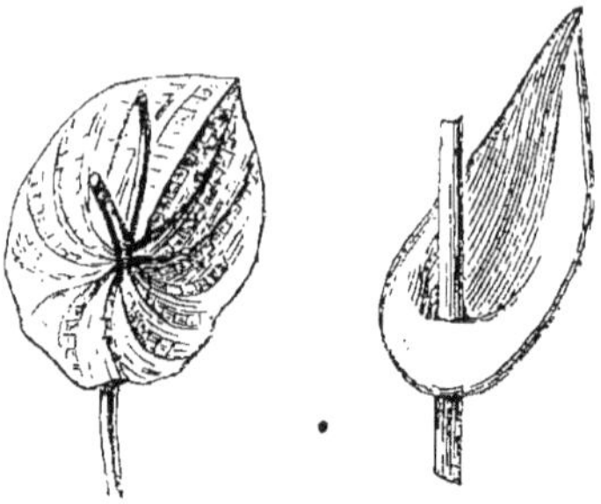

Fig. 60. — Feuilles perfoliées.

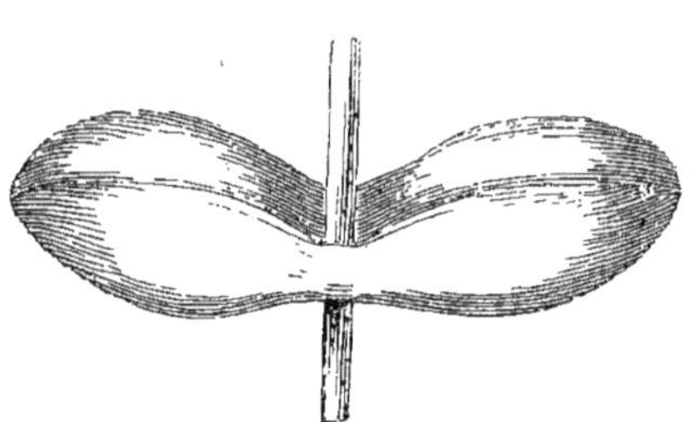

Fig. 61. — Feuilles connées.

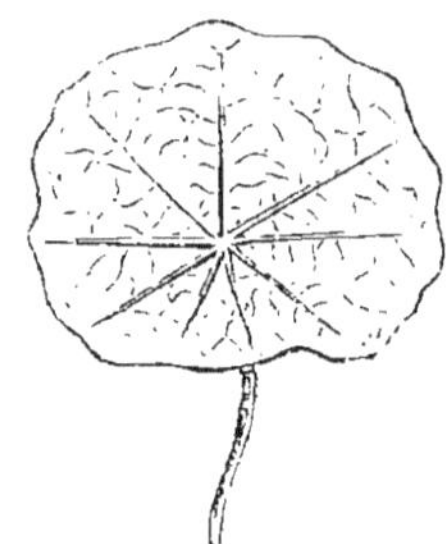

Fig. 62.—Feuille digitinervée.

Fig. 63. — Feuilles lobées.

Fig. 64. — Feuille palmatilobée.

Fig. 65. — Feuille palmatipartite.

Fig. 66. — Feuille palmatifide.

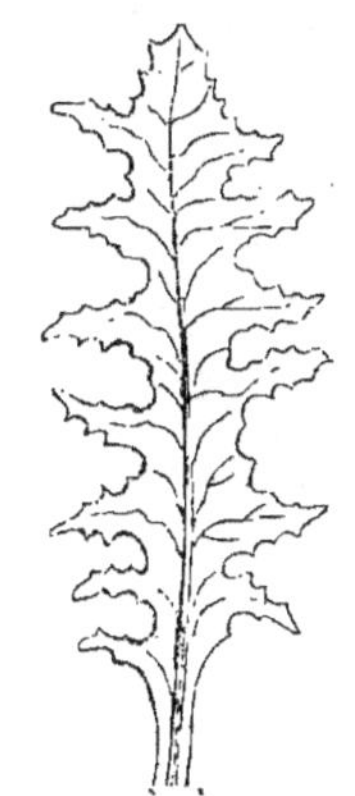

Fig. 67. — Feuilles pinnatifides.

Fig. 68. — Feuille composée engaînante.

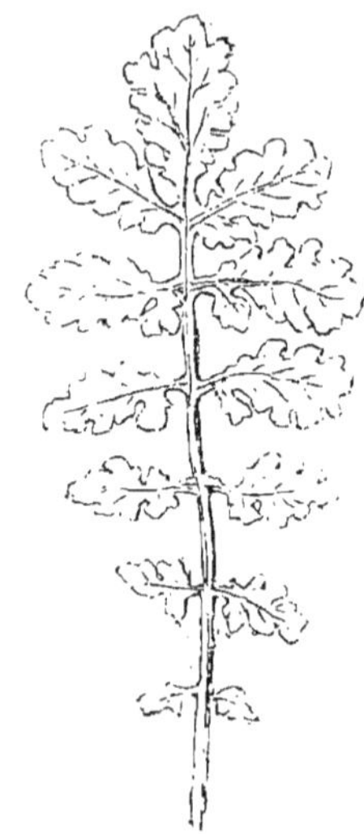

Fig. 69. — Feuille pinnatipartite.

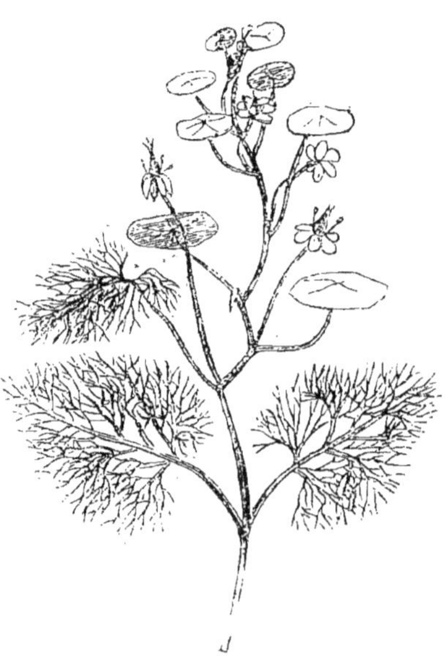

Fig. 70. — Feuilles du Cabomba.

Fig. 71. — Feuille pinnatilobée.

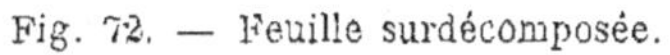

Fig. 72. — Feuille surdécomposée.

Fig. 73. — Feuille à pétiole ailé.

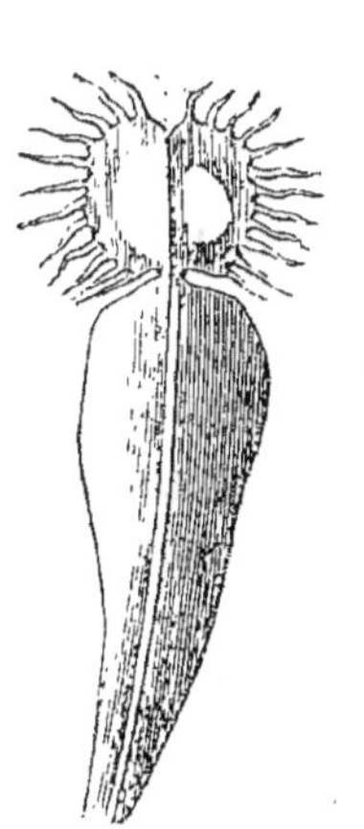

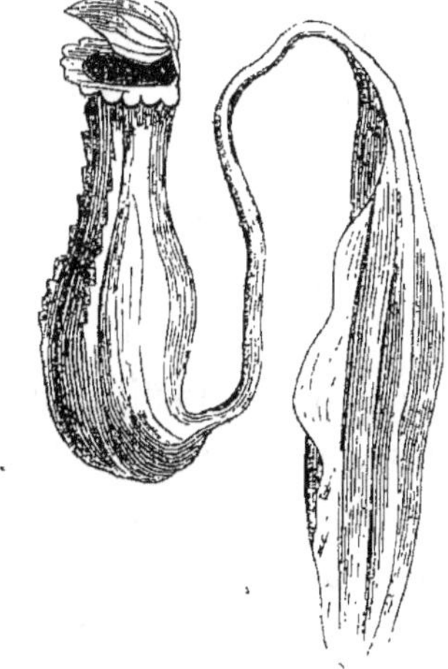

Fig. 74. — Feuille de la Dionée attrape-mouche.

Fig. 75. — Feuille de Népenthès.

Sans être grasses, il en est d'autres qui offrent des contours arrondis. Très-souvent, comme dans l'Ail et l'Ognon, la moelle des feuilles s'oblitère, disparaît, et celles-ci deviennent creuses, c'est-à-dire *fistuleuses* suivant l'expression usitée. Elles ne sont que *cloisonnées,* lorsqu'il se forme en elles des diaphragmes ou sortes de membranes qui d'une face à l'autre s'étendent transversalement.

50.

Les dimensions des feuilles n'ont pas moins de diversité que leurs formes. Il en est qui ont une demi-ligne de largeur, il en est d'autres qui ont jusqu'à vingt pieds de diamètre. Nulle proportion du reste entre la grandeur de la feuille et celle de la tige. Si le Chou-Palmiste, haut de soixante mètres, présente de gigantesques feuilles de dix pieds de longueur et dont le pétiole creux forme une sorte de vase pouvant contenir jusqu'à huit litres de liquide, la feuille de la Patience sauvage, en revanche, couvrirait plusieurs centaines de fois celle du Mélèze, et l'on trouverait dans la feuille du Bananier mille fois plus de matière végétale que dans celle du Cèdre du Liban.

Est-il besoin de vous dire ce que c'est que les arbres verts? Non, à coup sûr. Vous savez que ceux-là protestent contre les hivers et qu'ils ont trouvé le problème de l'éternelle jeunesse. Leurs feuilles tombent mais successivement, aussi les appelle-t-on persistantes; il en est, celles des Conifères, par exemple, qui vivent pendant plusieurs années consécutives.

51.

La feuille occupe sur la tige et les rameaux des positions variées dont l'importance caractéristique est capitale dans l'étude des végétaux.

Ces positions, quelque nombreuses qu'elles soient, se rapportent à deux types principaux : l'alternance et l'opposition. Les feuilles *alternes* naissent de nœuds vitaux

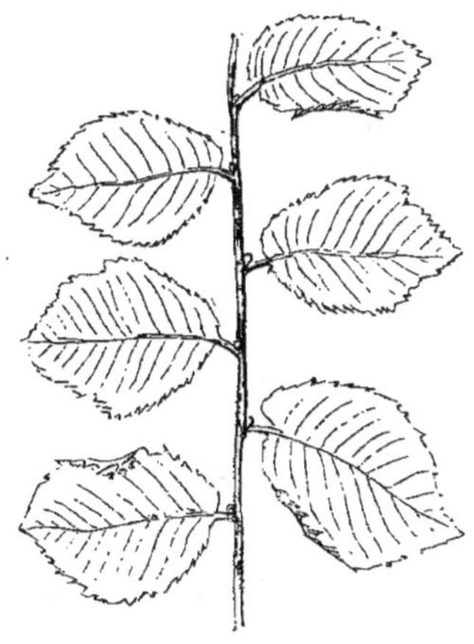

Fig. 76. — Feuilles alternes.

situés à des hauteurs diverses sur la tige et comme épars dans sa longueur (fig. 76). Les feuilles *opposées* naissent de nœuds vitaux situés à la même hauteur, mais diamètralement opposés (fig. 77). S'il naît au même point un certain nombre de feuilles opposées deux à deux en-

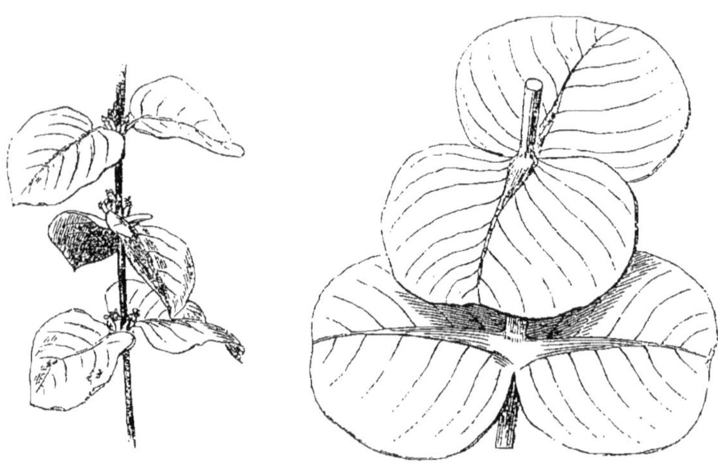

Fig. 77. — Feuilles opposées.

tourant la tige d'une sorte d'anneau, elles sont dites alors *verticillées* (fig. 78).

Fig. 78. — Feuilles verticillées.

Les feuilles alternes, au premier aspect, paraissent avoir poussé au hasard le long de la tige et des rameaux.

Il n'en est rien cependant, et la symétrie de leur disposition se révèle après un examen attentif. Prenez un jeune rameau bien développé de Prunier ou de Pêcher; faites passer une ligne par tous les points d'attache des feuilles superposées, et vous remarquerez bien vite que cette ligne décrit autour de la tige une spirale continue et régulière (fig. 79). Cette symétrie est telle qu'au-dessus de chaque feuille et du même côté, l'on en trouve une autre dont le point d'attache correspond exacte- ment au sien et que les feuilles correspondantes sont toujours séparées par un même nombre de feuilles intermédiaires. Numérotons, par exemple, la série de ces feuilles alternes, et nous trouverons que la sixième correspond à la pre- mière, la onzième à la sixième, la seizième à la onzième et ainsi successivement, tandis qu'à la seconde correspond la septième, la douzième à

Fig. 79.

celle-ci, la dix-septième à la douzième, etc., toujours quatre feuilles, comme on le voit entre les feuilles correspondantes.

Les feuilles opposées ou verticillées alternent aussi en général, mais groupe à groupe, c'est-à-dire que les feuilles d'un verticille diffèrent par leur position du verticille voi- sin, inférieur ou supérieur, mais ressemblent au troisième, de telle façon que les feuilles sont exactement superposées les unes aux autres de deux en deux verticilles.

52.

Vous avez souvent cueilli des roses, n'est-ce pas? Vous avez réuni en bouquets ces belles tiges vertes que parent de grandes feuilles ailées et que défendent aussi ces fameux aiguillons qui ont donné lieu au proverbe bien connu « pas de roses sans épines. » Eh bien, avez-vous remarqué, en dépouillant de leurs épines et de leurs feuilles le bas de ces rameaux que vous vouliez réunir dans votre main, que chacune des feuilles que vous arrachiez emportait avec elle, en se détachant de la tige, un double petit appendice vert qui de part et d'autre se dresse comme deux oreillettes? Ces oreillettes sont des *stipules* (fig. 80).

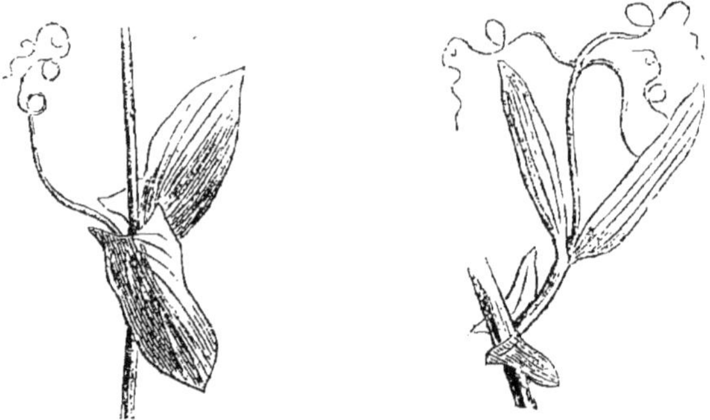

Fig. 80. — Stipules du Lathyrus.

Ces stipules, de formes et de grandeurs diverses, sont fréquentes dans les végétaux et nous serviront bien souvent de caractère distinctif. Ce sont parfois de simples écailles tombantes, d'autres fois de petites folioles, ou bien encore des espèces de membranes soudées sur une partie plus ou moins longue du pétiole. Il en est qui tiennent à la tige elle-même de la plante, d'autres forment en se soudant une sorte de gaine ou de poche, du milieu de laquelle s'élève l'axe végétal (fig. 82).

Les stipules, excessivement rares chez les plantes à végétation simple (Monocotylédonées) [1], ne se rencontrent fréquemment que chez les Dicotylédonées et les polypétales particulièrement. Il est des familles où elles forment un caractère fondamental, telles que les Malvacées, les Rosacées, les Violariées, les Légumineuses, etc.; il en est d'autres, telles que les Labiées et les Crucifères qui en sont totalement dépourvues.

Fig. 81. — Stipules latérales
du Liriodendron.

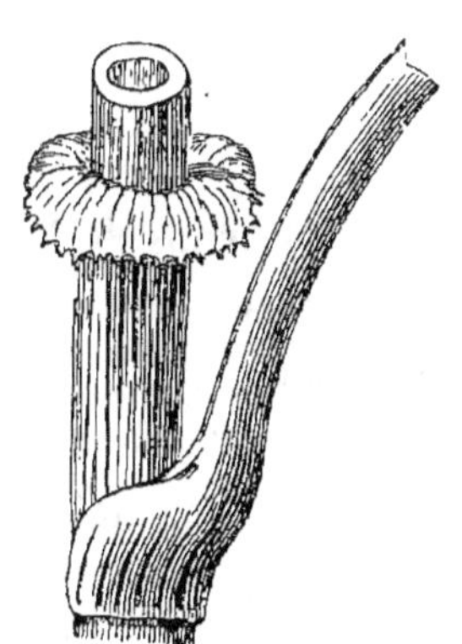

Fig. 82. — Stipule circulaire
d'une Polygonée.

Les stipules dont l'origine morphologique s'explique par la dilatation du pétiole sont évidemment des organes protecteurs. Chez certaines plantes, les Amentacées, par

1. La plupart des botanistes même affirment que ces végétaux en sont complétement privés; mais M. de Saint-Hilaire proteste, et tout en reconnaissant que les stipules sont très-rares chez les Monocotylédonées, il cite les Potamogetons comme en étant pourvus, ainsi que les Graminées dont la *ligule* n'est, selon lui, qu'une stipule à demi soudée (fig. 38).

exemple, on les trouve presque entièrement développées alors que la feuille frêle, tendre et à peine visible encore semble se blottir sous l'abri qu'elles lui font. Chez d'autres végétaux elles font plus encore, elles forment une sorte de cornet ou de casque conique parfaitement clos qui préserve le bourgeon des influences atmosphériques et de la piqûre des insectes.

53.

Nous avons déjà dit quelques mots de la faculté qu'ont les plantes d'improviser selon leurs besoins des organes de circonstance.

Les *vrilles* sont au plus haut degré le produit de ce pouvoir remarquable. Aussi ne sont-elles jamais un organe spécial, mais tout simplement la transformation d'un autre organe avorté. Ce sont tantôt des pédoncules floraux, de véritables grappes fructifères qui se sont allongées démesurément comme dans la Vigne, par exemple, et qui donnent parfois le spectacle curieux et incompréhensible, sans le secours de la morphologie, d'une vrille qui, se souvenant de ce qu'elle aurait dû être, se charge, tout en restant vrille, de fleurs et même de fruits. Ce sont encore des pétioles, ailleurs des stipules, quelquefois des rameaux avortés. Ce sont enfin, mais plus rarement, des feuilles, de vraies feuilles dont l'extrémité se roule et constitue manifestement des espèces de vrilles, ainsi qu'on le remarque dans l'Œillet et surtout dans le Methonica gloriosa. La distinction du reste est facile à établir par la position qu'occupent ces vrilles sur la tige (fig. 83, 84 et 85).

Fig. 83. — Vrille ramifiée de Gesse. — *a*, vrille rameuse ;
b, pétiole élargi ; *c*, stipules ; *d d*, tige ailée.

Fig. 84.   Fig. 85.

L'on donne le nom de *griffes* aux racines que les plantes

grimpantes enfoncent dans les corps qu'elles ont choisi pour appui, et le nom de *suçoirs* aux filaments déliés que l'on rencontre quelquefois sur la surface des griffes.

54.

Nous connaissons, en fait d'organes appendiculaires, les stipules et les vrilles. Eh bien, ce n'est pas tout, il y a encore des *épines* et des *aiguillons*.

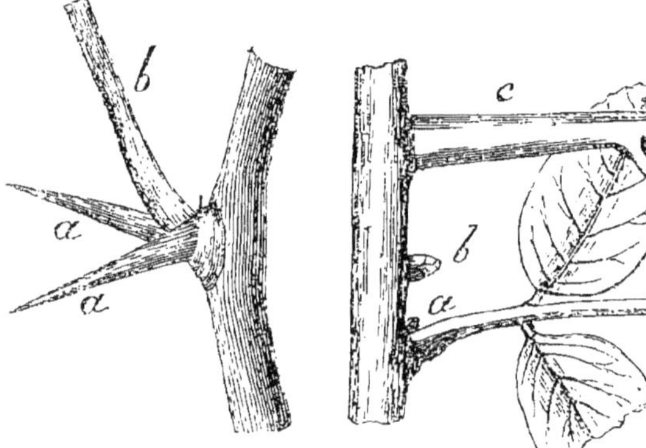

Fig. 86. — Épines stipu-
laires du Jujubier. —
a a, épines; *b*, pétiole.

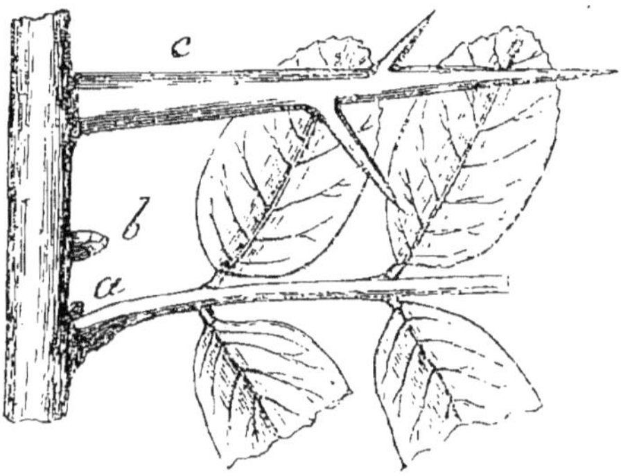

Fig. 87. — Épine rameuse. — *a*, rameau;
b, bourgeon; *c*, épine.

Les épines, que tout le monde connaît par suite de fâcheuses expériences personnelles, sont des pointes aiguës et roides formées par le prolongement du tissu ligneux du végétal (fig. 86 et 87). Les aiguillons, plus superficiels, sinon moins redoutables, ne sont qu'un appendice de l'écorce (fig. 88).

Quant à leur origine, même diversité que pour les vrilles et les stipules. Comme ces dernières, les épines ne sont le plus souvent que des organes avortés, déformés et devenus spinescents. Ce sont des feuilles, par exemple, dans certaines Asperges d'Afrique, des stipules dans l'Acacia ou le Groseillier à maquereau, des rameaux dans le Prunier sauvage, des pétioles enfin dans certaines Astragales.

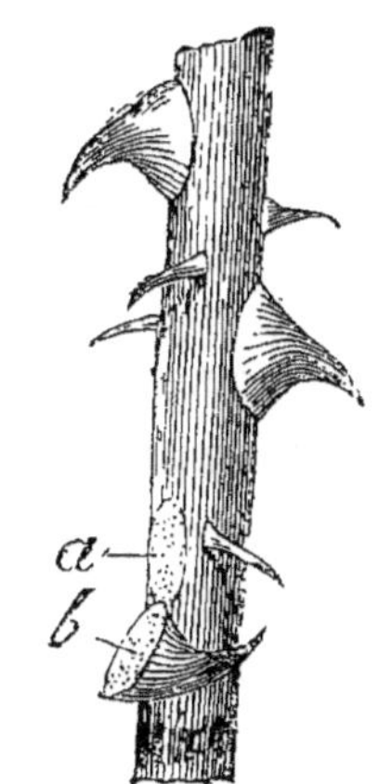

Fig. 88.— Aiguillons de Rosier. — *a*, trace d'un aiguillon enlevé *b*, base de l'aiguillon.

Faudra-t-il maintenant s'étonner si nous voyons, sous l'influence de la culture ou de tel autre stimulant, ces épines redevenir ce qu'elles furent ou ce qu'elles auraient dû être et reprendre graduellement leur forme originaire? Non, à coup sûr, puisque nous savons que la présence de toute épine est un symptôme d'appauvrissement. Soignez, nourrissez fortement une plante épineuse, et vous verrez diminuer chaque année le nombre de ses petits dards. Reconnaissante, touchée par vos bons offices, elle dépouillera cet aspect hérissé dont elle s'était, ce semble, armée contre l'indifférence de tous et l'injustice de la destinée.

Au nom de la morphologie, nous ne confondrons donc point les épines avec les aiguillons, puisque ces derniers n'ont été considérés par certains physiologistes que comme de simples poils agglomérés et durcis.

55.

Les *poils!* encore un organe accessoire. Les poils, expansions allongées, simples, rameuses, ou renflées à l'une de leurs extrémités appartiennent uniquement à l'épiderme comme les aiguillons. Ils semblent destinés à défendre les organes, et les plus jeunes surtout, contre la piqûre des insectes ou les influences de l'atmosphère.

Les poils se trouvent en de tels rapports directs avec la lumière, que l'on serait tenté d'accorder à cette dernière le pouvoir de multiplier sur les végétaux ces curieux appendices. Transplantez à l'ombre, dans un lieu humide, telle plante velue qui poussait au soleil, et vous verrez progressivement diminuer le nombre de ses poils; remettez-la au soleil, son duvet s'y épaissira de nouveau.

Gardez-vous de croire que ces appendices si petits et si humbles soient simplement des organes de luxe. La plupart d'entre eux, et tous peut-être, sont de petits tubes excréteurs, de petits appareils de distillation du sommet desquels sort de temps à autre, particulièrement lorsqu'on les irrite, une gouttelette invisible, visqueuse, douceâtre, brûlante quelquefois comme dans les Orties et qui, déposée dans la blessure qu'ils peuvent faire, y détermine des démangeaisons ou des sensations douloureuses. Les poils de la Malpighia brûlante sont ventrus, renflés au milieu comme une navette et donnent passage à des sucs d'une puissance caustique et corrosive incroyable, si l'on compare leur énergie à leur minime quantité.

Les poils sont nombreux et variés, ce sont tantôt des *cils*, des *soies*, des *paillettes* ou des *écailles*, les formes surabondent.

Avons-nous tout dit ? Pas encore. Il y a de plus, parmi les organes accessoires, les *glandes*, les *papilles*, les *verrues*, les *lenticelles*, autant de petites protubérances qui les unes secrètent des sucs, les autres rendent simplement rugueuses les surfaces où elles sont réunies ; les *stomates* enfin qui, placées principalement sur les parties vertes des végétaux, paraissent être des pores au moyen desquels ceux-ci seraient mis en rapport avec l'atmosphère — sans toutefois que ce fait puisse être rangé parmi les certitudes de la science. Nous y reviendrons du reste plus loin.

<h2 style="text-align:center">56.</h2>

Ce ne sont pas seulement les organes superficiels qui modifient la surface des plantes, ce sont encore certaines substances qui s'échappent des pores mêmes de leur tissu. L'on a donné à ces substances le nom d'*excrétions végétales*. Tout le monde a remarqué la poussière glauque et fine qui revêt les feuilles du Chou, qui bleuit certaines prunes. Cette farine de nature cireuse préserve de l'humidité ces feuilles et ces fruits.

Il est une foule de plantes qu'enduit une humeur visqueuse, tenace et impénétrable à l'eau. Cette humeur retient souvent les insectes qui ont l'imprudence d'effleurer ces végétaux singuliers. L'on en voit, le Cuphea d'Amérique entre autres, que recouvre une véritable couche de moucherons victimes de l'enduit perfide. Il y a des végétaux qui exsudent du miel, de la résine, de la cire, de la gomme, des huiles ; mais rien n'approche de la Graminée appelée *Melinis minutiflora* par les botanistes et *Capim gordura* (herbe à la graisse) par les indigènes. Lorsqu'on a brûlé une forêt vierge, la Capim gordura s'empare du terrain devenu libre, en chasse tyranniquement toute autre plante et recouvre les champs d'une végétation si épaisse que l'on ne peut les traverser sans avoir ses vêtements enduits d'une humeur gluante et fétide.

37.

Nous arrivons ici à une question capitale. Il s'agit de la nutrition des végétaux. Nous en avons dit quelques mots en parlant de la racine; mais la racine seule ne nourrit pas le végétal, c'est particulièrement par les feuilles que s'accomplit cette importante fonction.

L'acte est complexe. Il y a *absorption* d'abord des matières nutritives, puis *circulation* de ces matières dans les canaux de la plante, *transpiration, excrétion, respiration* de l'air extérieur et enfin accroissement des organes par *assimilation* définitive.

Reprenons maintenant et développons avec quelques détails. Il n'est pas en Botanique de plus haute question.

La plante, on le sait, se nourrit de substances inorganiques, c'est-à-dire d'éléments simples, premiers et indépendants de tout organisme. Ce sont des gaz d'abord, ou

parties constitutives de l'atmosphère, tels que l'oxygène,
l'hydrogène, l'acide carbonique, l'azote; ceux-là sont absorbés par la partie aérienne de la plante. Ce sont ensuite
des sels minéraux, du carbone, du soufre, du phosphore,
du chlore, de la chaux, de l'ammoniaque, de la potasse,
de la soude, de l'alumine, de la silice, etc. ; ceux-ci sont
absorbés par les spongioles et les pores de la racine.

Mais ces éléments ne sont absorbés qu'au moyen
d'un véhicule qui les dissout, qui les entraîne; ce véhicule est un liquide, c'est l'eau. Si donc ce n'est pas de
l'eau en elle-même que se nourrissent les racines, ce
n'est que par elle, qu'elles sont mises en état de profiter
du voisinage des sels minéraux dont elles ont besoin
pour vivre. Une plante dont les racines plongent dans
l'eau pure meurt de faim ; mais cette même plante meurt
également de faim dans le terrain le plus riche, si elle y
manque d'eau d'une manière absolue.

L'on sait avec quelle puissance cette eau est pompée
par les spongioles radicales. L'expérience de Hales que
nous avons déjà racontée le prouve d'une manière suffisante. Aussi est-ce avec une rapidité remarquable que
l'eau s'élève dans les végétaux altérés. Il suffit parfois de
quelques instants, pour qu'on voie se redresser fraîche et
vigoureuse, telle plante qui, par défaut d'arrosage, s'affais-
sait allanguie, presque mourante. En quelques minutes,
l'eau nutritive a été absorbée; cette eau a été transformée
en séve ; cette séve s'est élevée dans les canaux intérieurs
par le phénomène bien connu de l'endosmose, et la vie,
qui s'en allait, rentre pour ainsi dire dans cet organisme
que quelques gouttes d'eau ressuscitent périodiquement.

L'œuvre commencée par la racine est favorisée, rendue complète par l'action supérieure des feuilles. Celles-ci font besogne double : elles augmentent la succion des racines par l'évaporation presque continuelle qui se fait à leur surface et par le vide qui s'y opère conséquemment ; d'autre part elles absorbent, elles aussi, soit l'eau à l'état liquide quand elles y sont naturellement ou accidentellement plongées, soit l'eau à l'état de vapeur qui flotte perpétuellement dans l'atmosphère en proportions variables.

Dans certaines plantes dont les racines sont très-grêles relativement à la grandeur du végétal, ou dans celles qui vivent sur les rochers et dans les terrains arides (les Cactus, par exemple), c'est presque uniquement par les feuilles ou la tige que s'opère l'absorption nutritive.

58.

Après l'absorption vient la circulation. Les liquides que les racines ont absorbés, mêlés à ceux qui ont pénétré dans le végétal par la succion des feuilles constituent la *sève* ou fluide nutritif. Cette séve, comme le sang des animaux qu'elle représente dans le monde végétal, est agitée d'un mouvement continuel pendant la période active de la végétation. Elle se porte sans cesse dans toutes les parties du végétal, soit pour les nourrir, soit pour s'y modifier.

Mais la circulation végétale est plus compliquée que la circulation du sang chez les animaux. Outre le mouvement général de la séve dont il sera question tout à l'heure, il s'en accomplit un autre dans chacune des cellules dont se compose le végétal tout entier. Dans chacune d'elles s'établit un courant circulaire dont la véritable cause est encore inconnue.

Lorsque, sous un fort grossissement, l'on examine au microscope les poils de quelques végétaux, — poils uniquement formés de cellules superposées, — on voit distinctement, à travers les parois transparentes, se mouvoir circulairement le suc nutritif entraînant avec lui de nombreux globules qui y flottent sans cesse.

Mais laissons ce mouvement tout spécial[1] qui s'accomplit d'une manière entièrement indépendante dans chaque cellule, et occupons-nous de la circulation générale qu'accomplit la séve.

La séve obéit à deux mouvements distincts et inverses. L'un l'élève des racines vers les feuilles; l'autre la ramène des feuilles aux racines, ce qui nous donne ainsi une *séve ascendante* et une *séve descendante*.

Lorsque, après le sommeil de l'hiver, reviennent le printemps et les chauds rayons du soleil, il se manifeste dans les végétaux une excitation générale qui, réveillant l'action absorbante des racines, détermine la séve à s'élever vers les parties supérieures. C'est là la séve ascendante.

Dans cette première période de la végétation, la séve qui provient de l'humidité du sol et de l'atmosphère n'est

---

1. Certains botanistes mentionnent un autre mouvement particulier appelé *cyclose* qui, d'après M. Schultz, s'opérerait dans certains vaisseaux de la plante (vaisseaux laticifères); mais cette cyclose est contestée par d'autres botanistes et par M. Hugo de Mohl en particulier.

encore qu'un liquide assez pauvre où l'eau domine d'une manière exclusive ; mais à mesure qu'elle s'élève, la séve s'épaissit. Elle se combine aux éléments déjà contenus dans les cellules, se transforme elle-même par suite de manipulations inconnues de chimie végétale, et arrive au sommet de la tige tout autrement riche en principes organiques qu'elle ne l'était en pénétrant dans les racines.

La séve monte, dans les plantes dicotylédonées et particulièrement dans les arbres, par les vaisseaux des couches les plus intérieures. C'est par le bois même qu'elle s'élève. Ce mouvement ascensionnel se manifeste au printemps et se continue jusqu'au moment où les bourgeons se sont développés en rameaux et en feuilles ; puis il se ralentit, s'arrête, recommence vers la fin de l'été dans certains végétaux (séve d'août), pour s'arrêter de nouveau d'une manière définitive au commencement de l'automne.

Arrivée au sommet de la plante, nous l'avons dit, notre séve se trouve être dans des conditions tout autres que celles qu'on remarquait à son point de départ. En traversant les différents tissus qui constituent les couches ligneuses, elle s'est modifiée sensiblement. Elle a fondu, puis entraîné avec elle des matières produites par les végétations précédentes telles que de la gomme, du sucre, de l'albumine, de la caséine, des sels, et se trouve pourvue de tous les principes dont elle va avoir besoin pour accomplir sa mission nutritive.

C'est alors qu'elle éprouve des modifications essentielles. Par suite de la *transpiration* qui s'opère par les feuilles et le sommet de la tige, — transpiration assez abondante pour se condenser en gouttelettes d'eau qu'il ne faut pas confondre avec la rosée[1], — la séve perd une partie de l'eau qu'elle contenait, et rejette sous forme *d'excrétions* (cire, gomme, huile) les éléments qui lui sont inutiles.

Ce n'est pas tout, la plante *respire*. Elle respire aussi bien que les animaux, c'est-à-dire que sa séve, qui n'est autre chose que son sang, est mise en contact avec l'atmosphère au moyen de ses feuilles et de ses parties vertes qui représentent les organes respiratoires. Sous l'influence des rayons solaires, ces organes absorbent l'acide carbonique répandu dans l'air, le décomposent, dégagent le carbone qui se fixe dans le tissu végétal et rendent à l'atmosphère, par la respiration, une quantité notable d'oxygène provenant de cet acte de décomposition chimique[2].

Nous avons dit que ces divers phénomènes ne s'accomplissent que sous l'influence de la lumière solaire. Cela est si vrai que dans l'obscurité s'effectue une opéra-

1. Suivant les observations du physiologiste Sennebier, la plante exhale par la transpiration environ les deux tiers de l'eau qu'elle a absorbée.

2. L'on voit que la vie végétale est, en un sens, exactement le contraire de la vie animale. Dans celle-ci, l'oxygène absorbé par l'acte de la respiration sort de l'organisme à l'état d'eau et d'acide carbonique (c'est ce dernier gaz qui vicie l'atmosphère où respirent un trop grand nombre de personnes rassemblées ; dans le végétal, c'est l'inverse qui a lieu : l'eau et l'acide carbonique sont absorbés, l'oxygène est rejeté.

Ajoutons que pour accomplir ce travail il faut à la plante de la chaleur. Cette chaleur, elle l'emprunte à l'action solaire, l'emmagasine pour ainsi dire dans ses tissus à l'état de force latente, et plus tard la rendra à l'homme sous forme de houille ou de charbon d'où la combustion fera sortir chaleur, force et travail.

tion inverse. A la lumière diffuse du jour elle-même, c'est-à-dire en l'absence de la coopération directe des rayons du soleil, la plante inspire de l'oxygène et respire de l'acide carbonique ; mais que ces rayons se montrent, et l'exhalation de l'acide carbonique s'arrête, les feuilles recommencent à décomposer ce gaz et versent dans l'atmosphère ces torrents sains et vivifiants d'oxygène qu'une forêt dégage à l'heure de midi, sous les chaudes effluves d'un ciel serein.

N'oublions-pas que nous avons laissé notre séve ascendante là-haut au sommet de notre végétal, modifiée, élaborée, perfectionnée par tous les actes divers que nous venons d'énumérer (transpiration, excrétions et respiration) ; elle est prête maintenant et va redescendre. Elle revient des feuilles vers la racine en suivant une marche différente de celle qui l'a amenée. C'est par l'écorce qu'elle descend et qu'elle fournit au végétal les matériaux nécessaires à sa nutrition et à son accroissement. C'est en effet entre le bois et l'écorce que se forme annuellement cette couche appelée *cambium,* destinée à poursuivre l'œuvre de développement et de vie. D'abord liquide, gélatineux, ce cambium se durcit graduellement, s'organise, se remplit de cellules et de vaisseaux nouveaux. C'est là la couche de formation récente qui va grossir d'un cercle de plus ces enveloppes concentriques et annuelles dont se composent, vous le savez déjà, les troncs des grands végétaux.

Résumons en deux mots l'œuvre accomplie par la séve, redisons le chemin qu'elle a parcouru. L'eau du sol contenant les matériaux de la nutrition du végétal est absorbée par les spongioles des racines ; elle monte dans la tige à travers le système ligneux, arrive dans les feuilles, y subit l'action de l'air atmosphérique et devient séve élaborée dans un acte mystérieux de chimie végétale. Les cellules des parties vertes se remplissent alors de ces granules verts qu'un botaniste célèbre, M. Dutrochet, appelle le système nerveux de la plante; puis la séve redescend le long de l'écorce, dépose le cambium entre celle-ci et la couche ligneuse de l'année précédente et retourne à l'extrémité des racines qui fut son point de départ. C'est là le phénomène complet de la circulation végétale.

59.

Revenons maintenant à la tige dont nous avons décrit les appendices principaux : bourgeons, rameaux et feuilles. Nous avons dit comment s'y manifeste la vie. Disons, en terminant, quelques mots de ses résultats.

La tige de tout végétal s'accroît dans le sens de deux directions différentes : elle augmente de diamètre et se développe en hauteur.

L'on sait déjà comment s'effectue le développement en diamètre. Il provient de l'addition annuelle d'une couche de bois qui, sous l'écorce, vient s'ajouter périodiquement au tronc de l'année précédente.

L'écorce de son côté s'épaissit en diamètre. Elle aussi reçoit une couche de formation annuelle, mais elle la reçoit autrement que le tronc. Tandis que celui-ci s'accroît au dehors, c'est-à-dire à sa circonférence, l'écorce se développe en dedans, c'est-à-dire à la face qui regarde le centre de l'arbre. La couche ligneuse qui vient de se former est donc plus grande que le tronc déjà existant, puisqu'elle l'enveloppe; tandis que la couche d'écorce de formation récente est plus petite que son aînée, puisqu'elle est enveloppée par celle-ci. Il arrive de la sorte que les deux couches nouvelles d'écorce et de bois sont immédiatement contiguës, par la raison toute simple qu'elles ont eu pour cause la même zone génératrice, c'est-à-dire cette couche de liquide plus ou moins épais que nous avons appelé cambium.

C'est au printemps que s'effectue cette remarquable création. Le cambium de l'année précédente s'est progressivement épaissi, organisé. Il s'est converti en une infinité de petites cellules nouvelles qui se touchent, se compriment à mesure que les sucs de l'année courante viennent les gonfler davantage; elles s'allongent sous cette compression, se durcissent en fibres longitudinales et constituent lentement, mais avec une régularité de transformation que rien n'arrête ni ne trouble, un nouveau réseau de fibres et comme une alluvion ligneuse qui recouvre la précédente.

Voilà pour le grossissement en diamètre. Voyons maintenant comment s'effectue l'accroissement en hauteur.

L'axe de la plante, nous l'avons dit en commençant, est doué d'une sorte de mouvement de polarité qui entraîne en sens inverse ses deux extrémités opposées. Tandis que vers le centre de la terre plonge obstinément la radicule d'une graine en germination, la tigelle de son côté s'élève et se dresse dans l'atmosphère. Au sommet de cette tigelle est un bourgeon. À mesure que s'allonge la tige, ce bourgeon se développe, s'ouvre, écarte les feuilles rudimentaires qu'il contenait, les laisse de part et d'autre sur l'axe où elles prennent leur position définitive, et toujours du milieu de cet épanouissement de feuilles s'élève et jaillit comme un jet de vie infatigable qui, dans sa passion ascensionnelle, semble n'avoir aucun terme d'accroissement.

Il faut cependant faire halte. Voici le soleil qui pâlit, s'incline sur l'horizon et semble emmener avec lui toutes les énergies de l'année qui succombe. C'est l'hiver. C'est la mort.— Non, ce n'est qu'un sommeil, et l'année prochaine naîtra au sommet de notre tige un autre bourgeon, un nouveau jet que couronnera plus tard encore une cime foliacée : et cela indéfiniment pendant un siècle, pendant des siècles, pendant dix mille années s'il le faut, car absolument parlant la vie du végétal semble n'avoir pas de limite.

C'est ainsi que s'accroît la tige. Mais que se passe-t-il au dedans? Un curieux phénomène, en vérité. Si l'on songe, en effet, qu'en même temps que du sommet de notre tige s'élance une pousse qui en augmente la hauteur, il se développe une nouvelle couche de bois ou de cambium solidifié qui recouvre, enveloppe de toutes parts la couche précédente, l'on comprendra qu'au bout d'un certain nombre d'années la tige ligneuse se trouvera constituée par un assemblage de cônes emboîtés les uns dans les autres.

Prenez un cornet de papier, renversez-le et posez-le sur sa base élargie. Recouvrez-le d'un cornet plus grand dont les bords s'appuient également sur la surface plane qui soutient le premier. Par dessus, placez-en un troi-

sième que recouvrira un quatrième… Augmentez votre
série, haussez votre colonne, et vous aurez là dans ces
cornets superposés l'image artificielle
du tronc d'un végétal. Sciez maintenant votre colonne de papier, cou-
pez-la par tronçons. Que trouverez-
vous au bas? Vingt couches concentriques si vous avez superposé vingt
cornets, puis dix-neuf, puis dix-huit,
toujours une de moins à mesure que
vous montez. C'est là, je le répète,
l'image de votre arbre qui, chaque
année, s'est enrichi d'une nouvelle

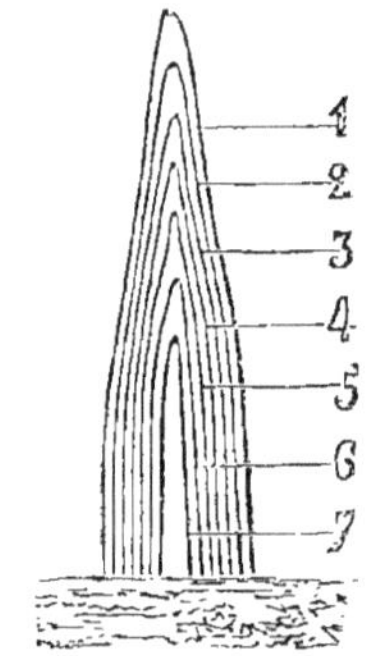

Fig. 89.

enveloppe et dont les couches concentriques diminuent
en nombre à mesure que l'on s'élève de la base au sommet (fig. 89).

60.

Hauteur, diamètre, c'est donc là tout le végétal. Tandis que dans le règne animal chaque individu atteint un
maximum d'accroissement limité par les proportions normales de l'espèce, la plante, elle, semble n'avoir pas de
limite et croîtrait indéfiniment si des accidents de toutes
sortes ne venaient lentement tarir ce flot de vives énergies
qui chez certains végétaux jaillit avec une incroyable vitalité.

De là résulte, nous venons de le dire, un accroissement à peu près indéfini. Une certaine humidité jointe à un degré de chaleur considérable et à peu près constante présente les conditions les plus favorables au développement végétal. Les forêts de l'Inde et de l'Amérique méridionale sont peuplées d'arbres qui, par leur port et leurs dimensions gigantesques, laissent bien loin derrière eux tous ceux de nos climats tempérés. Et encore la terre est-elle parvenue à une phase qui ne paraît plus que médiocrement apte à favoriser l'exubérance de la végétation.

Lorsqu'on se trouve en face de l'un de ces colosses du règne végétal actuel, l'on recule en imagination, l'on se transporte dans ces âges lointains de l'histoire géologique houillère, il y a des milliers de siècles, peut-être des millions d'années, et l'on voit dans les brumes chaudes qui alors enveloppaient presque perpétuellement la surface de la terre se tordre des formes étranges et s'élever des forêts incomparables dont les végétaux de nos jours n'auraient formé que l'herbe ou que les broussailles.

Toutefois, demeurons dans la réalité. Le règne végétal contemporain nous offre encore d'assez beaux spécimens de ce que peut son énergie productrice, et nous trouvons dans les ouvrages de Botanique une liste d'arbres célèbres dont nous dirons quelques mots en passant.

Il est des arbres qui ne croissent qu'avec une extrême lenteur, tels sont, par exemple, le Chêne, l'Orme, le Noyer, l'If ou le Cèdre. D'autres, au contraire, les arbres à bois tendre, tels que les Peupliers, les Aunes et les Sapins, s'élèvent en quelques années à une hauteur considérable. Il est enfin d'autres végétaux, véritables improvisateurs, dont la rapidité d'accroissement tient du prodige. Nous en avons cité des cas remarquables dans le premier chapitre de ce livre. Contentons-nous ici d'un seul fait, l'un des plus extraordinaires. M. Achille Richard nous parle d'Agavés américains qu'il a vus sur les rochers du golfe de Gênes et sur les côtes de la Sicile pousser avec une telle fougue, que quarante jours leur suffisaient pour élever leur tige jusqu'à trente ou quarante pieds de hauteur.

61.

A la tête des arbres célèbres par leurs énormes dimensions, l'on doit placer parmi les arbres indigènes le fameux Châtaignier du mont Etna, désigné en Sicile sous le nom de *Châtaignier des cent cavaliers*. Le tronc de cet arbre phénoménal n'aurait pas moins, selon quelques voyageurs, de cent soixante pieds de circonférence, et ce chiffre concorde avec celui de M. Houel qui, de son côté, affirme qu'il a cinquante pieds de diamètre. Son nom lui a été donné par la reine Jeanne d'Aragon qui, surprise par un orage, trouva sous l'immense dôme de verdure un abri suffisant pour elle et son escorte composée de cent cavaliers. Ce Châtaignier, visité en 1834 par M. A. Richard, ne forme pas un seul tronc, d'après le témoignage de ce dernier; il est la réunion de sept tiges distinctes partant d'une souche commune et laissant à leur centre un espace libre d'une douzaine de pieds de diamètre. Chacune d'elles prise isolément constitue un arbre gigantesque. Une entre autres mesurait en 1834 quarante-trois pieds de circonférence. Que l'on juge de l'effet que doit produire la réunion de ces colosses.

Le Chêne d'Allouville, près d'Yvetot, passe avec raison pour le doyen des chênes de Normandie. Depuis près de deux siècles sa cime a été disposée en chapelle. En 1843, son tronc avait une circonférence de vingt-sept pieds environ et son âge est évalué à huit cents ans. C'est donc vers l'an 1000, c'est-à-dire en plein moyen âge, qu'il aurait été planté, sous le règne de Hugues Capet ou de Robert le Pieux.

Le cimetière de la commune de Haie de Routot, dans l'Eure, est presque entièrement couvert, ainsi qu'une partie de l'église, par deux Ifs monstrueux qui, l'un et l'autre, avaient, en 1832, une trentaine de pieds de circonférence.

L'If de Fortingals, en Écosse, en avait soixante, et environ trente siècles de durée, car c'est l'un des arbres qui croissent avec le plus de lenteur.

Dans le département des Deux-Sèvres, au château de Chaillié, près de Melles, on voyait un Tilleul qui en 1804 avait quarante-cinq pieds de circonférence et devait avoir onze cents ans environ.

Pline parle d'un Platane qui existait en Lycie et dont le tronc présentait une cavité de quatre-vingts pieds de circonférence. Le consul Licinius Mutianus y coucha avec dix-huit personnes.

Un voyageur rapporte qu'à Bujukderë, près de Constantinople, il y a un Platane de quatre-vingt-dix pieds de hauteur et de cent cinquante de circonférence. Il est intérieurement creusé d'une cavité qui occupe un espace de cinq cents pieds carrés.

Il y avait en Lorraine, à Saint-Nicolas, une table d'un seul morceau de Noyer qui avait vingt-cinq pieds de largeur sur une longueur proportionnée. En 1479, Frédéric III, empereur d'Allemagne, avait donné un repas somptueux sur cette table colossale. L'arbre d'où ce bloc avait été tiré avait environ neuf cents ans.

La France possède encore près de Saintes (Charente-Inférieure) le plus grand chêne de l'Europe. Il mesure sur une hauteur de près de soixante pieds un diamètre de vingt-huit pieds environ. Dans la partie détruite du tronc se trouve creusée une chambre de dix pieds sur douze de superficie. Cette chambre est éclairée par une fenêtre et ses parois sont tapissées de Lichens et de Fougères. On évalue à dix-huit cents ans l'âge de cet arbre magnifique.

L'Allemagne a son Tilleul à Neustadt, dans le Wurtemberg. Il est âgé de six cent soixante ans. Son couronnement décrit une circonférence de quatre cents pieds ; il fut étayé en 1831 au moyen de 106 colonnes.

Des Noyers atteignent aussi parfois un développement considérable. Dans la plaine de Baidar, près de Balaklava en Crimée, là où se trouvait le temple d'Iphigénie en Tauride, on rencontre un de ces arbres dont l'âge paraît remonter au temps où les colonies grecques faisaient le commerce des noix avec Rome. Ce Noyer porte annuellement de 70 à 80,000 noix. Il appartient à cinq familles tatares qui se partagent ses produits.

Une foule de gigantesques Platanes croissent près de Smyrne et dans le voisinage de Constantinople. L'un d'entre eux, déjà cité, compte plus de deux mille ans d'existence.

Près du lac d'Howell, dans la Caroline du Sud, se trouve un énorme Sycomore dont le tronc mesure soixante-douze pieds de circonférence. Il est creux à l'intérieur et offre une cavité dans laquelle on a fait entrer une fois sept hommes à cheval. D'après la tradition, cet arbre aurait servi de refuge, pendant les guerres de l'indépendance, à plusieurs familles de réfugiés.

Le célèbre Dragonier des Canaries, presque adoré par les anciens indigènes de ces îles, avait en 1799, d'après le rapport de Humboldt, quarante-cinq pieds de circonférence à sa base. Or, comme en 1402, lors de la première expédition de Bethencourt, il avait à peu près la même grosseur, l'on peut juger par là de la lenteur de sa croissance et conséquemment de sa haute antiquité.

Rumphius cite des Figuiers du Malabar qui ont une cinquantaine de pieds de circonférence. L'un de ces arbres, qui croît sur le bord du Nerbuddah dans l'Inde, a été connu d'Alexandre le Grand. Un seul pied s'est étendu au point qu'il offre maintenant 350 gros troncs et environ 3,000 petits [1]. Ces troncs offrent ensemble une circonférence de six cents mètres; ils forment à eux seuls une petite forêt sous l'ombrage de laquelle peut s'abriter une armée de six à sept mille hommes.

Le Figuier d'Anarajapoura, dans l'île de Ceylan, date, d'après des calculs qui paraissent justes, de l'année 288 avant Jésus-Christ; il aurait donc aujourd'hui deux mille cent cinquante-deux ans. Il aurait été planté par le roi

---

1. L'on sait que ces sortes de Figuiers (voyez fig. 1) émettent de chacune de leurs branches des appendices perpendiculaires qui plongent dans la terre, se transforment en troncs supplémentaires et étendent ainsi la voûte de verdure à des distances incroyables.

Devenipiatissa. Déjà, en l'année 161 avant notre ère, le roi Dutugaimunu donna une fête sous son ombrage. L'an 62 de l'ère chrétienne, un autre roi illumina ses branches. En 179, le roi Kouhouna fit construire les quatre escaliers qui existent encore pour monter sur une petite plateforme entaillée sur l'arbre lui-même. Les rameaux de cet arbre, du reste, sont moins étendus que dans les Figuiers de cette espèce. Le tronc paraît avoir une circonférence d'une quarantaine de pieds.

On voit au Japon, près du hameau de Ninosa, le fameux Camphrier dont Kœmpfer parla en 1691. M. de Siebold l'a mesuré depuis. Il a une circonférence de cinquante-deux pieds, tandis que son immense couronne de verdure couvre un espace d'environ soixante-dix pieds carrés. M. de Siebold croit pouvoir évaluer à huit cent quatre-vingts ans environ l'âge de ce Camphrier phénoménal.

Les Cèdres du Liban étaient autrefois célèbres par leur âge et leurs dimensions ; mais ils ont presque tous disparu. C'est à peine s'il en existe encore sept ou huit, dont le plus âgé a moins de mille ans.

Les Malvacées, entre toutes les familles végétales, se distinguent par l'énormité de leurs représentants. Tout le monde connaît, au moins de nom, les incomparables Baobabs découverts par Adanson au Sénégal et dans les îles de l'Afrique tropicale. Celui du village de Grand-Galargues, en Sénégambie, paraît être le plus antique monument végétal du monde entier. On lui attribue l'âge prodigieux, mais probable, de cinq à six mille ans. La tige de cet arbre est basse, elle s'élève à peine à la hauteur de dix à douze pieds ; en revanche elle en a quatre-vingt-dix de circonférence. Et il ne lui faut rien moins que cette énorme base pour supporter son gigantesque dôme de feuillage. La branche centrale s'élève perpendiculairement jusqu'à la hauteur de soixante pieds, tandis que les branches latérales s'éloignent d'autant, ce qui forme une coupole dont le diamètre dépasse cent soixante pieds. Les nègres ont orné de sculptures l'entrée de la cavité qui s'est creusée dans la tige de cet arbre extraordinaire, et ils tiennent dans l'intérieur, qu'ils ont transformé en salle de conseil, leurs assemblées générales.

Des appendices perpendiculaires se forment parfois aux branches des Baobabs et descendent vers le sol, comme les colonnes que nous avons déjà vues dans ces Figuiers indiens dont un seul individu forme une forêt entière.

L'on a récemment entretenu le public, dit M. Ch. Müller, d'un végétal inconnu appelé Arbre-mammouth. D'après la chronique, cet arbre fut découvert par le naturaliste Lobb sur la Sierra Nevada, en Californie, vers les sources des fleuves Stanislas et Saint-Antoine. Il appartient à la famille des Conifères et atteint l'incroyable hauteur de quatre cents pieds, tandis que son diamètre en aurait de vingt-cinq à trente!

L'écorce, d'une épaisseur énorme, est de couleur cannelle; le bois est rougeâtre, mou et léger. L'âge de l'un de ces arbres abattus s'élevait à plus de trois mille ans. L'on a exposé à San-Francisco l'écorce évidée de la partie inférieure de l'un de ces géants. Elle formait une chambre dans laquelle furent placés un piano et des siéges pour quarante personnes.

Ces arbres, auxquels l'on a donné le nom botanique de *Wellingtonia gigantea*, se trouvent au nombre de 90 à 100 sur un espace très-resserré. Ils sont groupés par deux ou trois sur un sol fertile et noir, arrosé par un ruisseau. Les chercheurs d'or eux-mêmes leur ont accordé quelque attention et leur ont attaché des qualifications bizarres. Ainsi l'un de ces arbres porte chez eux le nom de *Miner's cabin* et possède une tige de trois cents pieds de hauteur dans laquelle s'est creusée une large excavation. Les *Trois sœurs* sont trois arbres, issus d'une seule et même racine. Le *Vieux célibataire*, échevelé par les ouragans, croît loin des autres, solitaire. La *Famille* se compose d'un couple de vieux arbres et de 24 rejetons. Enfin l'*École d'équitation* est un gros tronc renversé et creusé par le temps, dans la cavité duquel on peut entrer à cheval jusqu'à une distance de soixante-quinze pieds. — L'on vient tout récemment d'abattre un autre de ces colosses, dont la hauteur était de trois cent vingt-cinq pieds et la circonférence de cinquante. L'écorce était en de certains endroits d'une épaisseur de quatre pieds. Il était âgé de trois mille cent années.

Telles sont la puissance et l'ampleur de la vie végétale contemporaine. Nous pourrions multiplier les citations; mais celles qui précèdent peuvent suffire. Bornons-nous et passons.

POÈME SILENCIEUX

LA FLEUR.

62.

L'on pourrait croire le drame terminé. La plante est là devant nous, verte, feuillée, vivace, ayant parcouru, ce semble, tout le cycle de ses développements. La graine a germé. Le germe a végété. La radicule, d'une part, s'est allongée sous la terre; la tigelle, de l'autre, s'est élevée vers le ciel ; ses rameaux se sont étalés à l'air libre, et chacune de ses feuilles flottante, baignée d'air pur, y respire comme un poumon la haute vie des espèces animales.

Ce n'est pourtant pas là le dernier mot de notre plante. Nous n'avons étudié jusqu'ici que ses organes de conservation ; mais il ne suffit pas de vivre, il faut encore transmettre la vie reçue. Nous sommes au dernier acte et voici le dénouement.

Ces feuilles dont nous avons dit l'importance essentielle, ces feuilles qui résument la plante entière et dont nous avons vu la spirale monter et s'épanouir sans cesse de la base au sommet de la tige, eh bien, elles continuent leur guirlande ascensionnelle; mais la guirlande se fait couronne, cette couronne s'appelle *fleur,* et chaque feuille nouvelle dans ce magique épanouissement devient un pétale qu'imbibent des huiles parfumées, que nuancent des couleurs inattendues.

Que s'est-il passé? Il serait vraiment difficile de le dire. Le papillon frais éclos, nouveau phénix échappé de son sépulcre, n'est pas plus différent de la chenille où dormaient ses plumes et ses ailes, que ne l'est de la feuille grossière le pétale éclatant et velouté. Où est-il, le chimiste habile qui pourrait nous dire de quelle source et par quels canaux ont jailli ces parfums qui enivrent et ces couleurs qui éblouïssent; nous dire surtout comment il se fait que cette même séve, d'où sont sortis la rude écorce, et le bois, et les rameaux noueux, élabore en même temps les plus fines essences?

Avant ce dernier prodige, la plante s'est comme recueillie. Sollicités par un reste d'énergie, les anneaux ou verticilles foliacés se sont encore étagés, se superposant les uns aux autres, mais toujours en se rapprochant, toujours en raccourcissant le pas de leur spirale. L'on voit qu'ils sont sortis d'une tige épuisée, d'une tige qui ne peut plus grandir et qui, en face du grand œuvre, s'est arrêtée fatiguée ou hésitante. — Hésitation charmante, fatigue pleine de promesses!

La fleur, c'est un poëme tout entier. Voix silencieuse et pourtant éloquente, elle chante toutes les joies, manifeste toutes les allégresses, exprime à l'œil la grande, la suprême fête de l'épanouissement; — elle éclate en un hosannah de couleur, de parfum, d'harmonie !

Je n'exagère point. Voyez la Tulipe, le Lis, l'éblouissant Cactus ou l'opulente fleur du Magnolia : ne semblent-elles pas toutes, alors surtout qu'un rayon de soleil les pénètre d'ardents reflets, entonner sous leur auréole de lumière je ne sais quel hymne triomphal ou quelle sourde fanfare?

63.

Et encore que savons-nous des fleurs? Nous n'en pouvons admirer que l'ensemble. Que serait-ce si nous connaissions toutes les merveilles de ces problèmes embaumés?...

Chaque corolle est un sanctuaire. Au fond de chacun de ces petits tabernacles, s'accomplissent des mystères tout autrement saints et respectables que ceux que dérobait au vulgaire le voile des anciens temples. Ce n'est pas vainement que de tous temps et en tous lieux les fleurs ont été prises pour symboles. Une idée, une sorte de signification personnelle se cache dans chacune de ces petites conques colorées, pavillons d'or, d'azur, ou de pourpre ou de neige où se résout la question par excellence, celle de la vie et de l'éternelle renaissance. Une fleur est une famille, une image résumée de la vie sociale, et toutes ces charmantes aigrettes d'étamines et de pistils dont se hérisse l'intérieur de la corolle forment un peuple de petits personnages dont il est vraiment bien difficile d'admettre l'indifférence ou l'insensibilité, tant le milieu qu'ils occupent est un brûlant foyer, tant leurs fonctions sont importantes, tant sont délicates surtout leurs situations respectives.

De quelle vilaine jalousie, en effet, ne pourrait-on pas supposer remplies toutes ces étamines rivales qui, devant un seul et même objet, doivent confondre leurs adorations? De quelle coquetterie sans pareille aussi ne pourrait-on croire animé ce pistil qui, centre unique de toutes les tendresses, pourrait si bien se laisser corrompre par ses adulateurs?

Mais trêve de fantaisies. Rentrons dans la réalité. Non, pas de jalousie, ni haine, ni amour, nulle passion dans notre corolle innocente. Rien qu'une rêverie, peut-être, mêlée d'adorations exquises ou de contemplations sereines, mais rêverie si vague qu'elle s'arrête au dehors de la sphère de nos appréciations et demeure flottante dans ces limbes de la préexistence où dorment encore en germes les sentiments, même les plus obscurs, d'une vie supérieure.

64.

La fleur, nous l'avons dit et répété, n'est, d'après les lois curieuses de la morphologie végétale, qu'un assemblage de feuilles modifiées.... que dis-je? *dégénérées*, — s'il faut en croire certains savants rigoristes qui n'entendent pas raillerie en matière de transformation.

Laissons-les dire toutefois et n'en croyons pas un mot. La fleur est un ensemble de feuilles, je le veux bien, mais de feuilles admirablement perfectionnées.

Une gradation pleine de mesure et de grâce préside à cette merveilleuse métamorphose. Des feuilles florales ou *bractées* sont la première tentative. Elles ont franchi le premier degré. La bractée, feuille encore, revêt des airs d'élégance dont on n'aurait pas cru capable son ancienne congénère. Elle se contourne avec coquetterie, se fait svelte, aérienne, s'effile, se frange, se colore quelquefois... et nous arrivons au *calyce* par une transition insensible.

Le calyce, organe noble et d'une haute importance caractéristique, s'apprécie à sa valeur, croyez-le bien, malgré sa modestie apparente. Sachant se contenter d'un rôle secondaire lorsque la perfection de la corolle l'y a relégué, il sait aussi, quand il le faut, se mettre au premier rang, où, prenant hardiment la livrée de celle qu'il remplace, il éclate en couleurs magnifiques.

Apprenez et retenez bien ceci : le calyce est la seconde enveloppe, l'enveloppe extérieure des fleurs à double périanthe ; mais il est aussi l'enveloppe unique qui dans toute une classe de plantes protége les étamines et le pistil. Si donc il faut incontestablement donner le nom de calyce à ce petit capuchon de folioles vertes qui dans la Violette ou la Giroflée entoure la base des pétales, il faut aussi appeler calyce la blanche couronne du Lis et l'éclatante campanule de la Tulipe. Ces fleurs n'ont pas de corolle, elles n'ont qu'un calyce, calyce corollin ou pétaloïde, qui ne diffère en rien, on le voit, des corolles les plus merveilleuses.

Toutefois, au détriment de celles-ci, n'exagérons point les mérites du calyce, quelque nombreux qu'ils puissent être. La *corolle* existe le plus souvent, et le plus souvent aussi c'est elle qui constitue la vraie physionomie de la plante, elle qui, protégée par le calyce, protége à son tour le saint des saints, recouvre les étamines, le pistil et l'ovaire, et leur forme cette tente splendide où ils vivront quelques heures d'une vie fiévreuse, condensée, dont la durée fugitive résume des jours, des mois, qui sait ? et des années peut-être !

L'*étamine*, voilà le triomphe de la feuille transformée, l'apogée de la métamorphose. L'étamine est l'organe le plus élevé, le plus compliqué, le plus parfait. C'est lui qui, avec le *pistil*, assure l'avenir en rallumant le foyer de vie. Ce dernier, dressé sur l'*ovaire*, lui transmet le *pollen*, germe mystérieux dont renaîtra périodiquement le phénix de chaque année nouvelle.

Reprenons maintenant en détail chacune de ces parties essentielles.

65.

Il est rare que la fleur émerge immédiatement de la
tige ou du rameau florifère. Le plus souvent elle s'ouvre
à l'extrémité d'une tigelle spéciale, qui la supporte, l'é-
lève, la balance quelquefois dans l'espace comme un en-
censoir parfumé ; cette tigelle c'est le *pédoncule* dont les
ramifications s'appellent *pédicelles* (fig. 90).

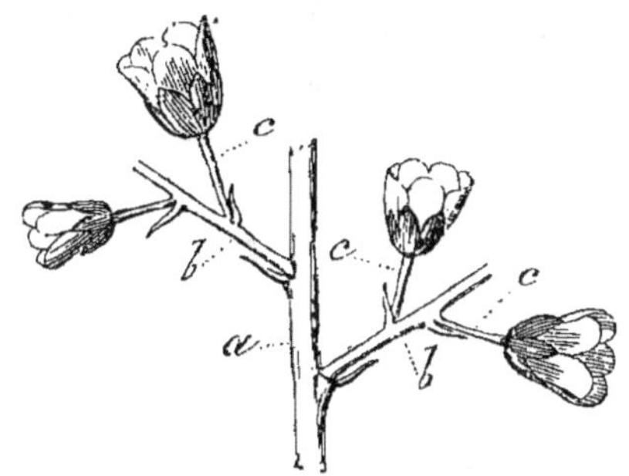

Fig. 90. — *a*, tige ; *b b*, pédoncules ; *c c*, pédicelles.

Le pédoncule ou le pédicelle est à la fleur ce que le pétiole est à la feuille. La feuille sans pétiole est dite *sessile ;*
sessile aussi est la fleur qui manque de pédoncule. Le pédoncule offre deux situations caractéristiques. Si d'ordinaire il trône au plus haut sommet de la plante qu'il domine,
d'où son nom de *terminal,* souvent aussi, plus modeste, il
sort de la tige ou axe végétal, le long duquel il s'échelonne,
et s'appelle alors *axillaire.* Il porte une ou deux ou trois

fleurs, ou beaucoup plus, et se nomme alors, selon le nombre, *uniflore, biflore, triflore* ou *multiflore.*

Le pédoncule n'est pas toujours isolé sur la tige. Une ou plusieurs feuilles l'accompagnent parfois, feuilles spéciales servant de transition, véritables anneaux de la série morphologique et qu'on appelle, nous l'avons dit plus haut, *feuilles florales* ou *bractées* (fig. 91). Ces feuilles florales

Fig. 91. — Anémone à fleurs de Narcisse.

en se rapprochant de la fleur se rapetissent, se contractent, mais épurent leurs lignes, perfectionnent leurs formes, et quelquefois, voulant servir d'introduction sans doute, se colorent des teintes les plus vives comme de véritables pétales (Sauge, Polygala).

Les variétés innombrables que nous avons trouvées dans les racines et les tiges, plus que jamais nous allons les retrouver ici dans les formes et les couleurs de la fleur et de ses organes voisins ou constitutifs. Les bractées participent à cette richesse. Il en est de toutes sortes, depuis la barbe filiforme qui accompagne les fleurs sèches et parcheminées des Graminées, jusqu'à ces larges spathes des Aroïdées ou celles plus admirables encore du Palmier qui, rétrécies aux deux extrémités, s'arrondissent suivant les élégantes lignes de la nacelle et ses courbes fuyantes.

Simple ou composée, herbacée, sèche ou ligneuse, la spathe a des aspects fort différents. Quelquefois les bractées circulairement réunies en collerette (fig. 93) entourent d'une enveloppe complète ou *involucre* un assemblage de fleurs

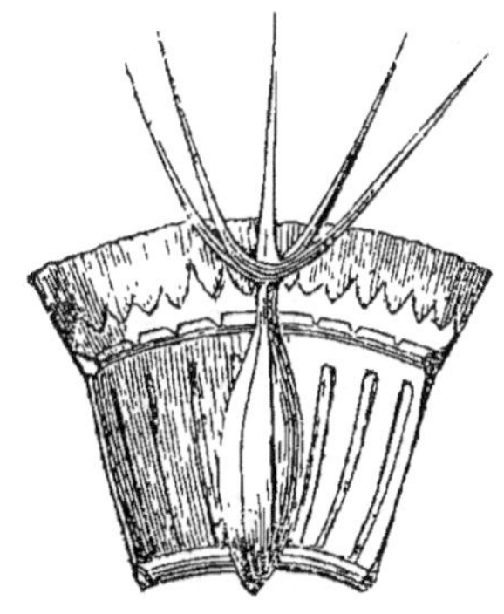

Fig. 92. — Bractée de Tilleul chargée de sa grappe florale.

Fig. 93. — Calyce de Scabieuse. (L'involucre qui l'entourait est étalé.)

dont la nature semble avoir voulu faire un bouquet, c'est ce qui arrive dans toutes les plantes de la famille des Composées (fig. 100). L'involucre ne se ramifie pas, mais il semble se dédoubler, se répéter en miniature au bout de chaque pédicelle; il devient alors un *involucelle*, ainsi qu'on le voit dans les Ombellifères. Il se double, se festonne, se frange, s'imbrique comme les tuiles d'un toit, écarte ses folioles ou les soude, les durcit ou les étale en limbes foliacés, varie sans épuisement ses combinaisons toujours élégantes, et nous présente tous les types imaginables, depuis le *calycule* de l'OEillet et la collerette festonnée du Narcisse jusqu'à la robe verte de la noisette, la cupule du gland, la pomme conique du Pin et la cuirasse formidable de la châtaigne.

Une curieuse remarque à faire en passant, c'est que la bractée redevient feuille lorsque, par une nutrition abondante, l'on augmente la vitalité de la tige et qu'on pousse la plante jusqu'à la *monstruosité*.

La formation d'une bractée la plus colorée, la plus élégante, que dis-je? l'épanouissement de la fleur elle-même serait donc un indice d'affaiblissement, un témoignage de lassitude, et la plus éclatante corolle ne serait qu'un symptôme de *dégradation !* — Épuisement merveilleux, lassitude sans pareille qui crée des chefs-d'œuvre, épure des sucs grossiers, élabore des essences et invente des couleurs!

66.

On appelle *inflorescence* la disposition des fleurs sur la tige ou le groupement des fleurs entre elles.

Je disais, tout à l'heure, que les deux positions caractéristiques de la fleur sont d'être axillaire ou terminale, c'est-à-dire le long de la tige ou à son sommet. Les fleurs sont-elles axillaires, l'inflorescence est dite *indéfinie,* par la raison toute simple que les pédoncules commençant par le bas de la tige, où ils naissent à l'aisselle des feuilles, montent, se superposent sans cesse et prolongent le rameau floral, sans qu'une cause nécessaire vienne entraver leur développement ascensionnel (fig. 94).

Fig. 94. — Fleurs solitaires
et axillaires.

Fig. 95. — Fleurs solitaires
et terminales.

Il n'en est point ainsi quand la fleur est terminale. L'inflorescence s'appelle alors *définie,* et l'on comprend pourquoi, puisque la fleur en terminant la tige vient l'arrêter dans sa croissance (fig. 95).

Comme toujours, les noms abondent avec les variétés diverses. Non-seulement chaque fleur diffère de sa voisine, mais encore chaque espèce offre une disposition florale particulière qui en constitue le caractère et la physionomie. Nous aurons donc une foule d'inflorescences, et, pour nous borner aux principales, nommons en passant l'*épi* (fig. 96), le *chaton* (fig. 97), le *spadice* (fig. 98), le *cône* (fig. 99), le *capitule* (fig. 100), la *grappe* (fig. 101), l'*ombelle* (fig. 102), le *corymbe* (fig. 103), la *panicule* (fig. 104), la *cyme* (fig. 105), sans compter que certaines de ces formes se compliquent, se bifurquent de cent façons diverses, de telle sorte que si nous voulions tout dire, nous serions obligés de parler encore des épis composés, des grappes agglomérées, des grappes scorpioïdes (en queue de scorpion), des ombelles à rayons,

Fig. 96.

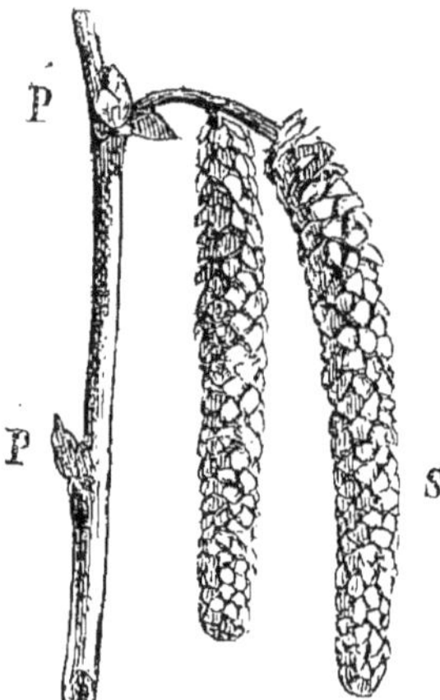
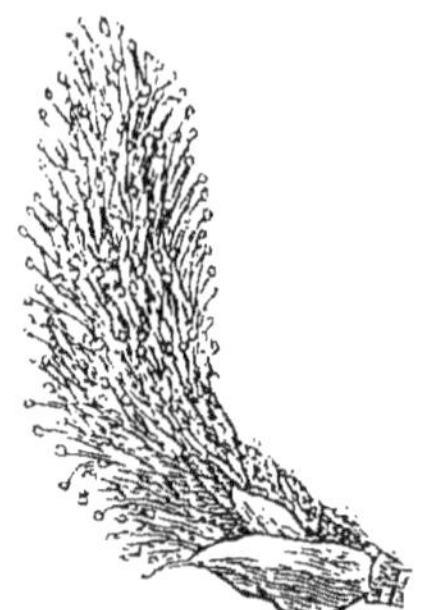
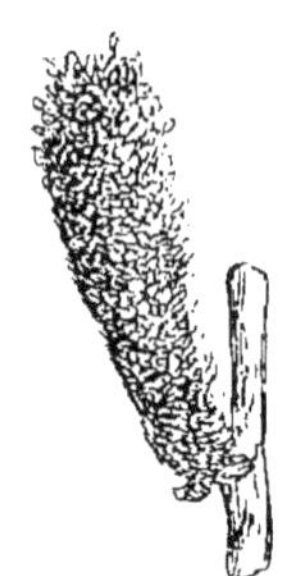

Fig. 97.

Coudrier. — *s*, chatons staminés;
p, chatons pistillés.

Chaton pistillé
de Saule.

Chaton staminé
de Saule.

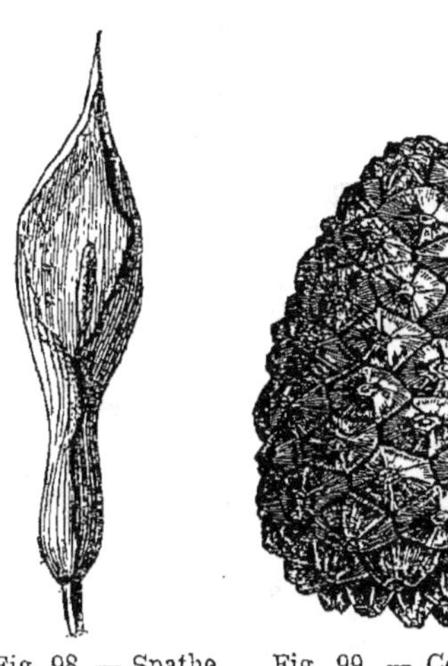

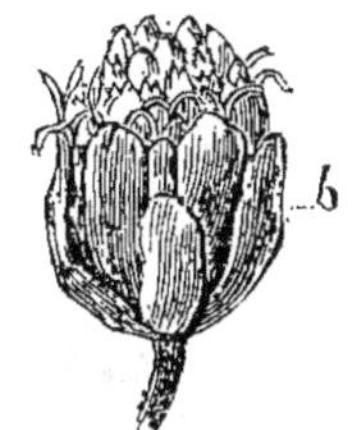

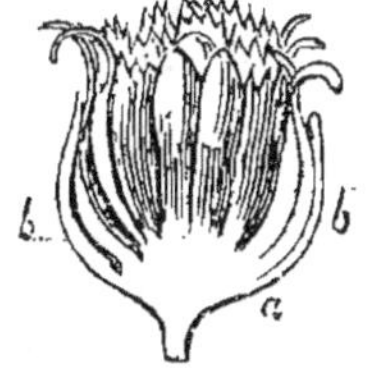

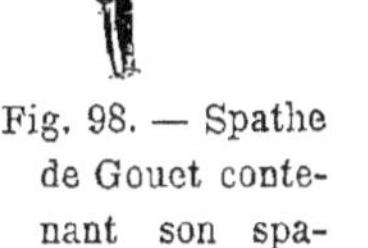

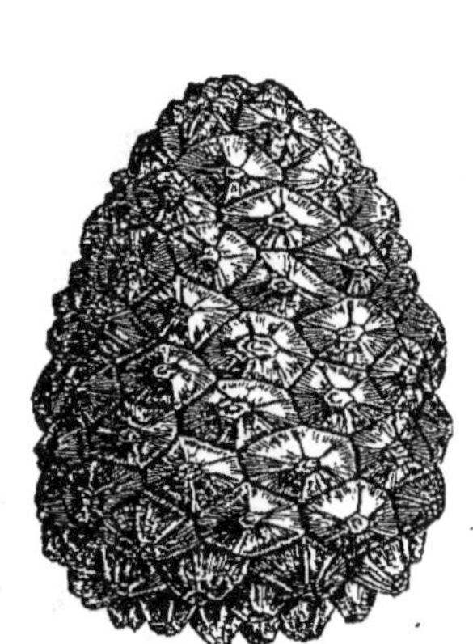

Fig. 98. — Spathe
de Gouet conte-
nant son spa-
dice.

Fig. 99. — Cône de Pin.

Fig. 100. — Capitules de
l'Estragon. — *a*, ré-
ceptacle; *b*, folioles
de l'involucre.

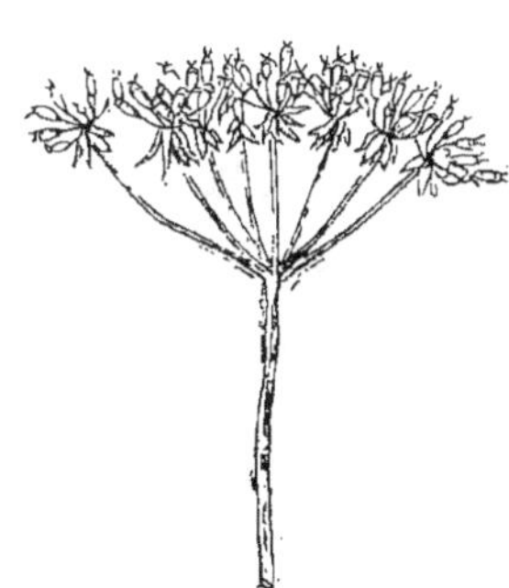

Fig. 101. — Grappe de Groseillier.

Fig. 102. — Ombelle du Chœro-
phyllum.

des corymbes à branches multiples, des capitules en
grappe, des grappes de cymes, des ombelles de cymes,

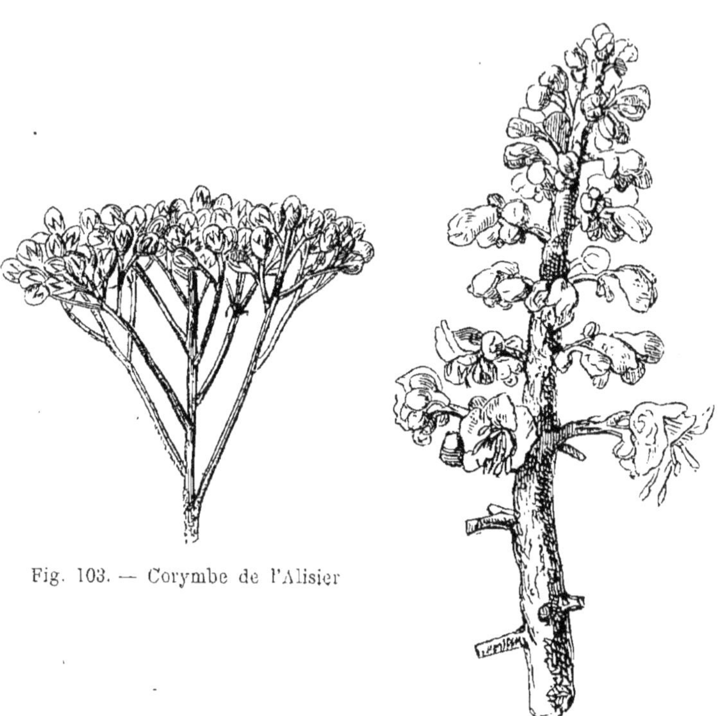

Fig. 103. — Corymbe de l'Alisier

Fig. 104. — Panicule de Marronnier.

Fig. 105 — Cyme de l'Érythrée.

des épis de cymes..... Mais restons-en là, si vous m'en croyez. Ces nomenclatures interminables n'ont rien d'intéressant, et nous n'avons rien de mieux à faire que de les laisser aux ouvrages spéciaux.

67.

Le sommet de l'axe dilaté sur lequel repose la fleur se nomme *organe florifère* ou *réceptacle*. C'est un des organes végétaux les plus variables, les plus enclins à de perpétuelles métamorphoses. Habituellement plane dans la grande majorité des fleurs, il s'allonge, se raccourcit, se contracte, se creuse, se retourne à l'intérieur et offre des transformations tellement disparates qu'à l'une des extrémités de la série nous trouvons le spadice du Gouet dressé en longue colonnette (fig. 106), et à l'autre le réceptacle renversé de la Figue (fig. 112), entre lesquels se placent comme transitions intermédiaires la Matricaire dont l'organe florifère est encore allongé (fig. 107), le Souci où il est convexe (fig. 108), l'Aster où il est plane (fig. 109), la Centaurée où il est concave (fig. 110) et le Dorsténia où il est encadré dans une sorte de boîte que forment ses propres bords redressés (fig. 111).

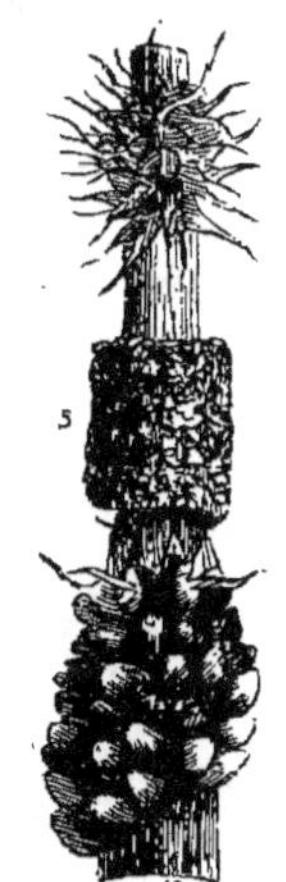

Fig. 106. *s*, fleurs staminées; au-dessous, fleurs pistillées; au-dessus, fleurs stériles.

10.

Vous saurez donc, maintenant, retrouver partout le réceptacle malgré les innombrables déguisements sous

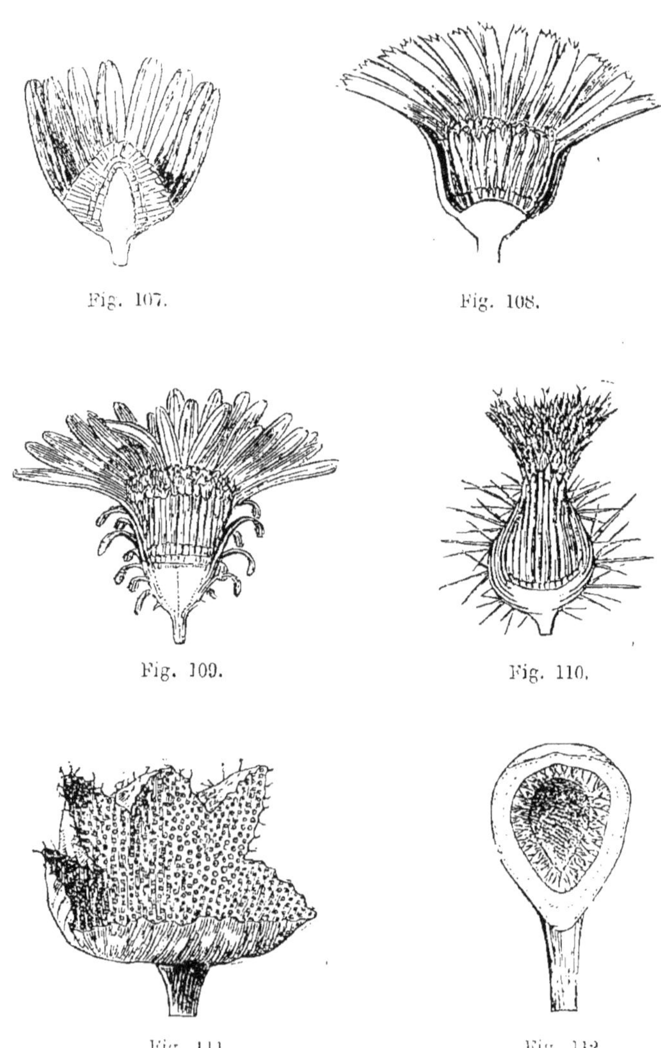

Fig. 107.

Fig. 108.

Fig. 109.

Fig. 110.

Fig. 111.

Fig. 112.

lesquels il se dissimule. C'est lui que vous mangez dans la

figue et dans la fraise, et voyez pourtant quelle différence. Dans la première il s'allonge, puis se renfle, se creuse et se tapisse à l'intérieur d'une granulation singulière qui n'est autre chose, ne vous déplaise, que la fleur même du Figuier [1]; dans la seconde, au contraire, il se gonfle, se fait convexe ou conique, et se couvre à l'extérieur d'une inflorescence dont vous retrouvez la graine ou le fruit dans ces petits pepins qui craquent sous la dent. Vous faut-il un autre exemple? Prenons l'Artichaut. Celui-là nous convient d'autant mieux qu'il sert d'intermédiaire aux deux autres. Ici, en effet, le réceptacle est plane. Il est plane ou légèrement concave, large, épais, charnu, — on l'appelle vulgairement *fromage,* — et vous le mangez, en détail d'abord, au bas de chaque écaille de l'involucre dont la base en emporte un fragment, dans sa totalité ensuite, après avoir eu la précaution d'en arracher cette *barbe* qui le recouvre et qui n'est autre que l'agglomération des fleurs et des paillettes, dont se compose l'inflorescence. Ces fleurs sont de petits tubes contenant chacun étamines et pistil, ces paillettes sont des folioles calycinales ou tout simplement des bractées qui, par défaut d'énergie vitale et resserrées comme elles le sont, sont demeurées étroites, incolores et membraneuses.

Ces exemples pourraient être fort nombreux si nous voulions passer en revue les physionomies diverses de notre organe florifère; mais ceux-là suffiront, à coup sûr, pour apprendre aux plus inexpérimentés à se défier d'abord, — premier mouvement de tout sage observateur, — puis à

---

1. Les fleurs à étamines sont en haut, les fleurs à pistil en bas, c'est-à-dire du côté du pédoncule.

reconnaître bientôt dans les plus étranges bizarreries de la nature les modifications de formes déjà connues.

Ce n'est pas seulement quand la fleur est épanouie qu'elle se présente à nous revêtue de ses caractères spéciaux, c'est avant cet épanouissement lui-même. Les divers organes constitutifs de la fleur occupent déjà dans le bouton un arrangement particulier auquel l'on a donné le nom de *préfloraison*, comme on a donné celui de *préfoliation* à celui de la jeune feuille dans le bourgeon. Gracieusement repliés sous les valves vertes du calyce, comme les ailes du papillon dans la chrysalide, les pétales affectent des formes diverses. Plissée, repliée, tordue, enroulée de cent façons, mais toujours les mêmes dans chaque espèce, la fleur offre avant l'ouverture de la corolle des caractères fixes qui aident à sa classification.

68.

Nous venons de dire ce qu'est le réceptacle, cet organe fantasque qui de toutes façons s'allonge, s'arrondit, s'étale ou se creuse ; eh bien, c'est là la base de notre fleur, le théâtre où s'accomplit le mystère charmant de la corolle.

Commençons par décrire les enveloppes. Et d'abord, qu'est-ce que le *calyce ?* Vous le savez déjà, c'est l'enveloppe extérieure de la fleur, quand la fleur a deux enveloppes, et c'est son enveloppe elle-même, quand la fleur n'en a qu'une seule.

Les botanistes, — qui rarement se trouvent d'accord, —

ont eu à ce sujet de longues querelles. Tournefort et Linnée appelaient cette enveloppe unique *calyce* quand elle était verte, et *corolle* quand elle était colorée; mais cette distinction n'avait pas sa raison d'être[1]. Il est de toute évidence que la couleur n'est pas un caractère essentiel et qu'un organe peut en changer sans changer de nature. Il a donc été décidé par M. A. Laurent de Jussieu, et tous l'ont adopté après lui, que l'on appellerait calyce toute enveloppe unique,— fût-elle colorée comme elle l'est dans le Lis, la Tulipe, la Jacinthe et une foule d'autres fleurs appartenant au vaste embranchement des Monocotylédonées.

Le calyce, on s'en souvient, est déjà la seconde transformation de la feuille (la première est la feuille florale ou bractée). Il se compose de diverses folioles calycinales qu'on appelle *sépales*. Ces sépales, qui, chose caractéristique, sont toujours sessiles, sont libres ou soudés entre eux. Libres, ils constituent un calyce à plusieurs folioles ou *polysépale* (fig. 113); soudés, un calyce *monosépale* (fig. 114), calyce qui revêt des formes nombreuses et dont le tube ou la cloche peut être ouverte ou fermée, cylindrique, comprimée ou anguleuse, courte, longue, campanulée, cupuliforme, vésiculaire ou membraneuse, régulière ou irrégulière, nue ou munie d'éperon (fig. 115).

L'analogie que nous avons déjà signalée entre les feuilles et les bractées, nous la retrouvons entre les brac-

---

1. Outre que ce mode d'appellation n'a rien de philosophique et ne se justifie par aucune loi, il prêtait encore à l'équivoque. Comment appeler par exemple, d'après ce système, l'enveloppe unique de l'Ornithogale, qui est verte à l'extérieur et blanche à l'intérieur?

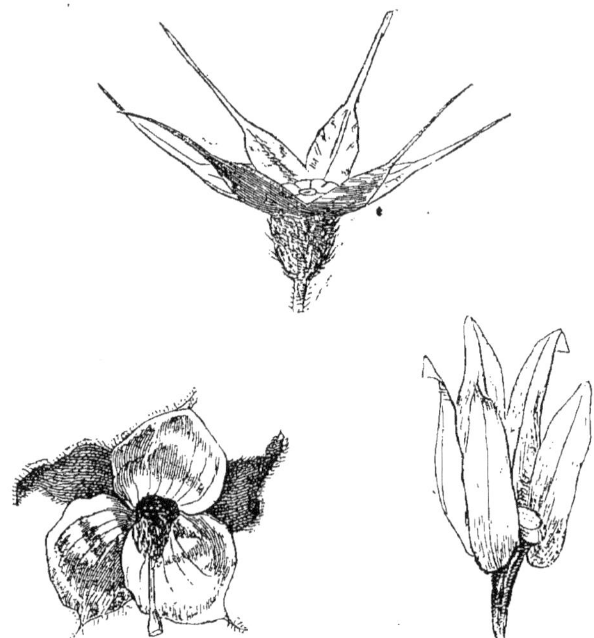

Fig. 113. — Calyces polysépales.

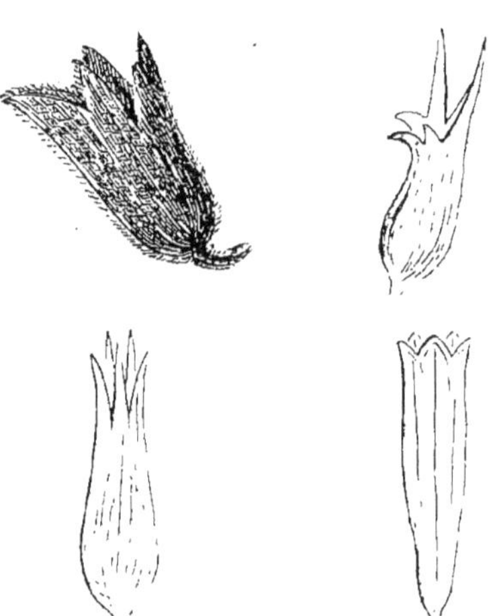

Fig. 114. — Calyces monosépales.   Fig. 115. — Calyce monosépale
éperonné. — *a*, éperon ; *b*, pé-
dicelle ; *c*, divisions du limbe.

tées et le calyce qui, à son tour, sert d'introduction à la corolle. Nous sommes ici en pleine morphologie.

Il est une plante, gracieuse entre toutes, où cette analogie est frappante, c'est l'Anémone des bois ou Sylvie. A une assez grande distance de l'enveloppe florale qui est blanche, s'arrondissent autour de la tige trois feuilles vertes (fig. 116).

Ici se présente une confusion charmante. Que sont ces feuilles vertes? Tout ce qu'il vous plaira. Voulez-vous appeler corolle les six folioles blanches qui entourent les étamines? Nos trois feuilles vertes deviennent alors un calyce, — calyce timide qui n'ose approcher sans doute. Préférez-vous, au contraire, en vous conformant au précepte de Laurent de Jussieu, laisser le nom de calyce aux sépales pétaloïdes qui consti-

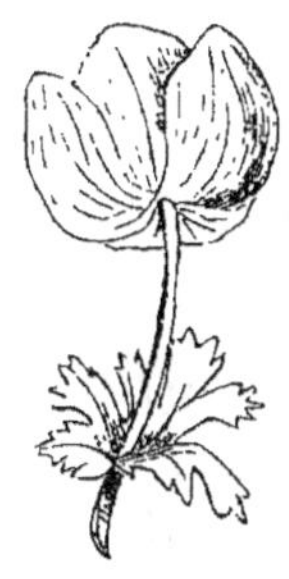

Fig. 116.

tuent la fleur? Nos trois feuilles vertes demeurent alors de simples bractées, et des bractées si peu métamorphosées qu'on les prendrait pour de véritables feuilles. Feuilles, bractées, sépales, puis pétales, tel est donc le début de cette série morphologique qui du plus humble bourgeon foliacé nous amènera, par une gradation insensible, aux organes les plus parfaits et les plus complexes de la fleur.

Le calyce, quoique fort souvent semblable aux feuilles par son organisation intime, telle que l'assemblage de ses vaisseaux, de ses trachées, de ses stomates, de ses poils et de ses glandes, est généralement moins vert que les feuilles. Ses bords blanchissent parfois, ses folioles sont à demi-colorées dans un certain nombre de plantes; dans d'autres, elles sont si éclatantes que l'on hésite et que le nom de corolle semble devoir leur appartenir. Et cependant, c'est toujours une feuille, puisqu'il arrive fréquemment, remarquez bien ceci, qu'une nourriture surabondante fait une feuille véritable d'une foliole calycinale.

A l'état de développement complet, le calyce se compose de sépales parfaitement distincts et même quelquefois disposés sur deux ou plusieurs rangs ; mais souvent aussi il arrive que ces sépales se rapprochent et paraissent se souder plus ou moins par leurs bords, formant dans certains cas un *tube* ou partie rétrécie et un *limbe* ou partie étalée (fig. 117). En général la soudure confond à tel point les folioles calycinales qu'on ne saurait les disjoindre sans déchirement. Il est toutefois des plantes où elle demeure fort légère et où des lacunes même se montrent le long des sutures, rendant manifeste la façon presque artificielle dont semblent être construits les calyces monosépales.

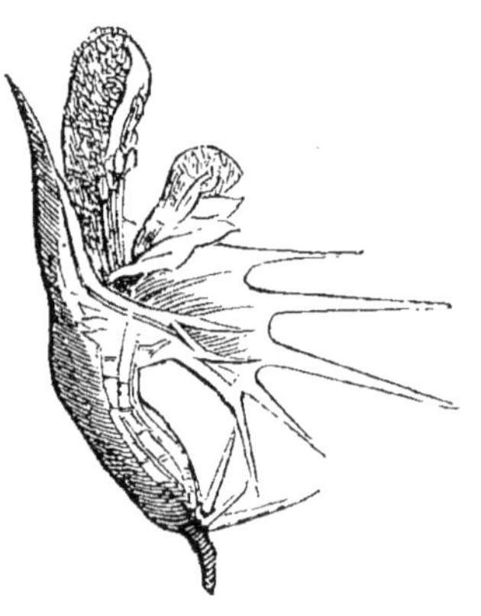

Fig. 117.

Il est d'usage en Botanique d'appeler simplement *réguliers* ou *irréguliers* le calyce et la corolle, selon qu'ils présentent une disposition plus ou moins satisfaisante de leurs folioles circulairement rangées autour d'un point central. De là l'application du mot *régulier* faite à certains calyces rayonnants, tels que celui du Fraisier, de la Renoncule ou de la Giroflée, et celle d'*irrégulier* appliquée à certains autres, tels que celui du Trèfle, du Pois ou

de la Scrofulaire. Nous dirons au chapitre de la corolle
ce qu'il faut penser de ces appellations.

Quoi qu'il en soit, nous aurons en fait de formes calycinales toutes les nuances possibles entre la régularité la
plus parfaite et l'irrégularité la plus sensible, depuis les
formes rayonnées à lobes inégaux jusqu'aux formes binaires qui simulent deux lèvres et que l'on nomme pour
cette raison *bilabiées.*

Les folioles du calyce, vous ne l'avez pas oublié, sont
des feuilles métamorphosées, mais pas assez pour que
nous ne trouvions plus en elles quelques-uns des caractères distinctifs de l'organe primaire. L'un de ceux qui
rappellent le mieux les feuilles véritables, c'est la nature des nervures calycinales. Comme dans la feuille,
la nervure moyenne est ordinairement la plus saillante. A
celle-là vient parfois s'en ajouter une autre sur la ligne
de soudure, de telle sorte qu'un calyce à cinq folioles est
rayé de dix côtes dont cinq marquent le milieu des sépales,
tandis que les cinq autres mettent en relief leurs bor-
dures juxtaposées.

Un nouveau point de ressemblance entre la foliole et la
feuille, c'est le prolongement et la transformation de la
nervure médiane en pointe ou en épine. De même que
dans la feuille, la matière verte ou parenchyme fait ici défaut. Elle s'évide de part et d'autre, s'échancre en courbes
concaves; la nervure isolée se durcit, s'effile, s'allonge
parfois démesurément, et nous avons alors des folioles
mucronées, quand la pointe est demeurée courte, ou des
folioles *épineuses,* quand la nervure s'est faite aiguillon.

Il lui arrive bien pis encore à cette nervure. Elle demeure parfois toute seule, entièrement dénudée. Le parenchyme est alors nul, et le calyce, réduit aux nervures médianes, ne présente, comme dans quelques Acanthées, qu'un épanouissement d'arêtes ou d'épines.

Dans la grande famille des Composées ce phénomène se renouvelle d'une manière régulière. Les petites fleurs dont se compose chaque tête florale (une tête d'Artichaut, par exemple), sont tellement rapprochées et serrées les unes contre les autres que leurs enveloppes, avortées le plus souvent, se déguisent, se scindent, se simplifient au point de disparaître presque, et nous arrivons ainsi à ne plus trouver à côté de chacun de nos fleurons qu'un mince débris calycinal ou bractéal qui, sous le nom général de *paillette* (fig. 118), cache de singulières infortunes. Ici ce n'est plus qu'une écaille, là qu'une lamelle membraneuse, plus loin qu'une simple nervure ramifiée ressemblant à une plume garnie de ses barbes, ailleurs encore qu'un assemblage de deux ou trois soies revêches et piquantes... Arrêtons-nous, car il en est où plus rien ne reste et où le dernier vestige de la paillette emporte avec lui toute trace de foliole calycinale.

Fig. 118.

Il disparaît donc quelquefois notre calyce. Et cependant de quelles innombrables formes ne sait-il pas se revêtir? Il est globuleux, cupuliforme, conique, urcéolé, campanulé, renflé, comprimé, infundibuliforme ; il s'incline, se courbe ou se redresse, rapproche ses folioles en cloche, les étale en roue, les soude en bosse ou en poche, les prolonge en éperon, ou bien encore les renverse et les reploie comme une collerette rabattue. D'autres fois, il abdique tout simplement, se fane, tombe avant la fin de l'épanouis-

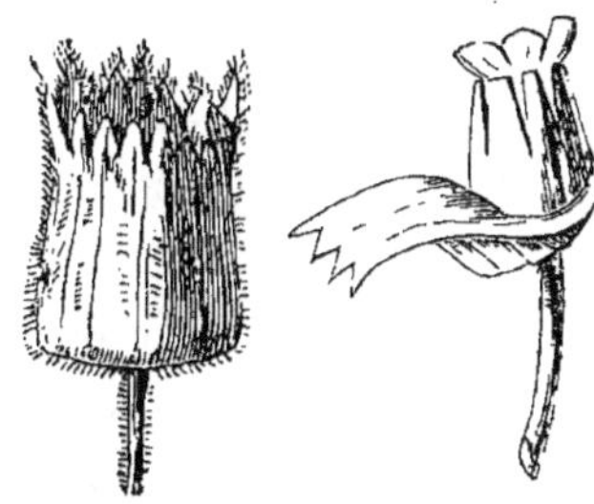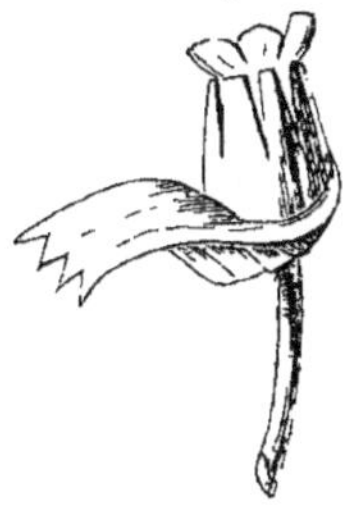

Fig. 119. — Calyce denté de la Primevère de Chine.

Fig. 120. — Calyce irrégulier de l'Œnothère.

Fig. 121. — Calyce de Rosier du Bengale.

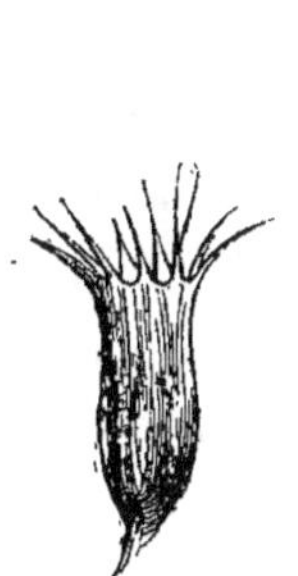

Fig. 122. — Calyce denté du Marrube.

Fig. 123. — Calyce irrégulier du Trèfle rouge.

Fig. 124. — Calyce de Rosier avec appendices.

Fig. 125. — Calyce polyphylle de Renoncule.

Fig. 126. — Calyce quinquefide de la Nielle des blés.

Fig. 127. — Calyce quinquepartile de la Corrigiole.

Fig. 128. — Calyce de Potentille à dix dents.

sement, laissant entièrement nue la pauvre corolle frisson-
nante. Pourquoi cette fantaisie de mauvais goût? Je ne
saurais vraiment le dire. Dans ces cas il s'appelle *caduc,*
et vraiment il mérite son nom.

Oui, caduc, en vérité, lorsqu'il tombe avant le temps,
car il est fort utile notre calyce. Plus avisé, il demeure
parfois sur la tige et s'appelle alors *persistant,* faisant dans
ce cas ce qu'il devrait faire toujours. Il enveloppe l'ovaire,
préserve le fruit, le sauvegarde de l'atteinte des insectes,
du froid, des longues pluies d'automne, et permet à la
graine d'accomplir paisiblement sa lente maturation.

Ce rôle de protecteur, il le remplit quelquefois à merveille. Pendant la fécondation d'une foule de fleurs et chez
la plupart des Alsinées, par exemple, les sépales s'étalent en
collerette tout autour de la fleur; mais sitôt les pétales
tombés, notre calyce rapproche ses folioles en voûte et
fait le plus charmant nid aux ovaires qui y mûrissent en
sécurité. Chez un grand nombre de Labiées, des poils
naissent au sommet du tube calycinal; ces poils, qui jusque-là avaient été retenus par la corolle, s'étendent horizontalement à la chute de celle-ci, se croisent, s'entre-
mêlent, se feutrent et rendent impénétrable aux plus
petits insectes l'entrée du sanctuaire où reposent et grossissent les graines molles et délicates. La Davilla rugueuse
fait mieux. Les deux folioles supérieures de son calyce,
ouvertes comme les trois autres pendant l'épanouissement, se rapprochent peu à peu après l'émission du
pollen, s'appliquent l'une contre l'autre, étroitement, solidement, recouvrent tendrement l'ovaire, croissent avec
lui, se creusent, se durcissent comme une carapace
s'ouvrent à la maturité du fruit, laissent tomber la

graine, puis se referment... dans le sentiment d'un devoir accompli et d'une bonne œuvre menée à point.

Certains calyces vont plus loin encore. Il en est qui, non contents d'avoir favorisé la maturation de la graine, la sèment quand elle est mûre. Une Urticée du Brésil, l'Elasticaria, présente un calyce à trois parties charnues, qui longtemps demeurent infléchies comme les doigts d'une main fermée; le jeune fruit grossit au milieu d'elles, puis le moment venu elles se redressent soudain comme des ressorts détendus, et lancent au loin la graine qu'ils ont laissé mûrir.

69.

Voici la *corolle*. Métamorphose splendide de la feuille, elle couronne la tige d'un véritable diadème. Éclatante et parfumée, offrant à l'œil toutes les beautés de la ligne que rehaussent tous les prestiges de la couleur, elle semble de prime abord terminer la série des transformations. Plus tard, il est vrai, nous la verrons, se perfectionnant encore, former des étamines, des pistils, des ovaires; mais pour le moment arrêtons-nous à la contempler, à l'étudier avec amour.

La corolle dans les fleurs complètes et dans l'ordre de la végétation se présente après le calyce et avant les étamines; elle est la seconde enveloppe de la fleur et entoure sans nul autre intermédiaire les organes de la reproduction.

La corolle, pas plus que le calyce, ne forme un organe simple. Elle est l'assemblage plus ou moins intime de feuilles métamorphosées et assez rapprochées pour paraître placées dans le même cercle [1]. L'analogie de ces folioles, auxquelles l'on donne le nom de *pétales,* avec les feuilles véritables est si frappante, même pour les personnes les plus étrangères à la Botanique, qu'elle a été en quelque sorte consacrée par certaines expressions vulgaires, telles que *les feuilles* de la Rose, *effeuiller* une Marguerite, et que longtemps avant qu'on eût conçu l'idée de la morphologie végétale, Duhamel disait déjà que les pétales étaient dans la fleur ce que sont sur la tige les feuilles ordinaires.

Il n'est du reste rien d'absolu dans le caractère des divers organes floraux. Si généralement la corolle se distingue du calyce par les couleurs et la délicatesse de ses tissus, il arrive aussi, nous l'avons déjà vu, que le calyce est parfois coloré. Il arrive surtout qu'au lieu d'être mince et presque transparente, la corolle offre une consistance charnue comme dans le Stapelia, coriace comme chez le Tulipier, et qu'une sorte de fleurs telles que celles de la Vigne, les Rhamnées, les Térébinthacées et les Araliacées nous présentent des pétales verts qui ne se distinguent en rien des folioles calycinales.

Comme dans les feuilles, il faut distinguer dans les

---

1. L'on ne doit point perdre de vue que les pétales d'une fleur, comme les feuilles mêmes de la tige, forment autour de l'axe floral une spirale continue dont la courbe ascendante échappe à l'œil par suite du rapprochement des éléments qui la constituent.

pétales la base, le sommet, les bords, la surface supérieure et la surface inférieure.

Sous beaucoup de rapports, les calyces se rapprochent plus des feuilles que les pétales, mais ceux-ci toutefois présentent un caractère que n'offrent jamais les sépales. Je veux parler du rétrécissement que l'on désigne sous le nom d'*onglet* (fig. 129) et qui nous rappelle par la plus complète des analogies le pétiole des feuilles.

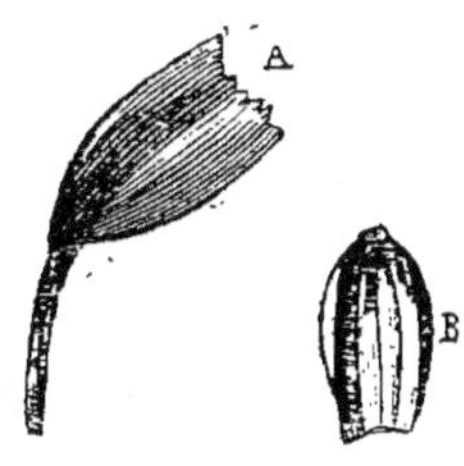

Fig. 129. — *a*, pétale avec onglet; *b*, pétale sessile.

Les diversités que nous allons voir abonder dans la corolle, nous commençons à les trouver ici dans les pétales isolés. Fendus, échancrés, frangés, dentelés, laciniés, étalés, chiffonnés, tordus, réfléchis, canaliculés, éperonnés, bordés ou écailleux, les pétales, considérés même isolément, se présentent à nous de cent façons diverses et préludent aux innombrables aspects que nous offrira la fleur dans son opulente complexité.

Le nombre des pétales varie avec les espèces, depuis l'unité jusqu'à douze et au delà, bien au delà..... Qui ne connaît la Rose à cent feuilles, appelée de la sorte par suite du nombre illimité de ses pétales?

Le nombre des pétales est l'un des caractères fondamentaux de la fleur. L'unité et les nombres deux et trois ne caractérisent qu'un petit nombre de genres. Le nombre quatre est fréquent dans la famille des Borraginées; cinq caractérise des familles tout entières; six se trouve chez les Crucifères et les Salicariées; les pétales nombreux constituent la riche inflorescence des Rosacées. Toutefois il serait difficile et peu scientifique peut-être de baser sur ce caractère-là de trop rigoureuses classifications.

Une caractéristique plus importante est celle de la forme générale de l'inflorescence.

Nous retrouvons ici, comme pour le calyce, les mots *réguliers* et *irréguliers* applicables à la forme de la corolle. Adoptons, puisque l'usage en est devenu si général, ces expressions peu exactes au fond ; mais à ce sujet ouvrons une parenthèse à des observations intéressantes.

70.

M. César Frédéricq de Gand, auteur d'une Botanique populaire, s'insurge avec raison contre ces dénominations malencontreuses. Par un rapprochement ingénieux entre le règne végétal et le règne animal, il cherche à prouver que la forme dite irrégulière, et qu'il appelle lui *bilatérale,* a le grand avantage d'être non-seulement parfaitement régulière, mais encore *symétrique,* ce qui l'emporte en perfection sur la simple régularité rayonnante. Chez les animaux, en effet, comme chez l'homme, que voyons-nous ? De la régularité, non, mais quelque chose de bien mieux, de la symétrie. De part et d'autre d'une ligne médiane se groupent des organes similaires dont le double développement [1] constitue la véritable beauté, avec tout l'appareil de ses lignes savantes. Eh bien, selon M. César Frédéricq.

---

1. Les deux lobes du cerveau, les deux yeux, les deux narines, les deux ailes des lèvres, les deux épaules, les deux bras, etc.

il en est de même pour les végétaux. Il les trouve d'autant plus beaux qu'ils s'éloignent de la forme rayonnante (propre aux animaux très-inférieurs), et se rapprochent davantage de la forme bilatérale qui est l'apanage des animaux les plus complets.

Jusque-là tout va bien, M. Frédéricq a raison et il est parfaitement légitime de trouver une Pensée ou une Sauge pour le moins aussi belle qu'un Bouton d'or ou qu'une Marguerite.

Mais là ne s'arrête pas notre auteur. Il ne se contente pas de trouver belles et plus que régulières les formes bilatérales, il va encore jusqu'à dire qu'elles sont supérieures aux formes rayonnantes, qu'elles sont leur perfectionnement et comme leur idéal.

Ici qu'il nous permette de douter ou de nous retrancher tout au moins dans une prudente indécision. Écoutez plutôt :

« Les fleurs dont la forme normale est la symétrie « binaire, dit le savant Dutrochet [1], offrent quelquefois le « changement de cette forme en symétrie circulaire. On « a donné à cette transformation le nom de *pélorie,* qui « signifie *régularisation,* ce qui suppose improprement « que la fleur n'était point régulière avant cette transfor- « mation. Ce phénomène s'observe, par exemple, chez le « Teucrium campanulé. Toutes les fleurs axillaires de « cette plante ont la symétrie binaire des fleurs labiées, « mais celle qui termine la tige est campanulée, c'est-à- « dire circulaire. Henri Cassini (*Bull. des sciences,* 1817)

---

1. *Mémoires pour servir à l'histoire anatomique et physiologique des végétaux et des animaux,* t. II, p. 169.

« attribue ce phénomène à ce que la fleur terminale
« n'éprouve aucun obstacle à son développement, tandis
« que les fleurs axillaires éprouvent de la gêne dans le
« premier âge de la préfloraison, à cause de leur posi-
« tion latérale. Cette position gênée de la fleur, encore à
« l'état de germe, occasionnerait ainsi l'avortement d'une
« ou de plusieurs étamines, et par suite l'*irrégularité* de
« l'enveloppe florale. La forme symétrique binaire serait
« donc chez les fleurs une *monstruosité constante,* et la
« pélorie ne serait qu'un retour accidentel à l'état naturel
« et primitif. H. Cassini appuie cette assertion sur des
« observations de déformation de la corolle chez les
« Composées, par suite de l'avortement des étamines.

« Les vues de H. Cassini à cet égard sont aussi ingé-
« nieuses que philosophiques, et il est impossible de ne
« pas reconnaître dans la pélorie l'état primitif et véri-
« tablement naturel des fleurs appelées *irrégulières,* dont
« la forme *binaire* ne provient que de l'avortement con-
« stant de quelques-unes de leurs parties. Ce sont des
« déformations symétriques d'un plan primitif qui était
« régulier d'une autre façon. »

En présence d'assertions aussi catégoriques et dont
la valeur se mesure aux noms qui les accompagnent, il
est permis d'hésiter devant les hypothèses de M. César
Frédéricq en ce qui concerne la *supériorité* des formes
bilatérales. Quoi qu'il en soit, ces hypothèses ne sont pas
de celles que l'on dédaigne ou que l'on oublie, et nous
nous en souviendrons plus tard.

Ce n'est pas tout. Prenant pour point de départ la
forme rayonnante des animaux inférieurs et de la plupart des inflorescences, cet auteur passe en revue tous

les organes végétaux et affirme qu'ils sont d'autant plus élevés ou plus parfaits, qu'ils affectent le plus habituellement la forme bilatérale. C'est ainsi qu'à la forme rayonnante appartiennent la racine, la tige, le bourgeon et la fleur dans son premier degré de développement; sont tantôt rayonnants et tantôt bilatéraux, les feuilles, les enveloppes florales et les pistils; sont enfin toujours bilatérales les étamines et les graines, d'où il faut conclure que les organes les plus parfaits sont la graine et l'étamine.

Une chose remarquable et qui donne à réfléchir, c'est que la perfection, privilége glorieux mais fatal, entraîne avec elle l'épuisement. La perfection semble être l'ennemie de la vie. C'est aux dépens de la force que la forme s'épure; c'est au détriment de la vitalité que la ligne s'idéalise, et de la base au sommet de la série organique végétale s'étendent deux courants inverses, l'un de force vitale, l'autre de beauté, qui font que la racine est plus vivace que la tige, la tige plus robuste que la feuille, la feuille plus durable que la fleur, l'étamine plus éphémère que le pistil [1].

1. A cette série manque, il est vrai, la graine. Mais l'on doit remarquer que la graine n'est pas en quelque sorte un organe définitif. La graine tend à la germination. La graine n'est qu'un *devenir*, comme disent les philosophes allemands. C'est une forme passagère qui relie le végétal mourant à celui qui va renaître.

71.

De même qu'il y a des feuilles qui se soudent par leur base et deviennent embrassantes, des bractées ou feuilles florales qui se réunissent et forment une seule enveloppe foliacée, des folioles calycinales, enfin, qui adhèrent et forment des coupes ou des tubes, de même aussi les pétales se soudent par leurs bords et forment des corolles

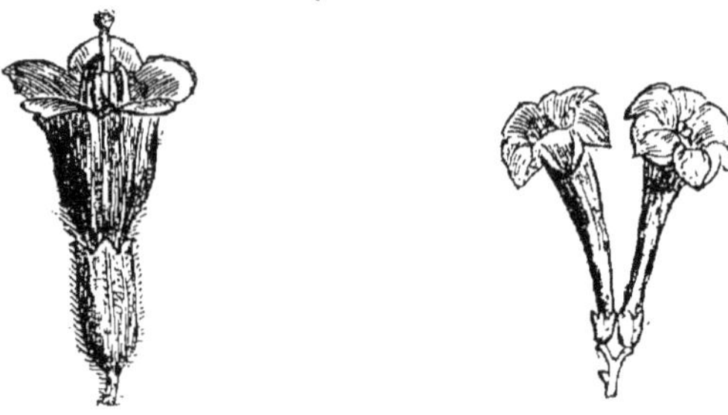

Fig. 130. — Corolles monopétales.

d'une seule pièce appelées corolles *monopétales* (fig. 130), par opposition aux corolles *polypétales* (fig. 131), qui se

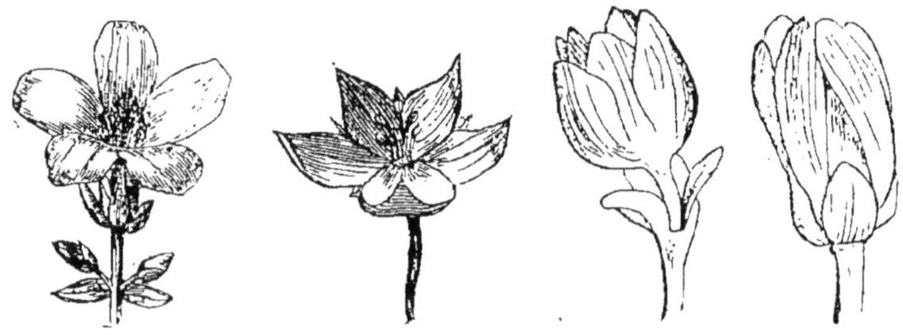

Fig. 131. — Corolles polypétales.

composent de folioles libres, c'est-à-dire séparables sans déchirement.

Toutefois ne les opposons pas trop l'une à l'autre; elles se ressemblent plus qu'il n'y paraît au premier abord, s'il faut en croire certains botanistes, et des plus autorisés.

En principe, disent ces auteurs, comme tout calyce est polysépale, toute corolle est polypétale, et la corolle monopétale ne se distingue de ce type essentiel que par la soudure relative, arbitraire et plus ou moins complète de ses folioles corollines. Les preuves apparentes de la justesse de cette assimilation sont nombreuses. La famille des Rutacées présente généralement des corolles polypétales; cependant on trouve des pétales cohérents ou agglutinés dans certains genres de cette famille, tandis que d'autres offrent des corolles franchement monopétales. La plupart des Cucurbitées ont une corolle incontestablement monopétale, et cependant quelques espèces ont leurs pétales si peu soudés qu'on en distingue parfaitement les bords, du moins au sommet. Il en est d'autres qui ont cinq pétales parfaitement distincts. Dans le genre des Trèfles on remarque les mêmes gradations, et enfin M. de Saint-Hilaire nous dit avoir trouvé des fleurs de Liseron dont la corolle (toujours monopétale dans l'ordre habituel des choses) présentait cinq parties distinctes presque jusqu'à la base. A ces diverses observations l'on peut joindre l'affirmation de M. Schleiden qui déclare avoir toujours vu, dans le bouton naissant, des pétales parfaitement distincts, comme le sont aussi, ajoute le même botaniste, les folioles calycinales.

Que faut-il conclure après le témoignage de ces imposantes autorités? Que tout calyce est primitivement polysépale, comme est également polypétale toute corolle qui se formule? Pas encore ; soyons prudents et faisons nos réserves. Nous verrons au dernier chapitre à quel dernier avis l'on peut raisonnablement s'arrêter.

<h2 style="text-align:center">72.</h2>

C'est maintenant qu'il faudrait parcourir toutes les séries, épuiser toutes les comparaisons, pour donner

Fig. 132. — Corolles urcéolées.

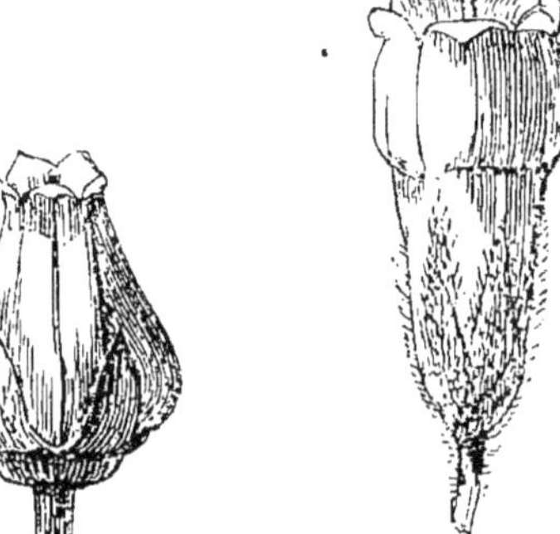

Fig. 133. — Corolle tubuleuse.

la nomenclature même approximative des innombrables figures que revêt la corolle, et en particulier la corolle monopétale. Plus encore que la racine, que la tige, que la feuille et que le calyce, elle excelle à se métamorphoser. Elle est globuleuse, ovoïde, urcéolée, campanu-

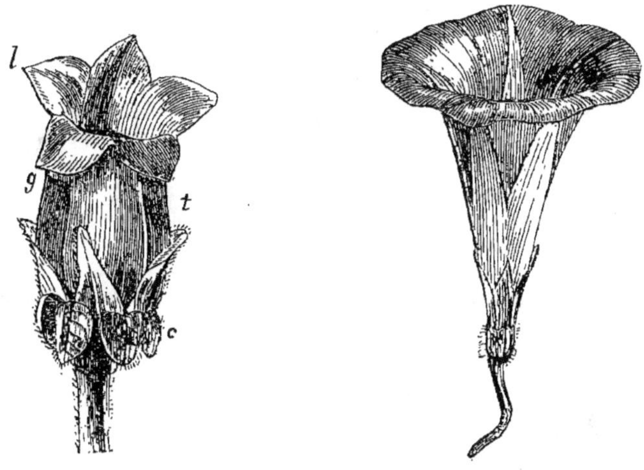

Fig. 134. — Corolles campanulées. — *c*, calyce;
g, gorge; *l*, limbe; *t*, tube.

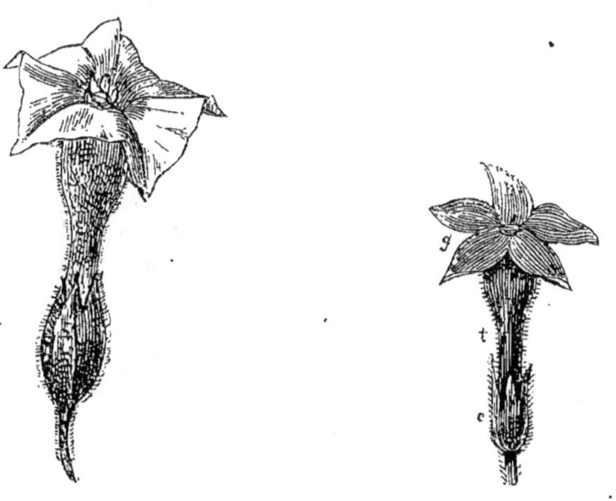

Fig. 135. — Corolles infundibuliformes. — *c*, calyce;
g, gorge; *t*, tube.

lée, capuchonnée, éperonnée. Elle se rétrécit en tuyau,

s'étale en limbe ou en roue, s'aplanit comme dans le

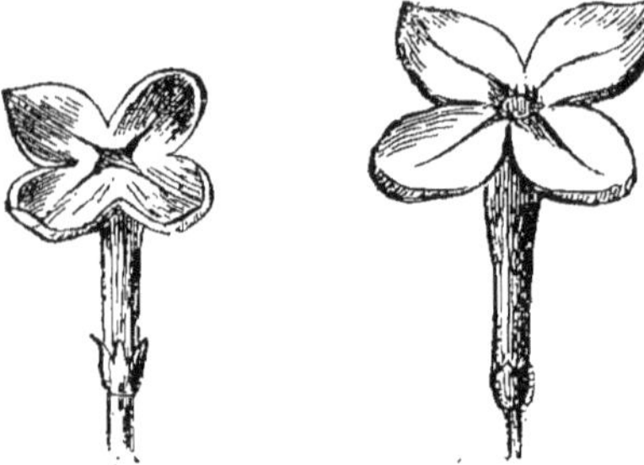

Fig. 136. — Corolles hypocratériformes.

Fig. 137. — Corolle tubuleuse.

Fig. 138. — Corolle à capuchon.

Fig. 139. — Corolle éperonnée.

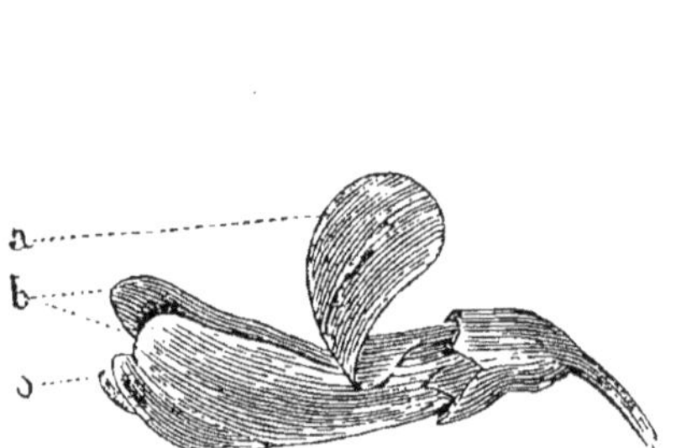

Fig. 140. — Corolle papilionacée. —
a, étendard; *b*, ailes; *c*, carène.

Fig. 141. — Corolle caryophyllée
— *a*, un des pétales avec une
étamine.

Myosotis, se creuse comme dans la Primevère, se déploie

comme dans la Pervenche ou se crispe et s'infléchit au rebours comme dans le Cyclamen.

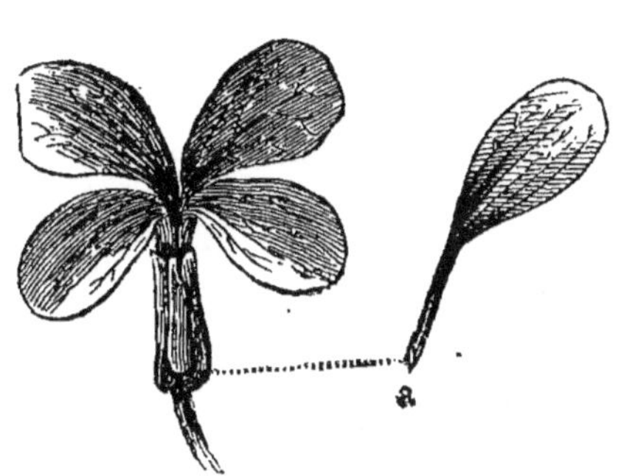

Fig. 142. — Corolle cruciforme.
a, un des pétales.

Fig. 143. — Corolle rosacée.

Fig. 144. — Millepertuis.

Fig. 145. — Tetragonia.

Fig. 146. — Fleur de Cladothamne.

Fig. 147. — Ciste.

Et encore, si toutes ces formes étaient tranchées ! si elles formaient par la régularité de leur aspect des types

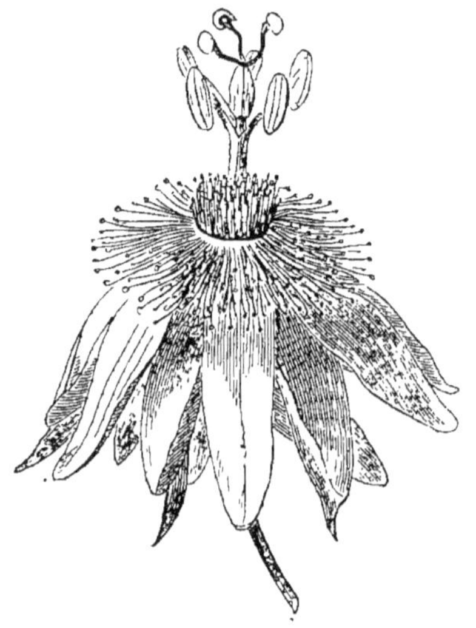

Fig. 148. — Fleur de Passiflore.

Fig. 149. — Fleur double
de Cerisier.

Fig. 150. — Fleur double
d'Anémone.

pouvant se ranger en séries ! Mais ce qui l'emporte ici, c'est la différence ; ce qui fait loi, c'est l'exception. Une échelle de dégradations presque insensibles nous amène de la corolle rayonnante à ces bizarres figures bilatérales dont les variétés nous entraînent en dehors de toute classification.

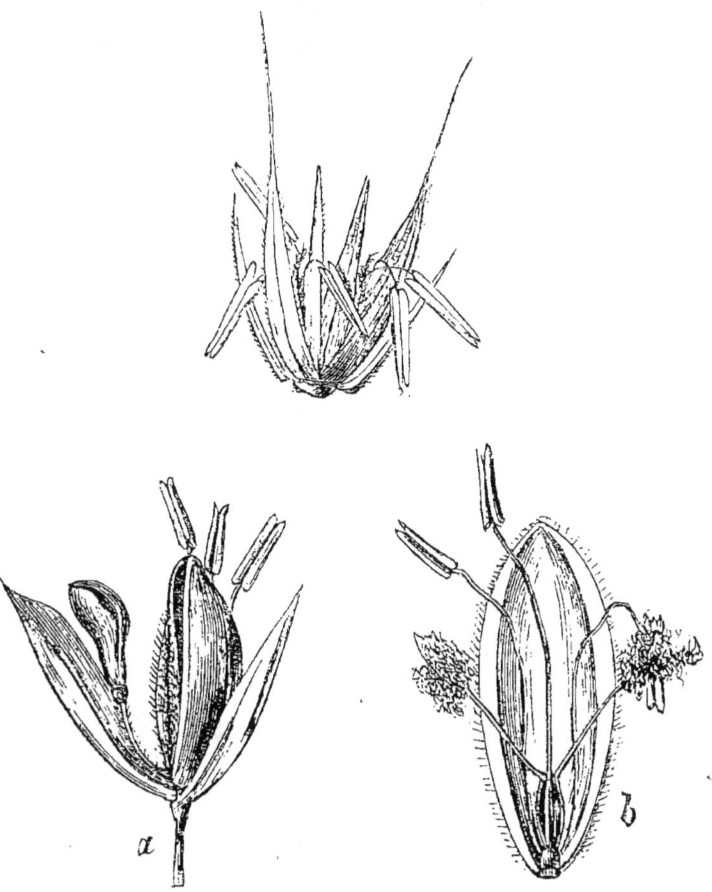

Fig. 151. — Fleurs de Graminées. — *a*, épillet composé de deux fleurs, l'une inférieure, fertile et sessile, l'autre pédicellée et rudimentaire. — *b*, fleur fertile dont on a enlevé la valve interne de la glume pour faire voir le pistil (à deux branches) et les étamines.

C'est en effet ici que s'ouvre la grande famille des fleurs bilabiées et des fleurs personnées, où la corolle rappelle bien moins une fleur qu'une création de pure et capricieuse fantaisie. Lions héraldiques, monstres apocalyptiques, dragons légendaires, chimères byzantines, gorgones étrusques, tous les symboles se retrouvent dans le rictus de ces gueules au gothique profil d'où s'élan-

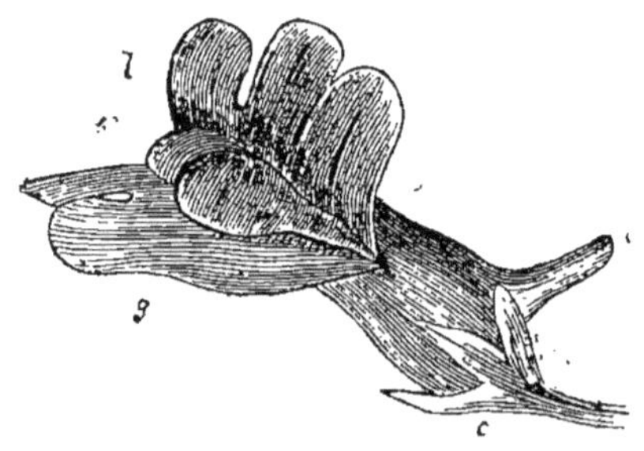

a, éperon; c, calyce; g, gorge; l, limbe.

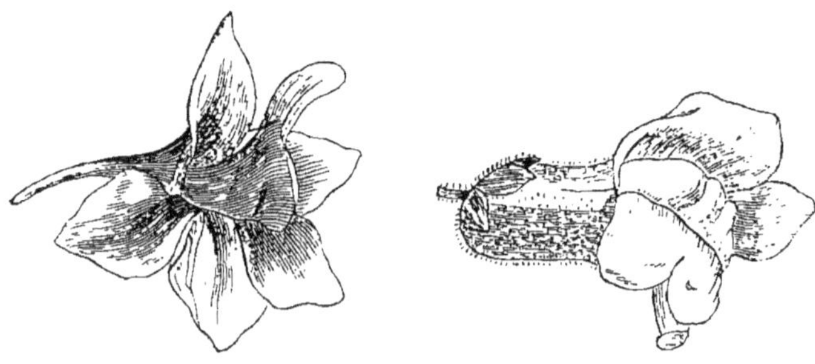

Fig. 152. — Corolles personnées.

cent, comme des dards ou des langues recourbées, les étamines chargées de leurs anthères.

Aux bizarreries de la ligne se joint le prestige de la couleur. Qui dira les rubis enchâssés d'émeraude, les saphirs encadrés d'or, les améthystes rehaussées de grenat ? L'on a dit que certains insectes brillants ressemblent à des fleurs qui volent, l'on peut dire aussi que les fleurs sont des papillons immobiles. Lorsque, sous un rayon de soleil, on regarde au microscope le tissu d'une fleur quelconque, de la plus humble en apparence, l'on demeure surpris, aveuglé. Ce ne sont plus des couleurs, mais un foyer lumineux, un éblouissement continu d'où par éclairs

Fig. 153. — Corolles labiées.

s'échappent des jets de flamme colorée. La couleur et la lumière, ces deux éléments inséparables de toute beauté, plus que jamais paraissent là merveilleusement confondues.

L'éclat de l'une s'achève dans le miroitement de l'autre. Telle lueur blanche qui tombe sur un tissu en ressort incandescente, transfigurée. L'or du rayon s'incorpore à toute nuance, et l'on ne sait plus si c'est la fleur ou la lumière qui vous renvoie le plus de reflets.

Ce qu'il faut voir, pour se faire une idée approximative des éclatantes manifestations de la corolle, c'est la flore des vallées de l'Inde ou des forêts vierges de l'Amérique équatoriale. Mais à quoi s'arrêter et que choisir dans ce chaos luxuriant? Sera-ce la royale Victoria qui couvre les fleuves de ses éblouissants pétales, ou les Magnoliacées splendides qui blanchissent les massifs de leurs grandes étoiles parfumées, ou bien les Cactées éclatantes, ou bien plutôt encore les Orchidées, belles entre toutes, entre toutes originales, élégantes et hardies?

Je ne sais en vérité. Depuis les larges conques vénéneuses où le colibri tout entier plonge et disparaît les ailes étendues, dans un nuage de pollen capiteux, jusqu'au dernier des Myosotis dont on distingue à peine dans la verdure le petit œil tendrement azuré, la liste est longue et le choix difficile.

Ne choisissons donc pas, admirons. Puisons à pleines mains dans l'écrin inépuisable. Regardez, voici de blanches perles, des diamants bleus, des diamants noirs, de la nacre et de l'opale, et de la soie et du velours.

73.

Nous avons déjà beaucoup parlé de la corolle. Nous avons énuméré les couleurs dont elle se pare, les formes qu'elle revêt. Eh bien, nous n'avons pas tout dit encore. Il est une dernière inflorescence qui par son originalité se distingue entièrement des autres et appartient à la plus riche comme à la plus élevée des familles du règne végétal. Je veux parler des *Composées*.

L'*anthode* ou le *capitule*, ou plus simplement la *tête florale,* dans la famille des Composées (appelées encore *Synanthérées,* dont le nom signifie réunion de fleurs), est en effet un assemblage, une agglomération de fleurs diverses supportées par le même pédoncule.

Se souvient-on de ce que nous avons dit du réceptacle ou organe florifère? C'est ici que nous le retrouvons dans toute son importance. Habituellement large et plane, il se couvre d'une infinité de petits tubes presque microscopiques qui, pris à part, constituent chacun une fleur complète et monopétale.

— Savez-vous bien, chère lectrice, ce que c'est qu'une Paquerette?

— Si je le sais? Mais c'est une fleur apparemment.

— Erreur, madame; c'est un bouquet. Tous ces petits points jaunes qu'entoure cette couronne de blanches languettes dont abusent les pensionnaires et que vous-même peut-être.... sont les extrémités de petits tubes contenant chacun cinq étamines du milieu desquelles s'élève un style qui les surmonte (fig. 154). Une Paquerette n'est donc pas une fleur, mais une infinité de fleurettes, de même que le Chardon, l'Artichaut, le Souci, le Seneçon, la Chicorée, le Pissenlit et tant d'autres.

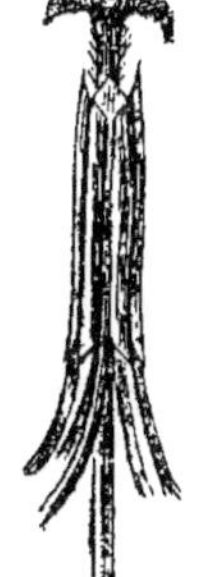

Fig. 154.

Toutes ces fleurettes, pressées les unes contre les autres et fort souvent entremêlées de soies ou de paillettes qui ne sont autre chose, vous le savez, que des bractées avortées ou que des folioles calycinales qui ont eu des malheurs (voy. § 68), constituent donc un anthode ou un capitule qu'entourent les nombreuses folioles d'une enveloppe imbriquée. La graine est souvent couronnée d'une *aigrette* rameuse, plumeuse ou barbue (fig. 155).

Songez à un Artichaut : le réceptacle, c'est le fromage ; l'enveloppe florale ou involucre sont ces feuilles dont vous sucez la base charnue, les fleurs et les pail-

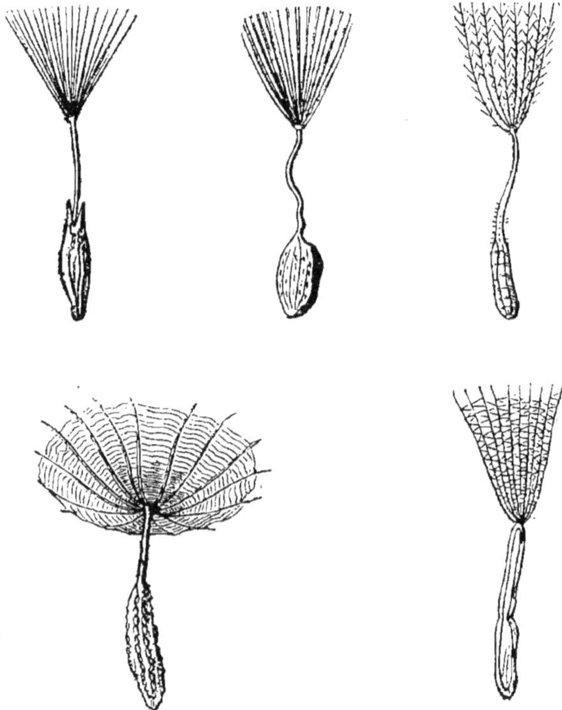

Fig. 155. — Aigrettes.

lettes sont ces barbes, ce *foin* dont vous vous débarrassez, — en vous brûlant les doigts le plus habituellement.

Eh bien ce tube floral, cette petite corolle dont nous

venons de parler, présente divers aspects, revêt diverses formes.

On l'appelle *fleuron* (fig. 156), lorsque le tube soudé dans toute sa longueur forme une corolle rayonnante ou bilatérale [1], et *demi-fleuron*, lorsque le tube incomplétement soudé forme une corolle ouverte et déjetée latéralement en forme de languette plane. (fig. 157.)

Fig. 156. — Fleurons.

De là trois grandes classes dans la famille des Composées : les *Floscu-leuses*, uniquement composées de fleurons (fig. 158), les *Semi-flosculeuses*, uniquement com-

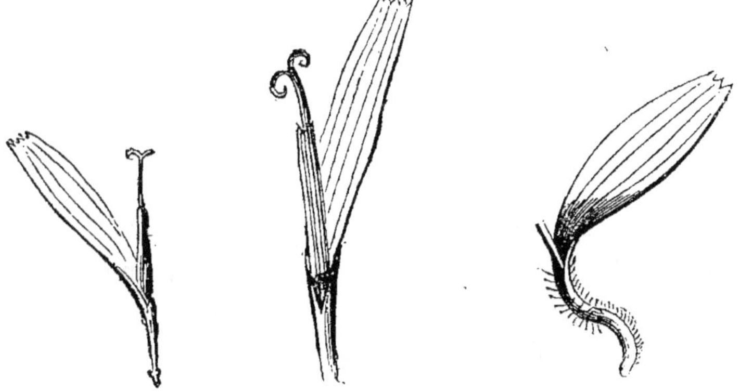

Fig. 157. — Demi-fleurons.

posées de demi-fleurons (fig. 159), et les *Radiées* enfin,

1. La corolle rayonnante se termine par 5 lobes égaux et régulièrement disposés, la corolle bilatérale est à deux lèvres.

avec des fleurons au centre et des demi-fleurons à la circonférence (fig. 160).

Fig. 158. — Centaurée.

Fig. 159. Chicorée.

Fig. 160. — Paquerette

74.

Nous avons parlé de la couleur de la corolle. Nous avons dit d'une manière générale quelles gammes merveilleuses forment les diverses teintes dont elle se pare. Ajoutons ici quelques détails.

La couleur chez la corolle varie et se nuance depuis le blanc le plus pur jusqu'au pourpre le plus foncé, presque noir; mais le noir sans mélange, et les diverses combinaisons de noir et de blanc purs ne se sont encore jamais vues sur aucune espèce de fleurs. Sauf cette combinaison, toutes les autres ont lieu et se multiplient indéfiniment. Sur le même pétale ou sur des pétales différents, les couleurs s'amalgament, se juxtaposent, se strient, se panachent de mille façons diverses. Elles font plus, elles changent et passent sur la même fleur par des teintes fort variables suivant l'âge de la plante, son état de santé ou les modifications diverses que peuvent lui faire subir le milieu qui l'entoure ou la culture dont elle est l'objet. Une Mélastomée du Brésil présente sur le même pied toute une série de fleurs diversement colorées. L'on trouve des Violettes blanches, des Campanules blanches, des Fritillaires blanches, alors que toutes les autres fleurs de la même espèce conservent la couleur qui leur est propre. La Vipérine offre parfois, sur des épis de fleurs bleues, des corolles couleur de chair ou du rose le plus tendre.

Il est cependant des corolles dont la couleur ne varie jamais, ce sont celles des fleurs jaunes. C'est en vain que la culture double et redouble certaines Renoncules, la teinte reste immuable. Le rouge et le bleu seuls sont susceptibles de variations nombreuses, avec cette réserve toutefois que le bleu ne passe presque jamais au jaune, pas plus que le jaune ne passe au bleu, bien que ces deux couleurs puissent se rencontrer sur la même corolle.

Une curieuse remarque qu'on a faite, c'est que la teinte générale des fleurs d'une contrée s'assimile à la couleur des genres qui y croissent le plus habituellement. C'est ainsi que le jaune domine dans nos prairies, à cause de nos Renoncules qui toujours y abondent, de même que le bleu domine dans les plaines méridionales du Brésil, à cause des nombreux Éringiums qui s'y multiplient. Ici, comme en bien d'autres lieux, c'est la majorité qui a force de loi.

Aimez-vous la statistique? Modérément, n'est-ce pas

N'importe, écoutez ceci : Schubler a calculé que, parmi les deux mille cinq ou six cents plantes phanérogames de la flore d'Allemagne, il y en a environ 600 à fleurs verdâtres, 667 jaunes, 536 blanches, 489 rouges, 210 bleues et 6 grises ou noirâtres. Il a constaté en outre que la couleur blanche devient plus commune à mesure que l'on s'avance vers le pôle, et enfin, qu'en Laponie, sur 500 plantes phanérogames, il y en a 178 de verdâtres et 109 de blanches.

Mais voici quelque chose d'étrange en vérité. Avez-vous entendu parler du système de certains physiologistes modernes qui affirment que le génie n'est pas autre chose qu'une névrose, c'est-à-dire une maladie nerveuse? Eh bien, les botanistes nous disent une chose analogue. Ils nous affirment que la coloration des organes végétaux est un symptôme de maladie, une preuve de dépérissement ! Et il faut bien le croire, car le fait paraît certain. Non-seulement la livrée splendide de l'automne vient chaque année témoigner de ce curieux phénomène; mais il en existe encore une autre preuve, peut-être même plus convaincante, c'est que les pétales de certaines fleurs redeviennent verts, plus que cela, redeviennent de véritables feuilles, lorsqu'une excitation quelconque de vitalité fait affluer vers elles une surabondance de sucs.

C'en est donc fait, le pétale est une dégénérescence, la corolle une maladie, la fleur un témoignage de dépérissement. Merveilleuse maladie que le Lis, décadence sublime que le Magnolia! — C'est glorieusement mourir que mourir de la sorte... et moi, je me sens pris d'une vague envie quand je songe à la décrépitude du vieillard dans notre pauvre race humaine, et que je la compare à

la radieuse destinée de la plante qui meurt, elle aussi,
mais qui meurt épanouie, éblouissante et parfumée.

75.

La durée des corolles est fort inégale. Il y en a qui se
conservent plusieurs jours sur leur réceptacle, et qui pendant ce temps restent toujours ouvertes ou bien s'ouvrent
et se ferment tour à tour. D'autres, au contraire, tombent
le jour même où elles se sont épanouies. Celles des Lins
et des Cistes durent à peine quelques heures. L'Hélianthème taché, extrêmement commun dans les champs de
la Sologne, se couvre dès le matin d'un nombre infini de
fleurs dont les pétales charmants, à midi, jonchent déjà la
terre. Il en est d'autres plus éphémères, la fleur de la
Vigne, par exemple, qui se détache au moment même
où elle vient de s'épanouir.

La corolle donc, plus encore que le calyce, est tombante,
caduque, bien rarement elle persiste, elle meurt à la fécondation. Symbole éclatant de beauté, de gloire, d'amour,
elle est éphémère comme l'amour, comme la gloire,
comme la beauté. — Quelle ironie de la nature que
la fragilité de cette fleur qui pendant des semaines, des
mois, des années quelquefois, se prépare avec une lente
majesté..... pour resplendir une heure, et mourir!

76.

Au-dessus de la corolle vient l'*étamine*; c'est l'élément de la troisième enveloppe florale dont l'ensemble s'appelle

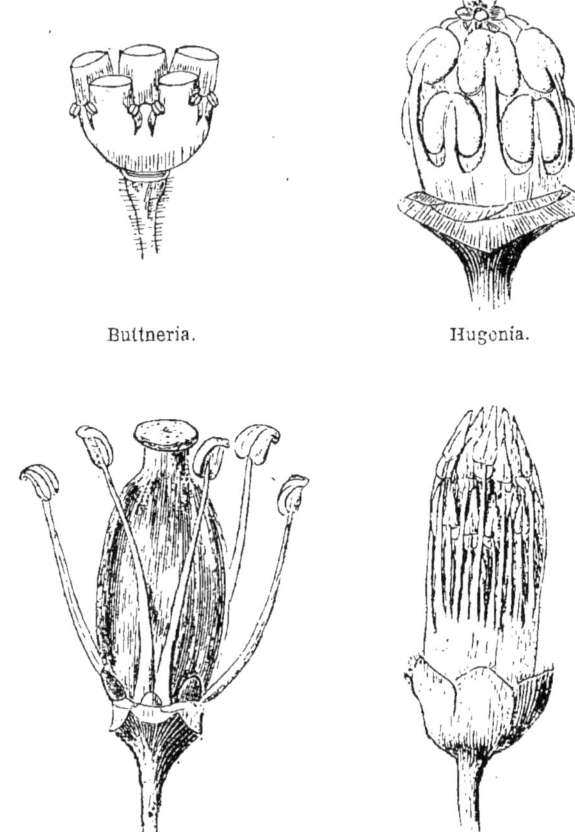

Fig. 161. — Androcées.

androcée (fig. 161), c'est l'organe fécondant. Si l'on se sou-

vient de la classification de M. César Frédericq qui attribue
à la forme bilatérale une incontestable supériorité, l'on
comprendra l'importance de l'étamine, qui toujours affecte
cette disposition organique. Aussi ne manque-t-elle jamais.
L'on trouve des espèces phanérogames auxquelles font
défaut soit la corolle, soit le calyce, soit l'une et l'autre enveloppe ; il n'en n'est pas qui soit sans étamines, ou du
moins sans ce qu'elles présentent de plus essentiel.

L'étamine dans son état complet se compose d'un *filet* et
d'une *anthère* ou *tête d'étamine* (fig. 162).

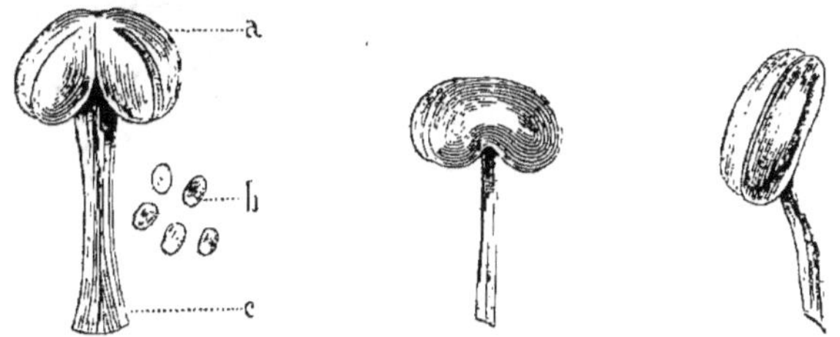

Fig. 162. — *a*, tête d'étamine; *b*, pollen; *c*, filet.

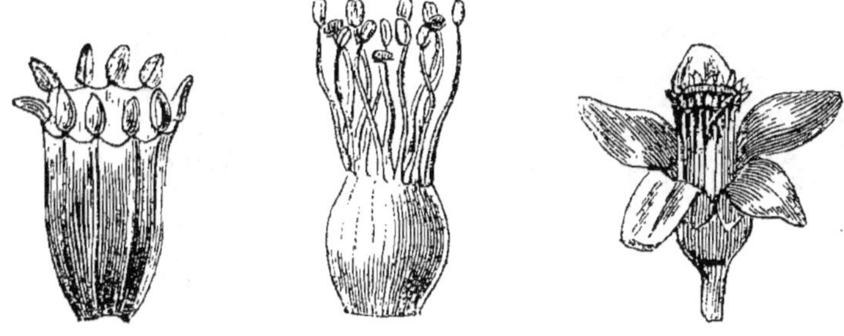

Fig. 163. — Étamines monadelphes.

Le filet est un support, une mince colonnette, le plus
souvent filiforme, au sommet de laquelle l'anthère se
trouve attachée.

L'anthère, seule partie indispensable de l'étamine, est une sorte de petite poche ou sachet qui renferme le *pollen*

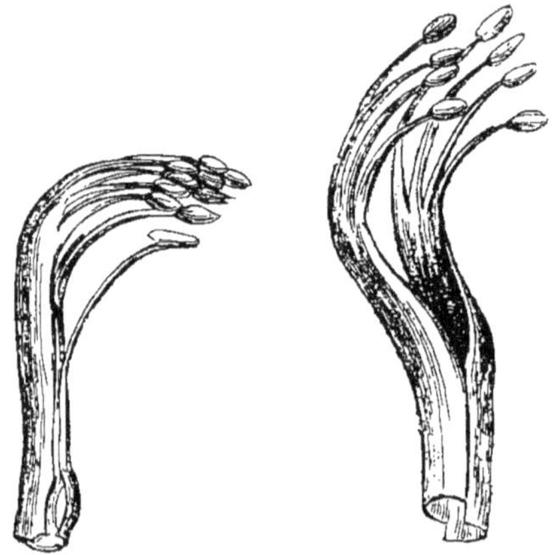

Fig. 164. — Étamines diadelphes.

Fig. 165. — Étamines triadelphes.

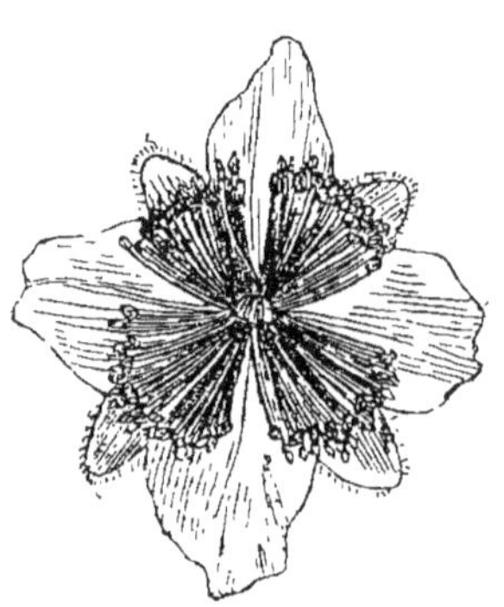

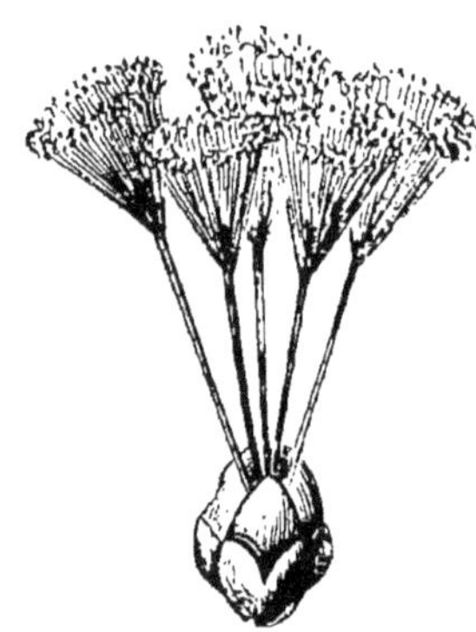

Fig. 166. — Étamines tétradelphes.

Fig. 167. — Étamines polyadelphes.

ou poussière fécondante, et se compose habituellement de deux loges parallèles. L'on distingue dans l'anthère le dos et la face ; c'est au dos communément que s'attache le filet.

Les étamines, que nous allons considérer d'abord d'une manière générale, varient en nombre depuis un jusqu'à cent environ, selon les espèces, les genres et les familles.

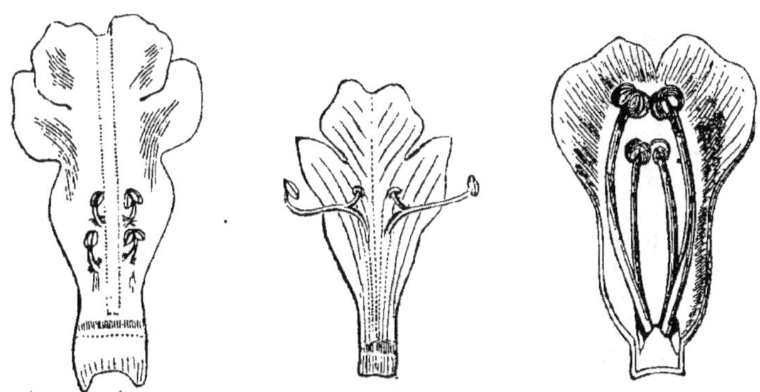

Fig. 168. — Étamines didynames.

Fig. 169. — Étamines tétradynames.

Ces chiffres toutefois n'ont rien de rigoureux; aussi se contente-t-on de dire que les étamines sont *nombreuses* ou *indéfinies* dès qu'elles dépassent le nombre de vingt et même celui de douze.

Les étamines peuvent être égales ou inégales. Cette iné-galité, parfois peu sensible et variable, constitue dans cer-taines familles un caractère spécial d'une grande importance. C'est ainsi que, chez certaines Labiées, nous trouvons deux

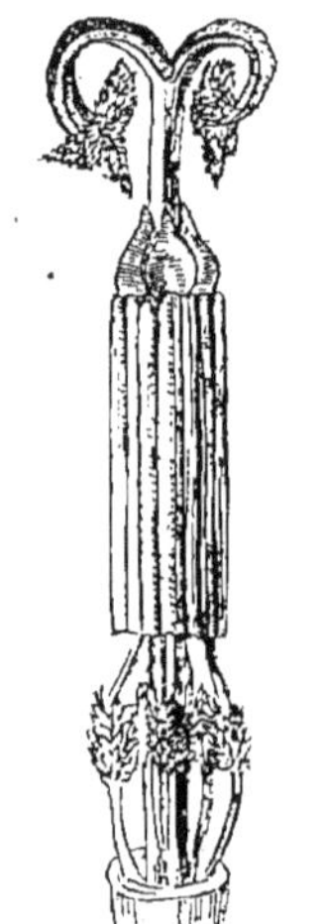

Fig. 170. — Étamines réunies par leurs anthères.

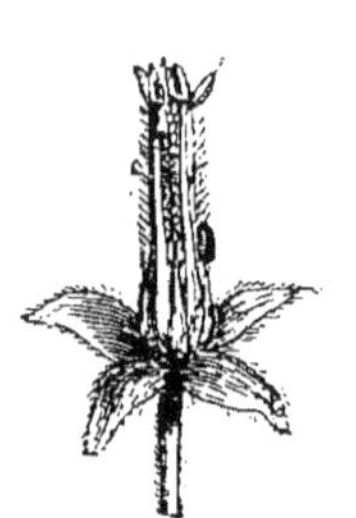

Fig. 171. — Étamines diplostémones.

Fig. 172. — Étamine de Moringa.

Fig. 173. — Étamines d'Alchémille.

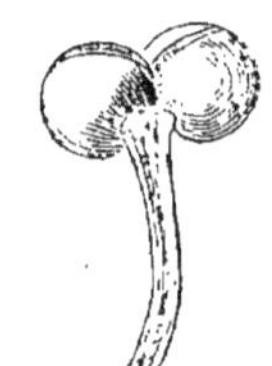

Fig. 174. — Étamines de Mercuriale.

étamines toujours plus longues que les deux autres (fig. 168), et que chez les Crucifères nous en trouvons six dont quatre égales entre elles et deux latérales plus cour-tes (fig. 169). Certaines étamines font plus encore que d'être inégales, elles offrent dans la même fleur des formes complétement différentes.

Nous ne pouvons du reste passer en revue toutes les diversités. Placées sur un rang, sur deux, sur plusieurs, étalées, dressées, unilatérales, écartées, rapprochées, imbriquées, soudées plus ou moins, libres ou complétement

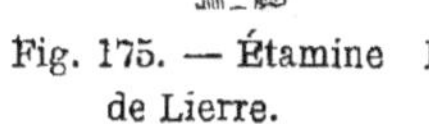
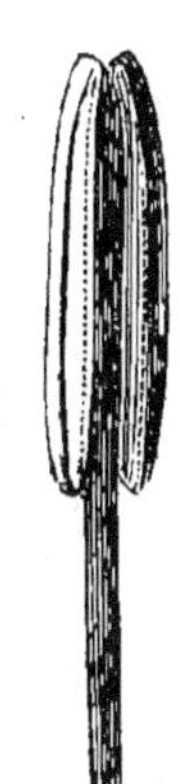
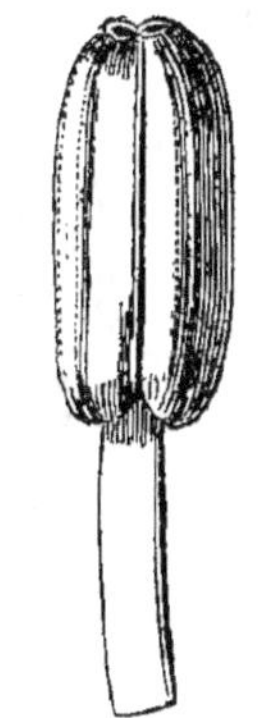
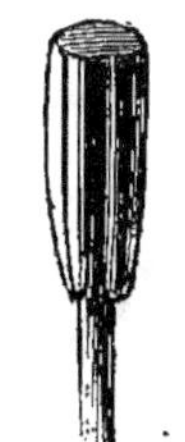

Fig. 175. — Étamine de Lierre.

Fig. 176. — Étamine d'Iris.

Fig. 177. — Étamine d'Azalée.

Fig. 178.— Étamine de Xylopia.

Fig. 179. — Étamine de Davilla.

Fig. 180.

Fig. 181. — Étamine de Noisetier.

isolées, les étamines, comme les pétales, comme les sépales, comme les bractées, comme les feuilles, renouvellent devant nous ces éternelles séries qui font de la variété la loi fondamentale de la création.

77.

Mais reprenons avec quelques détails. Le filet des étamines, cette mince colonnette cylindrique qui supporte

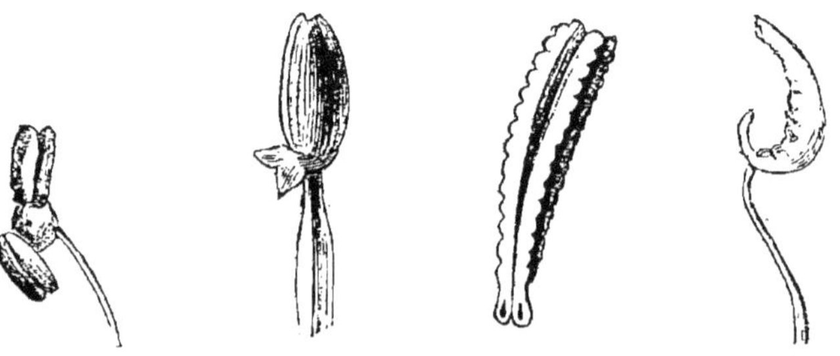

Fig. 182. — Étamine   Fig. 183.   Fig. 184. —Anthère   Fig. 185.—Étamine
de Thym.   de Gomphia.   de Melastoma.

Fig. 186. — Pétales avec
pollen du Castrea.

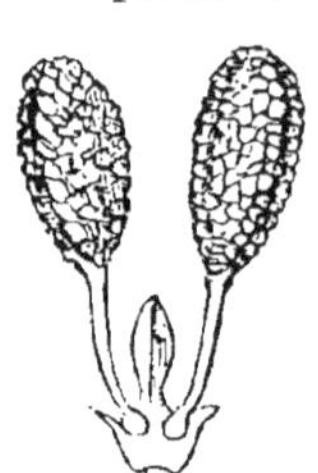

Orchis.

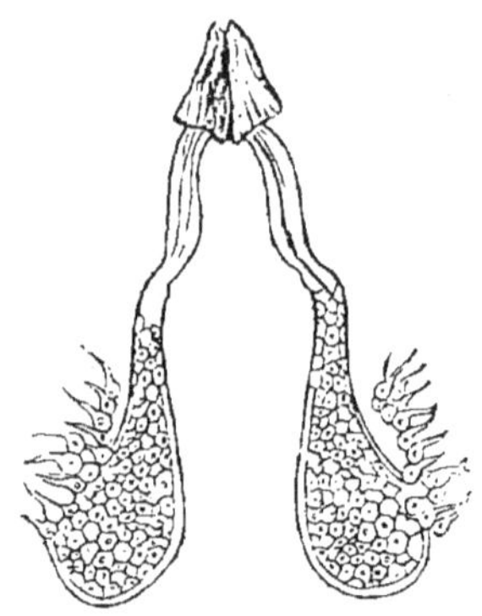

Fig. 187.   Asclépiade.
Masses cireuses de pollen.

l'anthère, est le plus souvent grêle, quelquefois filiforme,
ce qui ne l'empêche point d'être çà et là plus ou moins

renflée en massue ou aplatie, si aplatie même qu'elle arrive par degrés à n'être plus, pour la plus grande gloire de la morphologie, qu'un véritable pétale chargé d'une anthère à son extrémité. Du reste pas le moindre souci de demeurer semblable à elle-même.

Le filet se charge de dentelures, d'éperons, d'écailles, de pointes, de becs; il se dresse, s'infléchit, se tord de mille façons, s'articule, s'allonge, se raccourcit, si bien qu'il disparaît souvent et laisse l'anthère *sessile*, c'est-à-dire comme assise; d'autres fois quittant sa livrée blanche habituelle, il se pare, s'irise, prend les couleurs des organes qui l'entourent — le tout avec cette charmante indépendance dont jouit chaque individualité dans la grande et belle république végétale.

<h1 style="text-align:center">78.</h1>

Du filet passons à l'anthère. Aussi bien la transition est facile, car les deux ne font qu'un. Oui, à eux deux, qu'on le sache, ils ne forment qu'un simple pétale dont l'onglet ou partie rétrécie est devenu le filet, et dont le limbe ou partie étalée est représenté par l'anthère.

Ce phénomène est à coup sûr l'un des plus remarquables de la morphologie et il ne faut rien moins, avouons-le, que toutes les perspicacités de cette science pour reconnaître un pétale, que dis-je? une feuille, dans cet organe délicat et gracieux qu'on appelle une étamine. Aussi sommes-nous parvenus au plus haut point des métamorphoses. Nous verrons bien encore le style et l'ovaire formés d'une feuille enroulée, — toujours notre feuille magicienne, — mais l'étamine présente peut-être une plus étonnante complexité.

Avec la fine pointe d'une aiguille prenez une anthère, ouvrez-la. Il en est même qui s'ouvrent toutes seules (fig. 188, 189, 190 et 191). De part et d'autre d'une cloison

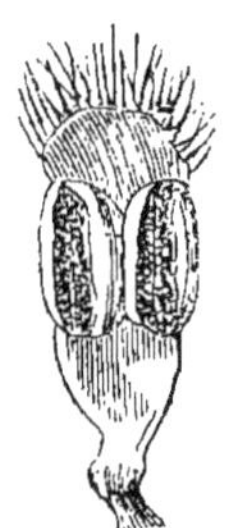

Fig. 188. — Étamine de Pervenche.

Fig. 189. — Étamine d'un Berberis.

Fig. 190. — Étamine de Persea.

Fig. 191. — Étamine de Monimia.

transversale, qui n'est que le prolongement du filet, s'allongent en berceau ou en nacelle deux loges, deux nids charmants remplis d'une poussière merveilleuse, le pollen dont nous parlerons tout à l'heure. Quand la corolle est en pleine floraison, à l'heure où le phénomène de la reproduction doit s'accomplir, les anthères s'ouvrent, le pollen s'échappe en nuage, en poussière ou en grumeaux, couvre le style, s'envole au loin dans d'autres fleurs et opère par infiltration la fécondation des ovules que contient l'ovaire.

La métamorphose du pétale en étamine serait peut-être restée douteuse malgré les affirmations de la morphologie, si la nature ne se complaisait elle-même à nous rendre manifeste cette curieuse transformation. Les exemples abondent. Dans la fleur du Nénuphar, entre autres, la métamorphose se fait comme à l'œil (fig. 192). C'est tout un cours de Botanique rendu palpable et réalisé par la gradation régulière avec laquelle on voit le pétale devenir étamine ou l'étamine redevenir pétale. L'élargissement et la

Fig. 192. — Transformation d'un pétale en étamine dans le Nénuphar blanc.

diminution du filet sont tels qu'il arrive un moment où l'on hésite incertain. Est-ce un limbe rétréci, est-ce un filet membraneux? A-t-on sous les yeux une étamine qui cherche à se donner l'ampleur d'une foliole corolline, ou un simple pétale qui a eu la fantaisie luxueuse de se ter-

Fig. 193. — Pétale de Gui couvert de pollen.

Fig. 194. — Pétale d'une rose double à demi transformé en étamine.

miner par une anthère? L'on ne sait en vérité, tant la progression est insensible. — Voyez encore fig. 193 et 194.

Ce qui se passe naturellement dans cette fleur se réalise dans une foule d'autres par les moyens artificiels de la culture. Une nourriture abondante prive les fleurs de nos jardins de leurs étamines qu'elle métamorphose en pétales ; c'est là ce qu'on appelle rendre les fleurs *doubles*.

Eh bien, vous le dirai-je, ami lecteur, malgré toute l'admiration que vous avez évidemment pour vos Œillets doubles, vos Renoncules doubles, vos Anémones doubles et tout ce qu'il peut y avoir de double dans votre parterre, y compris vos Roses à cent feuilles, c'est là une dérogation aux lois naturelles de la végétation. Une fleur double est un *monstre* ; un monstre charmant, je le veux bien ; mais un monstre incontestable au point de vue organique, et pour lequel le vrai botaniste n'éprouve qu'un sentiment de vague bienveillance... tempérée même par une légère dose de dédain. — Ah ! qu'ils sont plus élégants les sveltes Bleuets des champs, plus gracieuses les Lychnis grêles et découpées que balance la brise parmi les hautes herbes, et combien je préfère, à toutes vos pensionnaires bouffies et malsaines, la plus maigre fleurette couronnant un vieux mur ou accrochée aux fentes d'un rocher.

Mais revenons à nos étamines. Les gradations curieuses que nous avons vues dans le Nénuphar, nous les retrouvons dans l'Ancolie dont les pétales éperonnés et en cornet sont pourtant bien loin de ressembler à ses étamines si grêles ; nous les retrouvons dans la Rose, dans les Anémones, dans toutes les fleurs qui doublent par la culture. La Canne indienne fait mieux encore (fig. 195) ; elle nous montre, à l'état habituel, un organe fécondant qui d'un côté est un pétale, tandis qu'il est réduit de l'autre à une simple anthère à une loge. C'est là évidemment le sublime du genre, et la démonstration palpable de la Canne indienne convaincrait les plus obstinés.

Répétons donc en quelques mots nos conclusions si incontestablement établies. L'étamine n'est qu'un pétale métamorphosé, c'est-à-dire une feuille. Le filet de l'étamine, c'est l'onglet du pétale ou le pétiole de la feuille; l'anthère c'est le limbe de cette dernière ou la lame du pétale, et la substance enfin qui se trouve entre les deux surfaces de la feuille ou le parenchyme devient la poussière fécondante dont se remplissent les loges de l'anthère.

Fig. 195.—Étamine de la Canne indienne qui est pétale d'un côté et anthère de l'autre.

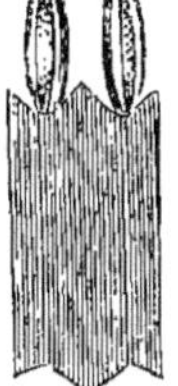

Fig. 196. — Étamines uniloculaires.

Les anthères, parfois immobiles sur le filet et formant avec lui comme un petit marteau à tête fine, s'articulent souvent avec leur support et sont alors mobiles à son extrémité, s'agitant au moindre contact. Le filet est d'ailleurs si mince quelquefois, il se rattache à la face dorsale de l'anthère par un fil d'une telle ténuité, que sans articulation même la mobilité a lieu. L'anthère est oblongue, elliptique, lancéolée, ovoïde, presque globuleuse, sagittée ou cordiforme ; de mille façons, mais de façons toujours coquettes, elle se tient sur son mince support.

Les deux loges du pollen se résument quelquefois en une seule. L'anthère était *biloculaire* (fig. 188 à 191), elle devient alors *uniloculaire* (fig. 196) ; elle le devient même fort souvent par suite de l'avortement de l'une des cavités, mais elle l'est alors d'une façon anormale et conséquemment irrégulière [1].

N'attendez pas que l'anthère soit ouverte si vous voulez avoir une exacte idée de sa forme. Tout change rapidement en elle après l'émission du pollen. Elle se rétrécit, se rapetisse, se tord, se déforme et paraît quelquefois triangulaire par suite de ses contractions, contractions auxquelles n'échappe pas le filet lui-même. Ce ne sont pas seulement ses formes qui se décomposent, c'est sa couleur aussi qui se fane ou qui perd ses teintes primitives. Elle était jaune, quelquefois rouge ou noire ou purpurine, elle devient presque incolore, prend des nuances douteuses et se dessèche dans un tel état d'amoindrissement que quelques-unes d'entre elles semblent même n'avoir jamais existé.

79.

Les étamines, et c'est ici une importante remarque à faire, n'atteignent pas toujours le degré de perfection

---

1. L'on trouve parfois aussi des anthères à quatre loges.

auquel elles doivent normalement atteindre. Dans les
fleurs dites femelles ou *pistillées,* c'est-à-dire qui n'ont
d'essentiel que le pistil, l'on trouve quelquefois des anthères, mais elle ne contiennent pas de pollen; d'autrefois elles ne présentent à leur extrémité qu'une masse
globuleuse, chiffonnée, sorte de glande pétaloïde plus ou
moins arrondie; ailleurs enfin, plus rien n'existe de
l'étamine qu'un simple filet avorté, stérile, impropre à
tout usage et qui n'est là que comme une sorte de mé-
mento ou de jalon pour servir de point de repère, sans
doute, dans la série morphologique.

Du reste, quelque superflus que puissent paraître ces
pauvres filets stériles, ils se comportent comme les autres
dans le petit ménage de la corolle. Régulièrement rangés
et toujours alternes avec les fertiles auxquels ils se soudent
même parfois, ils occupent leur place avec conscience et
semblent protester, par la régularité de leur tenue, contre
la fatalité qui les a rayés sur la liste des membres actifs de
la république.

80.

Maintenant que nous connaissons le filet et l'anthère,
ouvrons le petit sachet dont se compose cette dernière et
voyons ce qu'il renferme. Nous le savons déjà, cette poussière qui s'en échappe, c'est du *pollen.* Ce pollen se forme
dans les utricules qui constituent la substance intérieure
de l'anthère, et en général — voyez jusqu'où sont allées

les observations des patients naturalistes — en général, dis-je, chaque cellule en fournit quatre grains. Ces utricules, appelées polliniques, ne tardent pas à mûrir; elles se séparent alors, se déchirent et laissent passer le pollen qui, libre désormais, s'échappe de l'anthère, grandement aidé dans cet acte d'indépendance, soit par le mouvement des valves de l'anthère elle-même, soit bien plus souvent encore par le vent ou par la visite des insectes. Il est cependant des fleurs qui se passent fort bien de tout secours étranger, témoin le pollen du Broussonetia papyrifera qui bruyamment s'élance en jets élégants et comme en vaporeuses fusées.

L'on ne saurait imaginer quelles prodigieuses quantités de grains de pollen contiennent généralement les anthères. Les blancs pétales du Lis sont quelquefois tout maculés de taches jaunes. Au lever du soleil, dit Duhamel, l'on voit sur les champs de Froment en floraison comme un brouillard, comme un véritable nuage qui s'en élève et flotte à leur surface : c'est le pollen que secouent les épis. Celui des Cyprès forme autour de chaque arbre une sorte de colonne de fumée, et les Sapins livrent aux vents d'orage une si incroyable masse de poussière pollinique, que celle-ci emportée au loin a donné lieu à la tradition bien connue de ces fameuses pluies de soufre dont tant de gens autrefois se sont épouvantés.

Mais ce brouillard, cette fumée, ces nuages impalpables, fixons-les, résolvons-les; prenons-en quelques grains et voyons-les au microscope. Le spectacle est vraiment admirable. Chaque grain de pollen, considérablement grossi, devient diaphane et réfracte la lumière. L'on voit alors que chacun d'eux se compose d'une membrane et le plus souvent de deux (quelquefois même de trois), qui immédiatement appliquées l'une sur l'autre forment de leurs parois transparentes une cavité remplie de *fovilla,* liquide mucilagineux au milieu duquel, vous le savez, nagent parmi des gouttelettes d'huile des corpuscules inconnus. Cette fovilla s'échappe aisément des grains du pollen. Dès que celui-ci se trouve en contact avec une surface humide, il se déchire, éclate et tantôt laisse écouler le liquide, tantôt donne naissance à certains *tubes polliniques* (fig. 197), dont nous raconterons plus loin le rôle capital.

Les grains de pollen varient singulièrement. Il en est d'arrondis, d'ovoïdes, d'ellipsoïdes, de triangulaires; il y en a qui sont couverts de papilles, d'autres de tubercules ou de petites épines, d'autres enfin dont la membrane, élégamment réticulée ou piquetée, se dessine en lignes sombres sur les teintes plus claires du liquide qu'elle contient.

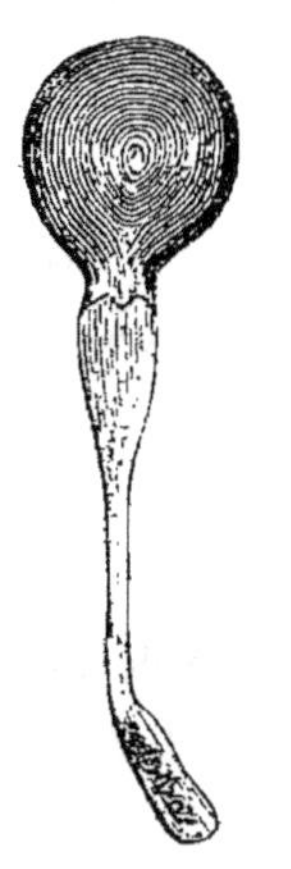

Fig. 197. — Tube pollinique sortant d'un grain de pollen vu au microscope.

Le pollen des Orchidées et des Asclépiadées se distingue par son aspect tout particulier; les grains polliniques au lieu d'être libres comme dans les autres plantes sont ici agglutinés en une seule masse d'une consistance analogue à celle de la cire (fig. 187).

81.

Nous avons passé en revue les trois premières enveloppes florales, c'est-à-dire le calyce, la corolle et les étamines ; disons quelques mots du quatrième verticille ou rangée circulaire d'organes : il s'agit du *disque* ou *nectaire*[1].

L'on donne ce nom à tout verticille complet ou incomplet, et de forme quelconque, qui se trouve situé entre les étamines et l'ovaire. Organes appendiculaires, comme les folioles calycinales et comme les pétales, les pièces du nectaire se présentent parfois sous une apparence foliacée ou pétaloïde (fig. 198). Toutefois l'on y reconnaît bien vite les symptômes de l'épuisement de la fleur. Ce qui, chez quelques plantes, est encore une sorte de petit pétale chiffonné et plus ou moins coloré (Ancolie), n'est déjà plus chez d'autres qu'une simple écaille qui se dérobe dans l'inflorescence ou enfin que de véritables glandes microscopiques (Giroflée violier) (fig. 199).

De même que les folioles calycinales, les pétales et les étamines se soudent par leurs bords en organe circulaire, de même aussi les pièces du nectaire se réunissent en

---

1. C'est généralement de cet organe que s'écoule le liquide plus ou moins sucré que sécrètent certaines plantes (Chèvrefeuille, Primevère, Trèfle, etc.), bien connu sous le nom de *nectar* et particulièrement apprécié par les abeilles, qui le sucent avec avidité, puis qui le transforment en miel.

groupes plus ou moins considérables. Encore muni de dix lobes dans le Spiranthera, de cinq, dans le Cobæa, et de quatre, dans les Cissus, le nectaire finit par être entier comme dans les Scrofulaires. Il forme alors un bourrelet, un anneau, une cupule (fig. 200), parfois même un véri-

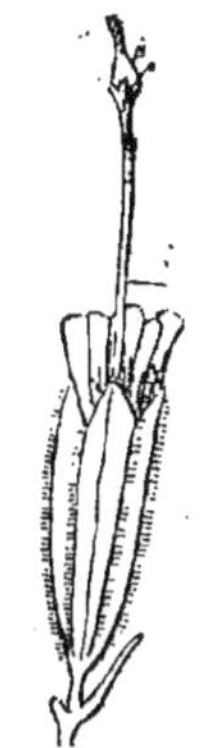

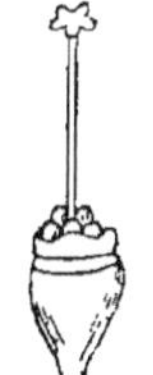

Fig. 198. Fig 199. Fig. 200.

table tube comme dans la Véronique Beccabunga, où il s'élève environ jusqu'au quart de la longueur de l'ovaire ; d'autrefois enfin une poche complète comme celle du Pœonia qui enveloppe entièrement le fruit (fig. 201).

Il en est donc du nectaire comme du calyce et de la corolle. Ce n'est point un seul organe, c'est la réunion de plusieurs éléments naissant dans un

Fig. 201. Fig. 202.

même verticille autour de l'axe de la fleur ; et, bien que l'on rencontre des nectaires à une seule glande, tels que celui du Mélampyre à crête (fig. 202), il ne faut pas oublier qu'il en est de ces disques solitaires comme du pétale unique de l'Amorphe, ou de la seule étamine de la Salvertia. Si ces divers appendices réduits à l'unité ne forment plus un verticille, semblable à celui de certaines Rubiacées (fig. 203), c'est qu'ils sont les fragments d'un organe demeuré incomplet par suite de l'avortement des autres éléments qui font défaut. C'est ainsi qu'il manque trois pièces au nectaire bilobé de la Pervenche et deux à celui de plusieurs Crucifères.

Si nous avons des disques réduits à un seul organe, nous en avons en revanche qui se composent de deux enveloppes, ce qui porte alors à six dans ces fleurs le nombre total des verticilles.

Maintenant qu'est-ce que le disque au point de vue morphologique ? Le disque, répond le savant A. de Saint-Hilaire, n'est ni plus ni moins, comme le calyce et comme la corolle, qu'une enveloppe de feuilles d'autant plus métamorphosées qu'elles se rapprochent

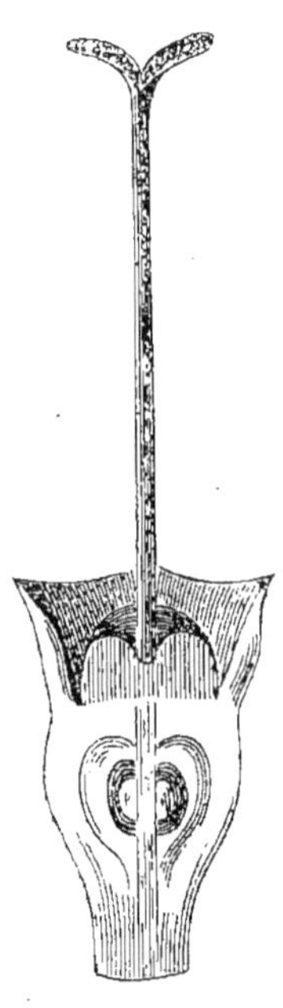

Fig. 203.

davantage du pistil, et ce qui rend cette affirmation tout à fait incontestable, c'est qu'il arrive à cet organe le même curieux phénomène que nous avons déjà signalé pour les autres enveloppes florales. Toute surabondance de vitalité, vous le savez, fait reculer chaque verticille vers celui qui le précède. Eh bien, le nectaire rentre parfaitement dans la série, il redevient étamine, l'étamine remonte au pétale, le pétale reprend la verte livrée du sépale, le sépale se fait une modeste bractée et la bractée, quittant ses allures fantaisistes, rentre dans le groupe égalitaire des feuilles de la tige. Cette échelle remontante, cette gradation en sens inverse est à coup sûr l'une des plus remarquables particularités de l'organisation végétale.

Malgré ces oscillations morphologiques et les aspects fort divers que revêt le nectaire, nous nous garderons bien de le confondre soit avec des filets d'étamines stériles, soit avec la base épaissie de certaines étamines, soit enfin avec telle expansion du réceptacle qui parfois présente, comme le nectaire lui-même, une consistance glanduleuse. Le nom de disque sera donc rigoureusement conservé pour tout organe appendiculaire complet ou incomplet, soudé ou libre qui se trouvera situé entre l'ovaire et les étamines, et nous laisserons ainsi, à part de toute autre, cette bizarre expansion du rameau floral qui, sans utilité reconnue jusqu'ici, semble n'être qu'un appendice de luxe et qu'une sorte de superfétation de vie.

82.

Voici enfin le *pistil*, le cinquième verticille[1] qui couronne le réceptacle et occupe le centre de l'axe floral. Le pistil ou réunion des organes dits femelles est également connu en Botanique sous le nom de *gynécée* (fig. 204) : c'est l'expansion dernière de la tige, c'est le terme de la végétation.

Le pistil simple ou *carpelle* (du mot grec *karpos* qui

[1]. Le pistil n'est ordinairement que le quatrième verticille, par suite de l'absence habituelle du disque.

signifie fruit), se compose essentiellement d'une colonnette ou filet supérieurement renflé en glande et inférieurement terminé par une cavité qui contient de jeunes semences. Ces jeunes semences sont les *ovules*, cette cavité c'est *l'ovaire*, cette colonnette qui s'élève sur l'ovaire c'est le *style*, et enfin cette glande qui termine le filet c'est le *stigmate* ou *tête de style* (fig. 205). Ce dernier organe, d'une nature habituellement spongieuse, et presque toujours humide ou visqueux, est destiné à retenir les granules polliniques qui s'échappent du sachet des étamines. Le style n'est pas absolument nécessaire; le stigmate immédiatement situé sur l'ovaire est dit alors *sessile* (fig. 206), et n'en remplit

Fig. 204. — Androcée et gynécée de Malesherbia.

pas moins bien son rôle dans l'œuvre de la fécondation.

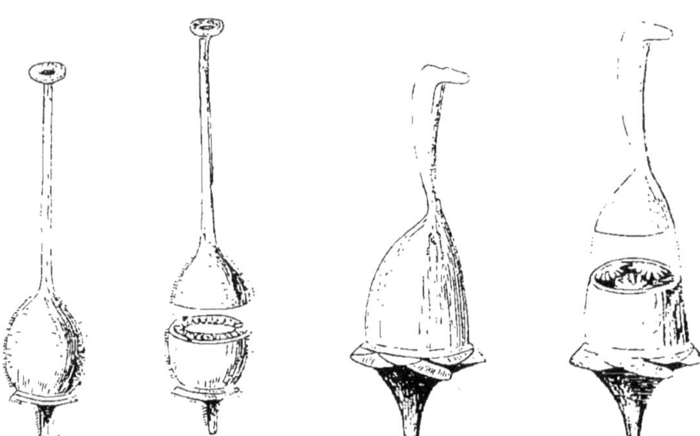

Pistils de Primevère.

Fig. 205.

Pistils de Violette.

Il est maintenant aisé de comprendre que les pistils,

quelquefois très-nombreux, sont par rapport au gynécée ce que les étamines sont à l'androcée, ce que les pétales sont à la corolle et ce que les sépales enfin sont au calyce, c'est-à-dire l'élément isolé d'un verticille. D'autre part, l'on se souvient du rôle important que joue en Botanique le phénomène appelé soudure. Si donc l'on vient nous dire qu'à l'imitation des étamines, des lobes du disque, des pétales et des sépales, l'on voit souvent les pistils se réunir et s'agglomérer, nous n'en serons nullement surpris. Nous comprendrons que lorsqu'un ovaire à plusieurs loges se trouve surmonté par une colonnette unique et centrale (fig. 207), cela provient tout simplement

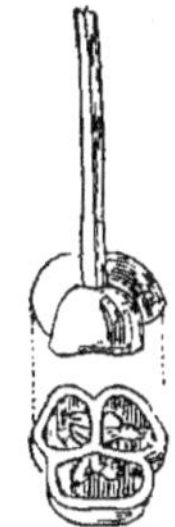

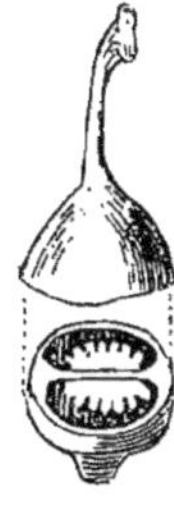

Fig. 206. — Ovaire de Renoncule avec un stigmate sessile.

Fig. 207.

Fig. 208.

Fig. 209.

de la soudure de plusieurs pistils en un seul, et quand nous verrons un style bifide (fig. 208), ou trifide (fig. 209), ou beaucoup plus fide encore, c'est-à-dire couronné par plusieurs lobes étalés, nous saurons nous garder de toute hérésie morphologique et nous nous hâterons de nous rappeler qu'il ne s'agit pas le moins du monde ici de la division d'un style unique, mais, tout au contraire,

d'une soudure inachevée, ou plutôt encore d'une dessoudure demeurée incomplète.

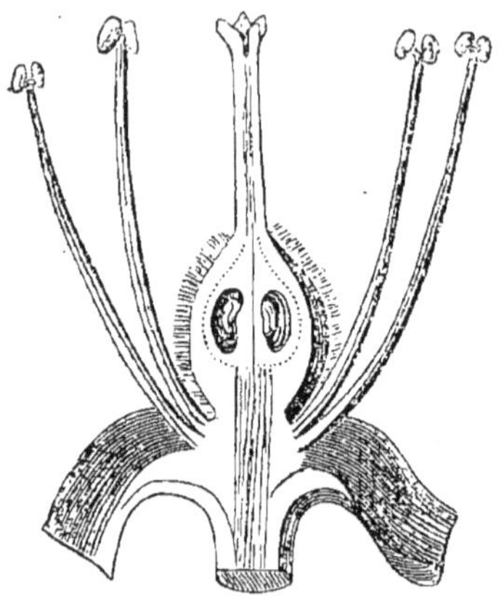

Fig 210. — Ovaire libre, supère ; étamines hypogynes.

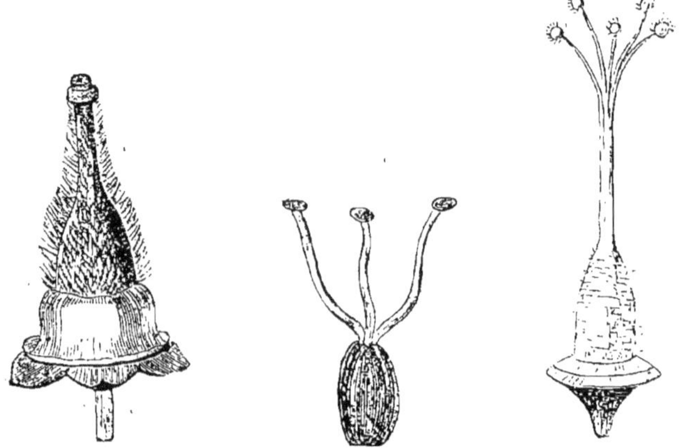

Fig. 211. — Styles soudés
dans toute leur longueur.

Fig. 212. — Style
tripartite.

Fig. 213. — Style
quinquefide.

Les pistils font plus que de se souder, ils disparaissent, ils s'atrophient et ne se révèlent plus, quelque-

fois, que par une trace à peine visible. Ce phénomène se reproduit régulièrement et sur une grande échelle dans certains genres et même dans des familles d'une grande importance. Les fleurs ainsi dépourvues de pistils sont

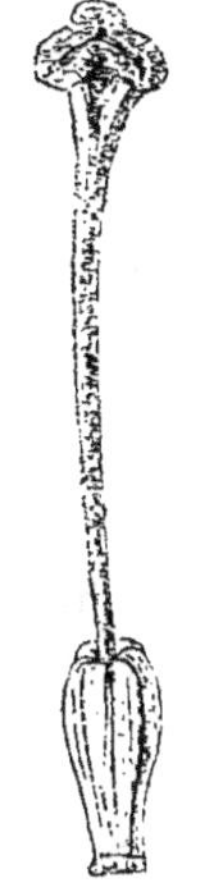

Fig. 214. — Stigmate trilobé.

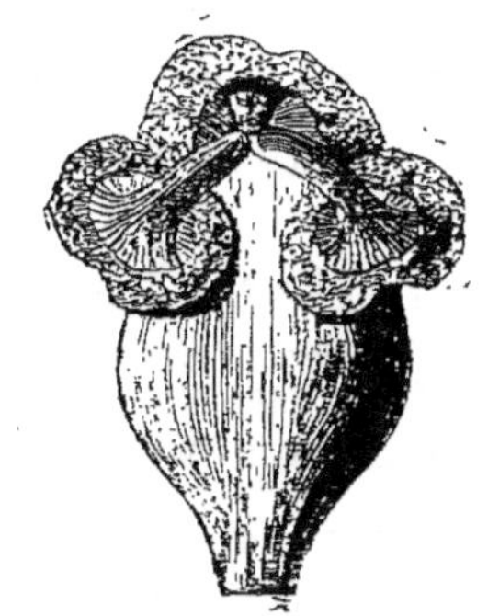

Fig. 215. — Styles terminés par un stigmate pelté.

nommées *staminées,* de même que sont appelées *pistillées,* nous l'avons dit plus haut, celles où une atrophie devenue normale fait régulièrement disparaître tout vestige d'étamine.

83.

Mais si nous faisions un peu de morphologie? Ne trouvez-vous pas que le besoin s'en fait particulièrement sentir en face de ce pistil dont les audacieuses métamorphoses dérouteraient tout autres... que nous — soyons immodestes — qui, à l'heure qu'il est, sommes devenus grâce à nos communes études passablement forts dans cette spécialité?

Si, n'est-ce pas? Eh bien cherchons ce qu'est le pistil. Le pistil, nous le devinons sans peine, n'est comme tous les autres organes de la fleur que notre éternelle feuille dont les diverses transformations successives sont couronnées et dépassées par la dernière, la plus admirable de toutes. De preuves, il n'en est certes nul besoin pour établir notre conviction. Toutefois, s'il nous en fallait quelqu'une pour convertir les incrédules, n'oublions pas ce fait, c'est que le pistil est si bien une étamine transformée, qu'il est, dans certaines plantes, remplacé par une étamine centrale. Si donc le pistil n'est que la modification de l'organe qui le précède, il rentre en plein dans la série que vous savez et, comme tel, est soumis à cette fameuse loi des reculs qui, sous l'influence d'une alimentation énergique, ramène de proche en proche, par la plus extraordinaire progression remontante, le carpelle à l'étamine, l'étamine au pétale, le pétale au sépale, le sépale à la bractée et la bractée... à cette feuille qui, décidément, doit nous inspirer le plus profond respect, tant nous y retrouvons sans cesse l'élément essentiel de toutes les métamorphoses végétales.

Le carpelle est donc une feuille, c'est bien et dûment entendu, et sans même chercher à les rattacher l'un à l'autre par le retour du pistil à l'étamine ou même au pétale, il n'est besoin que de l'examiner, non dans les fleurs ordinaires pendant l'épanouissement desquelles il ne se trouve pour ainsi dire qu'à l'état d'enfance, mais à l'époque de sa maturité, alors qu'il s'est ouvert pour laisser échapper

les graines comme dans le Baguenaudier, par exemple.
L'on est vraiment surpris de la ressemblance de ces carpelles aux valves écartées avec l'organe appendiculaire de
la tige. C'est exactement une feuille, feuille repliée en
coque et fermée par deux sutures dont l'une, celle qui
s'ouvre, est la soudure des bords extérieurs, tandis que
l'autre, celle qui sert de charnière, n'est que la nervure
médiane de la feuille transformée.

Mais écoutez, voici quelque chose de véritablement ravissant. A l'état sauvage, le Merisier présente dans
sa fleur un carpelle unique. Si l'on examine celle d'un
Merisier double, l'on y verra, au milieu d'une multitude
de pétales d'une blancheur de neige, deux ou trois petites
feuilles vertes ordinairement dentées comme celles de la
tige dont elles offrent une charmante miniature. Ces
petites feuilles sont repliées par leur milieu, leurs
bords sont rapprochés, sans soudure toutefois,
et de plus elles se terminent par un long filet
chargé à son extrémité d'une petite glande globuleuse (fig. 216). Eh bien, savez-vous ce que
sont ces petites feuilles? Ce sont de véritables
ébauches de carpelles. La plante a essayé et n'a

Fig. 216.

pas réussi. Elle a tâché de souder ses bords dentelés en
les rapprochant l'un de l'autre, elle a prolongé en style
sa nervure médiane, l'a même munie à l'extrémité d'un
petit renflement qui simule à s'y méprendre un stigmate
ordinaire... vains efforts, tentatives superflues. Elle était
trop matérielle encore, cette fleur double et engraissée,
pour arriver à la sublime défaillance de ces organes qui
s'idéalisent jusqu'à l'étamine, jusqu'au pistil ; — et ce
carpelle, doué de trop de vitalité encore, riche de

sucs trop grossiers, est resté vert, c'est-à-dire feuille.

Ce que le raisonnement, l'analogie et l'étude des métamorphoses viennent de nous démontrer, l'observation directe l'a également et pleinement confirmé. MM. Guillard, Schleiden et Vogel, se sont convaincus, en étudiant le bouton naissant, que les futurs carpelles s'y montrent étalés comme de véritables feuilles dont les bords se soudent à mesure qu'elles grandissent.

La partie interne du carpelle à laquelle sont attachés les ovules porte le nom de *placenta*. Ces placentas sont composés chacun d'une ou de deux nervures appelées *cordons pistillaires,* et le long de ces placentas les graines se trouvent rangées exactement comme les bourgeons le long des rameaux de l'arbre (fig. 217).

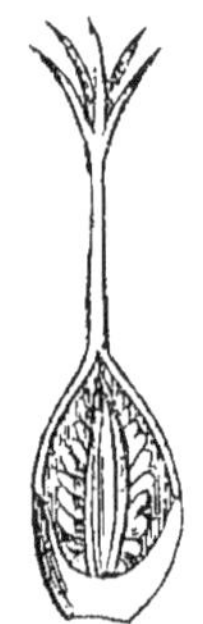

Fig. 217.

84.

Maintenant que nous avons parlé d'une façon générale du carpelle simple ou pistil, décrivons avec quelque détail le style avec son stigmate et l'ovaire qui lui sert de base.

Le style, soit qu'il demeure entièrement distinct de l'ovaire (fig. 218), ou qu'il n'en forme que le prolongement (fig. 219), présente, quand il est simple, un faisceau central de fibres vasculaires entouré de cellules, et, quand il est composé, autant de faisceaux placés autour d'un centre médullaire ou d'un canal vide qu'il est entré de styles dans sa composition.

Les styles — droits, infléchis ou contournés, épais ou filiformes, cylindriques ou coniques, ovoïdes, en toupie, en massue ou en entonnoir, et enfin courts, moyens ou très-longs, — ont pour caractère essentiel d'être *libres*, c'est-à-dire inépendants les uns des autres, ou *soudés*, c'est-à-dire réunis entre eux par la base. L'on sait ce qu'il faut penser des divisions

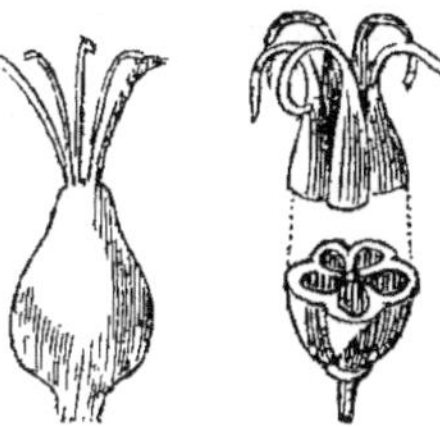

Fig. 218.   Fig. 219.

apparentes du style qui le plus souvent ne sont que des soudures incomplètes; cependant il est des cas où ces

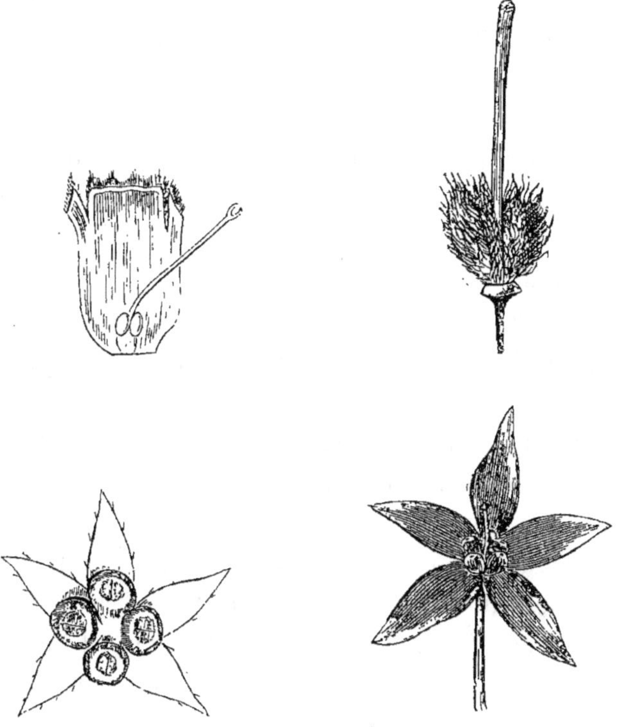

Fig. 220. — Styles gynobasiques, c'est-à-dire dont la base
est située entre les ovaires.

divisions existent réellement et où il faut se garder de prendre pour des styles soudés ensemble les divisions d'un même et unique style. En règle générale, l'on peut établir qu'il y a autant de styles que d'ovaires, et lorsque nous verrons (fig. 221) un seul ovaire surmonté par deux styles, ou bien encore (fig. 222) trois ovaires couronnés par une expansion de six lobes, nous pourrons affirmer hardiment que ces bifurcations n'infirment en rien l'unité des styles qui en sont pourvus.

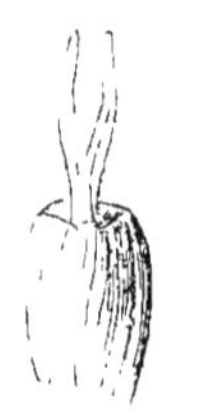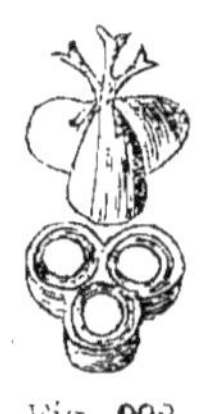

Fig. 221.   Fig. 222.

Du reste, n'exagerons pas l'importance du style qui, tout bien considéré, n'est pas d'une utilité bien constatée. Il est même si peu indispensable, que souvent il n'existe pas. En réalité, il ne fait qu'allonger la route que le pollen doit parcourir pour arriver aux ovules; car ce qu'il y a de réellement essentiel dans l'organisation du pistil, c'est la communication directe entre le stigmate, porte par où pénètrent les tubes polliniques, et les placentas, qui seuls sont chargés de l'importante fonction de donner naissance aux jeunes semences.

La soudure ou l'entière séparation des styles constitue de fort bons caractères de famille. L'on trouve des styles plus ou moins soudés dans la plupart des groupes fournis par la classe des monopétales, et une plante qui n'aurait pas de styles libres ne serait point une Caryophyllée. Quant au degré de soudure, il est extrêmement variable et l'on ne peut, en général, y attacher une bien grande importance.

85.

Le stigmate, on le sait déjà, est la partie du pistil qui, ordinairement humide, dépourvue d'épiderme et garnie de glandes ou de papilles, est destinée à recevoir et à retenir la poussière fécondante échappée des anthères.

Le stigmate, toujours placé à l'extrémité du style, quand celui-ci existe, est parfois sessile et naît immédiatement sur l'ovaire, quand le style est absent, c'est-à-dire quand la nervure moyenne de la feuille carpellaire ne s'est point prolongée (fig. 223). Tantôt *complet,* c'est-à-dire

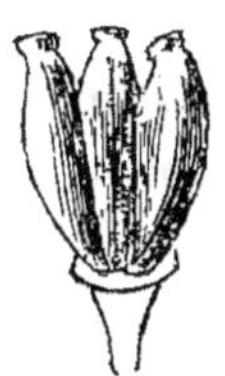   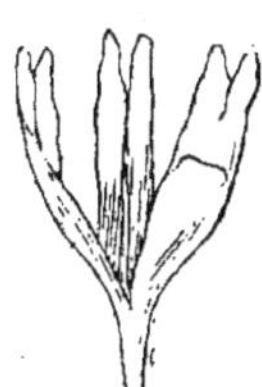

Fig. 223.   Fig. 224.   Fig. 225.   Fig. 226.

distinct au-dessus du style dont il domine l'extrémité ; tantôt *incomplet,* c'est-à-dire naissant simplement à la surface d'une portion du style, le stigmate fort variable de forme, quelquefois terminal, d'autrefois latéral, est dans certains cas si gros, si charnu, si épaté qu'on le cherche alors qu'il écrase de sa masse exagérée toute l'extrémité du style comme dans le Mirabilis Jalapa (fig. 224). Dans le Pavot, il s'étale en rayons glanduleux sur la surface d'un style aplati en bouclier (fig. 225), et dans l'Iris, il se dessine modestement sur la surface postérieure des larges folioles bifides et pétaloïdes qui constituent les styles de cette fleur opulente (fig. 226).

Il existe enfin des plantes où le stigmate ne s'aperçoit que difficilement, et l'on en rencontre quelques-unes où nul encore n'a pu le découvrir.

86.

L'ovaire, partie inférieure et creuse du carpelle, est la cavité qui renferme les jeunes semences ou ovules. Simple ou composé, comprimé, déprimé, globuleux, ovoïde, elliptique, cylindrique, oblong, obovale ou en cône renversé, il dépend toujours, pour sa forme, de la feuille carpellaire dont il est formé, quand il est simple, ou des carpelles divers qui le constituent, quand il est composé.

L'ovaire composé offre des coques, des lobes ou des côtes suivant que les carpelles qui le constituent sont plus ou moins soudés entre eux, et chaque loge d'un carpelle se forme généralement par la soudure des bords de la feuille carpellaire qui, offrant tous les degrés possibles de courbure, varie à l'infini et la forme des loges et le nombre des

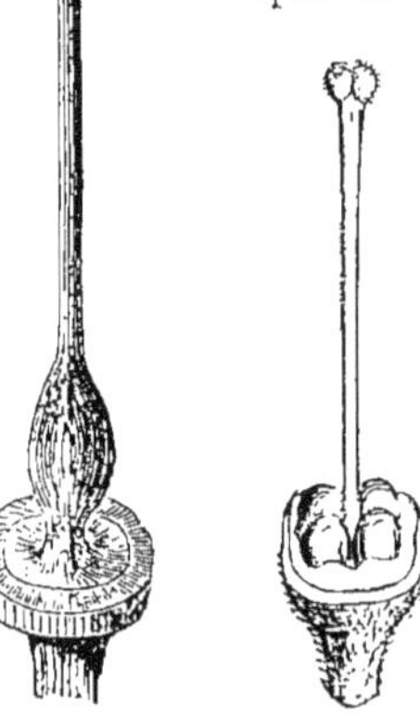

Fig. 227.   Fig. 228.
Ovaire simple.   Ovaire composé.

cloisons intermédiaires et la nature de ces mêmes cloisons dont le tissu a plus ou moins d'épaisseur, plus ou moins de consistance.

87..

Arrivons maintenant à l'ovule, la dernière des productions de la fleur. L'ovule, nous l'avons dit, est au placenta ce que sont les bourgeons à la tige et au rameau. Comme eux, il se compose d'un axe et d'organes appendiculaires, et comme eux encore il est un élément de vie et de reproduction. Ici toutefois s'arrêtent les ressemblances. Si le bourgeon multiplie l'individu, c'est en le continuant; dans l'ovule, au contraire, finit toute évolution de l'individu végétal, et ce dernier périrait sans reproduction d'aucune sorte, si, par le concours de deux organes étrangers qui le fécondent n'était rallumée en lui cette vie menacée de s'y éteindre.

En revanche, qu'arrive-t-il? C'est que cette fécondation venant du dehors l'enrichit de vertus spéciales. Le bourgeon répète l'individu par la production d'un individu absolument identique, tandis que l'ovule perpétue l'espèce elle-même et peut donner naissance à la variété. Même différence dans la manière dont ils se comportent. Esclave du rameau qui lui a donné naissance, le bourgeon — sauf dans quelques cas fort rares — reste attaché à cette plante dont il n'est que le prolongement; l'ovule, au contraire, créateur d'une individualité nouvelle, se dégage au plus tôt, essaye de cette liberté dont il porte le germe, s'affranchit de toute entrave et prend le nom de *graine* dès l'heure de son émancipation.

Cette heure toutefois est difficile à fixer. L'état d'ovule n'a rien de permanent. Depuis l'instant de sa naissance obscure au fond des tissus qui le procréent, jusqu'au jour où se formule en lui une vie indépendante, s'opèrent de perpétuelles modifications qui font que l'on se demande où l'ovule finit et où commence la graine.

88.

Cette équivoque a longtemps été préjudiciable à l'ovule. Malgré les premiers et remarquables travaux de Grew et de Malpighi (1682), les botanistes du xviiie siècle ne s'occupèrent guère que des semences mûres, et ce n'est que depuis 1806 que les travaux approfondis de MM. Turpin, de Saint-Hilaire, Tréviranus, Dutrochet, Brown, Brongniart, Mirbel, Schleiden et de beaucoup d'autres, ont révélé sur la nature de l'ovule et de ses développements tous les secrets qui avaient échappé à ses premiers observateurs.

Si l'on ouvre un ovaire vers l'époque de la fécondation, l'on y trouve rangés le long du placenta un ou plusieurs petits corps globuleux, oblongs ou ovoïdes qui, quelquefois sessiles, c'est-à-dire immédiatement attachés aux surfaces placentaires où ils s'enfoncent même souvent, sont d'autres fois retenus par un mince filet que l'on a nommé *trophosperme,* ou mieux et par analogie *cordon ombilical ;* le point par lequel l'ovule se rattache au placenta s'apelle *hile* ou bien encore *ombilic,* si l'on veut maintenir le rapprochement entre les deux règnes.

Mais remontons plus haut encore, car à l'époque de la fécondation l'ovule a déjà subi quelques métamorphoses ; étudions-le dès l'origine. Primitivement, l'ovule n'est qu'une petite masse celluleuse dépourvue de toute enveloppe comme de toute ouverture. C'est une simple proéminence, parfois à peine visible. Mais son aspect change bien vite ; il grandit, se mamelonne et se présente bientôt sous la forme d'un cône, ainsi que nous en voyons cinq se profiler dans la figure 229. Ce cône c'est la *nucelle* ou

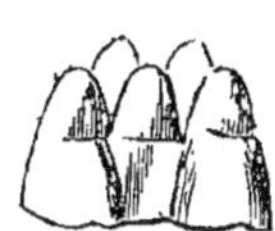

Fig. 229. — Ovules naissants de Concombre.

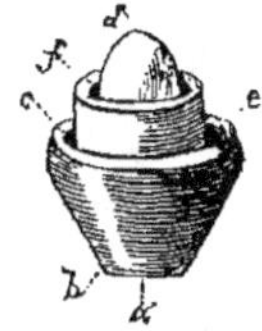

Fig. 230. — *a,* hile ; *b,* primine ; *c,* secondine ; *d,* nucelle ; *e,* ouverture de la primine ou micropyle extérieur ; *f,* ouverture de la secondine ou micropyle intérieur.

petit noyau vital dans les tissus microscopiques duquel se cache le germe futur qui, après avoir été fécondé, passera dès lors à la dignité... d'embryon.

Mais tandis que nous causons et faisons des prophéties, notre ovule s'est encore modifié (fig. 230). Ce n'est plus un simple cône nu comme il était tout à l'heure. Voilà qu'il lui pousse une enveloppe, deux enveloppes, et c'est au bas de la première, c'est-à-dire de la plus extérieure, que se rattache le cordon ombilical.

Maintenant, méfiez-vous, voici de la terminologie. L'enveloppe extérieure s'appelle *primine,* l'intérieure *secondine.* Le point d'attache entre la primine et la secondine est la *chalaze.* L'ouverture de la primine se nomme *micropyle extérieur,* celle de la secondine enfin, *micropyle intérieur.*

Je suis cruel, n'est-ce pas, ami lecteur? Que voulez-vous, je ne suis qu'un écho, qu'un faible écho de messieurs les savants. Que deviendriez-vous donc si je vous disais que les noms de primine et de secondine, inventés

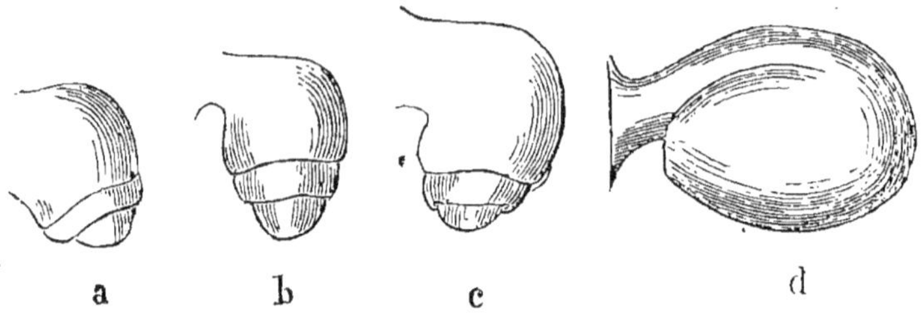

Fig. 231. — Développement de l'ovule de la Chélidoine. *a, b, c,* premiers âges de l'ovule composé de ses deux membranes largement ouvertes et montrant le sommet de la nucelle; *d,* ovule ayant exécuté un demi-mouvement de rotation.

par M. Mirbel, ont été retournés par M. Schleiden, de telle sorte qu'il appelle, lui, premier tégument, la secondine, et second tégument, la primine? Vous voyez qu'avec ces messieurs, il n'est rien de plus facile que de s'entendre. Mais passons. Restons-en à la primine et à la secondine de M. Mirbel, — à moins que vous ne préfériez toutefois que nous inventions quelques autres termes *simplificateurs.*

Bien que la plupart des ovules se présentent avec les deux enveloppes en question, celles-ci n'existent pas toujours. Parfois une seule se présente comme dans le Noyer, les Composées ou les Campanulées, assez souvent aussi la nucelle reste toute nue et constitue à elle seule l'ovule tout entier comme dans l'Asclépiade ou le Chardon.

Quoi qu'il en soit, et sous quelque forme qu'il se présente, notre ovule ne reste pas stationnaire. Lorsqu'il est muni de ses deux enveloppes, la nucelle, en grossissant, s'élève bientôt au-dessus de la secondine, comme celle-ci s'élève au-dessus de la primine, et l'ovule tout entier peut alors se comparer à un gland dont la cupule serait enveloppée à sa base par une cupule supplémentaire. Puis l'aspect de notre organe change encore. La nucelle bientôt dépassée disparaît peu à peu, la primine entourant la secondine s'élève avec elle jusqu'au sommet de l'ovule, la dépasse et forme avec cette dernière, au-dessus de la nucelle, deux petits orifices à peu près concentriques (fig. 232). Ajoutons que l'ovule loin de rester droit — c'est-à-dire disposé de telle sorte que le sommet de la nucelle, la chalaze et le hile puissent être traversés par un même axe rectiligne — se courbe dans certaines espèces (fig. 233) et s'infléchit parfois de telle sorte que le sommet de la nucelle finit par rejoindre le cordon ombilical et par se souder avec lui.

 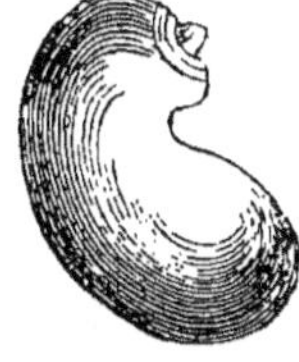

Fig. 232. Fig. 233.

Nucelles presque entièrement recouvertes par la primine et la secondine.

Nous n'avons pas fini. Toutes sortes de modifications s'opèrent encore dans notre organe microscopique; mais tout cela devient si petit, si insaisissable, qu'il a bien fallu, en vérité, toute la merveilleuse habileté des observvateurs qui ont découvert ces métamorphoses pour pouvoir arriver à les formuler d'une manière quelconque.

Vôici donc que, tandis que l'ovule s'accroît encore, une cavité se creuse dans l'intérieur de la nucelle qui, formant dès lors une sorte de sac, reçoit le nom de *tercine* et dans cette tercine apparaît une quatrième et dernière cavité ; celle-ci, c'est le *sac embryonnaire* auquel nous reviendrons tout à l'heure, dans le chapitre de la fécondation.

Arrêtons-nous ici et respirons un instant, — ou plutôt, non, ne respirons pas et terminons par quelques lignes de morphologie. Au milieu de ce fouillis de termes plus ou moins barbares et de ces longues descriptions que j'eusse voulu pouvoir rendre plus claires, êtes-vous parvenu, cher lecteur ou lectrice, à vous faire une idée nette de ce que peut bien être cet ovule au point de vue morphologique?... Ne répondez pas, par égard pour votre amour-propre, et écoutez M. Auguste de Saint-Hilaire.

L'ovule n'est pas autre chose qu'une branche en miniature composée de son axe et d'organes appendiculaires. Cet axe ou tige c'est le placenta, ces organes appendiculaires ou rameaux ce sont les ovules. Tantôt des feuilles naissent de la base même du rameau, ce sont des ovules sessiles ; tantôt la jeune branche offre un intervalle quelconque entre le point où elle prend naissance et les premiers appendices, c'est l'ovule porté par le cordon ombilical. La primine et la secondine sont les organes appendiculaires du jeune rameau, le point où l'axe de l'ovule produit la première gaine c'est le hile.

celui d'où naît la seconde c'est la chalaze [1], et la nucelle enfin, aux premières heures de sa formation, représente l'extrémité de l'axe floral et rappelle tel organe florifère qui dans le Gouet, par exemple, se prolonge en spadice ou colonnette obtuse... mais là s'arrêtent les analogies. Notre nucelle en effet se creuse, son tissu s'organise, et dans l'intérieur de sa cavité créatrice apparaît l'embryon, trésor de vie future, mystérieux dépositaire des destinées entières du végétal qu'il représente et perpétue.

89.

Nous voici parvenus au grand mystère — le mystère de la fécondation. Notre plante a germé, elle a poussé, elle a fleuri; ses pétales se sont étalés au grand soleil, elle a doucement frémi sous la brise qui s'est parfumée de ses aromes; pendant quelques jours, tout au moins pendant quelques heures, elle a joui de la vie suprême, sorte d'idéal après lequel elle soupirait et dont elle rêvait sans doute alors que, toute verte encore, elle sommeillait au milieu d'obscurs tressaillements. Aussi quelles énergies nous voyons se manifester en elle! Enfiévrée de vie exubérante, elle exhale ses parfums avec une inconcevable prodigalité; elle s'exalte, s'échauffe même matériellement, on le sait, et ses étamines agitées par des mouve-

---

1. En supposant un instant que le calyce et la corolle constituent chacun un seul organe appendiculaire, l'on pourrait, par analogie, appeler hile le point d'attache du pédoncule avec le calyce, et chalaze, le point de jonction qui réunit le calyce à la corolle.

ments spasmodiques se sont redressées et rapprochées du pistil livrant aux vents et aux insectes la poussière odorante et colorée dont leurs petites feuilles polliniques étaient remplies.

Mais attendez, ne voilà-t-il pas quelques granules qui sont tombés sur le stigmate. Prenons bien vite notre loupe… Hélas! elle est impuissante. Notre microscope lui-même ne saurait tout nous révéler.

Toutefois étudions ce qui va se passer; mais soyons circonspects, car, je vous le dis franchement, les difficultés abondent. Et d'abord faisons un peu d'histoire; c'est bien le moins que nous disions quelques mots sur l'état de la question importante et complexe entre toutes que nous avons entrepris d'étudier ici avec vous.

Les anciens naturalistes ignorèrent pendant fort longtemps le véritable rôle des organes de la fleur dans l'acte de la fructification. Les idées furent d'abord très-confuses. Hérodote, le premier, parle d'une sorte de fécondation artificielle que l'on pratiquait sur les Palmiers. Après lui c'est Théophraste et postérieurement encore Pline, qui émettent sur le même sujet obscur quelques timides hypothèses. Puis viennent les poëtes qui, sans trop savoir au juste ce qu'ils disent, chantent les amours des fleurs. Malpighi lui-même, qui vécut au xviie siècle, n'eut que des notions inexactes sur la fécondation des végétaux. Ce ne fut qu'à la fin du même siècle, en 1682, que Grew parla du véritable rôle du pollen — et encore, en fut-il bien convaincu?

Toutefois, c'est de cette époque que date l'adoption à peu près officielle d'une sorte de *sexualité* végétale qui, professée par Camérarius, chantée par Lacroix, reconnue

par Tremblay, niée par Tournefort et patiemment constatée par Conrad Sprengel [1], fut enfin solidement établie
par Linnée qui, sur cette nouvelle donnée scientifique, vainement contestée depuis par quelques physiologistes, fit
reposer son système tout entier en 1737. Parmi les protestations diverses contre cette manière de voir, parlerons-
nous de celles de Spallanzani (1770), de Schelver (1812),
de Henschel (1820), de Turpin, de Leeuwenhoeck, de
Morland, de Geoffroy, de Needham, de Kœlreuter et de
Gærtner? Non. Arrivons bien vite à l'époque moderne
qu'ouvre brillamment la découverte du tube pollinique
faite par le célèbre Amici et confirmée par MM. Ad. Brongniart et Rob. Brown.

Mais vous croyez peut-être que nous allons trouver
paix et harmonie parmi nos contemporains? Erreur,
erreur, et que vous connaissez peu les savants pour avoir
de semblables opinions! MM. Agardh, Horkel, Schleiden,
Wydler, Endlicher, Unger et Schacht d'un côté, Amici,
Hugo de Mohl, Müller et Hofmeister de l'autre, recommencent ou plutôt perpétuent l'éternelle querelle : les
premiers affirmant plus ou moins, et avec des nuances
diverses, que les grains de pollen loin de féconder l'ovaire
ne sont que des embryons germant sur le stigmate; les

1. Vers l'époque où Spallanzani combattait la doctrine de Linnée,
Conrad Sprengel cherchait à la confirmer par ses observations sur le
rôle que les insectes jouent dans la fécondation des végétaux. Ce patient observateur se rendait seul dans la campagne et, silencieux, immobile, couché au pied d'une plante, pendant des heures, pendant des
demi-journées entières quelquefois, il épiait l'instant où l'insecte se
posait sur la fleur et y déposait les grains de pollen dont il était chargé,
en même temps qu'il cherchait à y compléter sa petite provision de
nectar.

seconds insistant sur le phénomène de la fécondation de l'ovule par le contact du tube pollinique...

Mais nous voilà lancé en pleine discussion et vous éclaboussant de termes plus ou moins barbares, tout comme si nous avions l'honneur de nous appeler Schleiden, Schacht ou Hofmeister; — modérons-nous donc et reprenons la question au début.

Nous savons déjà ce que sont les étamines, essentiellement composées d'anthères supportées ou non par les filets et renfermant le pollen. Ce pollen, nous le savons également, se compose de grains microscopiques que recouvrent deux membranes superposées : la première, c'est-à-dire l'extérieure, habituellement ponctuée, rayée, plissée, granulée ou papillée, parfois même épineuse, la seconde, c'est-à-dire l'interne, toujours douée de la même structure dans tous les pollens, complétement homogène, très-mince et d'une transparence parfaite. Placés dans l'eau, ces granules polliniques se gonflent et émettent, lorsqu'ils n'éclatent pas tout d'abord, un ou plusieurs tubes remplis d'un liquide, la fovilla, où s'agitent des corpuscules (fig. 197).

Répéterons-nous de même ce qu'est le stigmate ou tête de pistil, habituellement muni de glandes humides, parfois même de duvet ou de plumes pour retenir le pollen ; ce qu'est le style, appelé aussi tissu conducteur, dont la mission est d'établir une communication entre le stigmate et les ovules pour y conduire le boyau pollinique ; ce qu'est enfin l'ovule où se formera le germe de la plante future ? Non, nous savons tout cela.

Passons donc et abordons résolûment le problème. Trois périodes distinctes et consécutives constituent dans sa généralité le phénomène de la fécondation. La première comprend les changements qui se font dans la fleur au moment où la fécondation va s'opérer; — ce sont les phénomènes préparatoires. Dans la seconde se trouvent réunis les phénomènes essentiels, c'est-à-dire l'action du pollen sur les ovules. Enfin la troisième embrasse les transformations qui se manifestent dans les organes après la fécondation; — ce sont les phénomènes consécutifs.

La fécondation s'opère habituellement au moment de l'épanouissement lui-même. Débarrassés de l'entrave du calyce ou se libérant de leurs propres contractions, les pétales s'entr'ouvrent, s'étalent, s'étirent, pour ainsi dire, comme les ailes encore humides et chiffonnées du papillon qui vient de briser sa chrysalide. L'on voit les étamines se raffermir, se redresser, s'allonger, ouvrir les pochettes de leurs anthères et répandre parfois comme un petit nuage de pollen qui enveloppe le stigmate, la fleur tout entière, puis s'en va souvent bien loin emporté par les brises tièdes.

Ne les suivons pas, restons ici. Voici le phénomène qui commence. Par suite de mouvements étranges, quelquefois rapides et soudains comme les impulsions que la passion provoque, les étamines et les pistils se sont rapprochés, s'inclinant ou se redressant selon que l'exigeaient les circonstances et leurs positions respectives[1]. Les stigmates se tuméfient, sécrètent un liquide visqueux qui les

---

1. Les mouvements des organes floraux sont extrêmement variés. Dans les Sauges ils sont déterminés par une sorte de bascule des plus extraordinaires. L'une des extrémités de l'anthère qui est très-allongée est transformée en glande mellifère, tandis que l'autre, de forme normale, est remplie de pollen; lorsque par une cause quelconque, la

rend plus aptes à retenir les grains du pollen que le vent sans cela disperserait trop vite, les étamines semblent frémir sous les pulsations d'une ardeur inexplicable qui, s'emparant de l'inflorescence tout entière, en métamorphose à ce point la nature, les fonctions et les conditions chimiques, que l'on voit cette tête florale qui jusqu'ici décomposant de l'air, de l'eau et de l'acide carbonique empruntés à l'atmosphère, avait exhalé de l'oxygène, on la voit, dis-je, ou plutôt on la sent expirer de l'acide carbonique et trahir son agitation anormale par une production de chaleur quelquefois très-élevée[1].

Brûlant foyer d'une exaltation et d'une vie parvenues à leur plus haut degré d'intensité, la plante semble à ces heures vouloir échapper à sa froideur végétative pour participer, ne fût-ce qu'un instant, aux douloureux priviléges des créatures du règne supérieur que consume la passion, qu'enfièvre le délire.

visite d'un insecte, par exemple, ou la simple évaporation, l'anthère visqueuse a été démunie des sucs qui faisaient équilibre au pollen, l'appareil chavire et l'anthère pollinique vient tomber sur le stigmate. Dans le Physogéton de la mer Caspienne, l'étamine se dilate en une petite vessie qui se remplit puis l'entraîne par son poids vers le stigmate; dans certaines Orchidées enfin, les étamines lancent leurs masses polliniques jusqu'à un mètre de distance.

1. Dutrochet a trouvé dans l'Arum maculatum 12 degrés au-dessus de l'atmosphère environnante; Gœppert, 14 degrés dans l'Arum dracunculus, et Bergsma, plus de 22 dans la Colocasia odorata.

D'autre part, M. Dunal a prouvé, la balance à la main, que par suite de tout l'oxygène absorbé par l'inflorescence et tout particulièrement par les étamines, il se brûle de nombreux matériaux organiques pendant la floraison. Il a trouvé, par exemple, que 70 grammes d'une pâte formée avant la fécondation par les appendices du spadice de l'Arum d'Italie ont donné 3 grammes de fécule, tandis que les mêmes organes traités après la fécondation n'en ont plus fourni que 25 centigrammes.

Mais la première phase est passée, voici les phénomènes essentiels qui se manifestent. A peine les grains de
pollen retenus par le liquide visqueux
du stigmate ont-ils subi l'influence de
l'humidité, qu'ils se gonflent, changent
parfois de forme, passant de l'ellipse à
la sphère, et au bout d'un temps plus
ou moins long — de quelques heures
pour certaines espèces, de quelques jours
pour d'autres — l'on voit de chaque grain
sortir un appendice, un filament (quelquefois plusieurs) qui pousse et s'allonge, c'est le tube pollinique (fig. 234).
Ce tube, attiré, sollicité par... — par quoi?
c'est là ce qu'on ignore, — pénètre dans le
tissu du stigmate, s'insinue au milieu de

Fig. 234. — Tubes
polliniques s'allon-
geant dans le tissu
du stigmate et se
dirigeant vers les
ovules.

ses cellules lâches, s'allonge comme une racine, descend le long du style et arrive jusqu'aux ovules.

Tout le long de cet ouvrage nous avons parlé de mystères, mais c'est ici que se cache le plus important et de
tous le plus impénétrable. Que se passe-t-il alors dans ce
dernier et profond sanctuaire? Quelles énergies se révèlent, quelles vertus émanent de ces microscopiques, mais
puissantes molécules d'où jaillit la vie, quel miracle s'o-
père par suite de la rencontre de la première cellule du
tube pollinique avec cette autre cellule de l'ovule qui à
ce contact est devenue créatrice? — Autant de questions
à jamais insolubles.

Tout ce que l'on peut dire, c'est qu'à travers les ouvertures des deux enveloppes qui entourent la nucelle

pénètre l'extrémité des tubes du pollen (fig. 235). Dans cette nucelle, vous le savez, s'était déjà formée une cavité. Cette cavité ou sac embryonnaire est le dernier creuset où va se former la vésicule qui sera graine puis plante à son tour. Mais que se passe-t-il quand le tube pollinique a franchi l'entrée de l'ovule?... Là s'arrêtent les observations des plus habiles expérimentateurs — et certes il en est d'habiles. Au travers des utricules de la nucelle, les

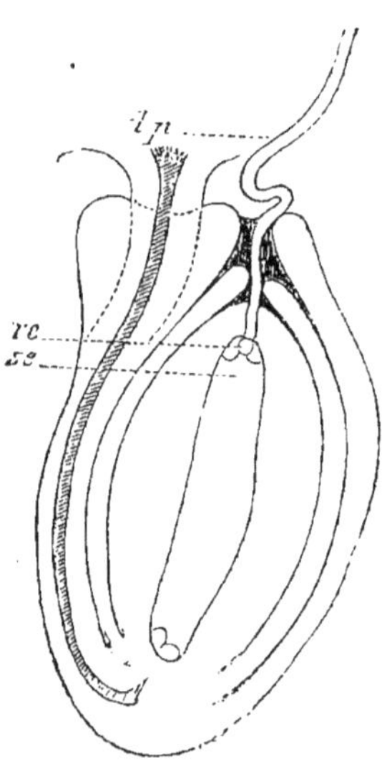

Fig 235. — Coupe d'un ovule de Pensée. — *t p*, tube pollinique qui, à travers le micropyle, se prolonge jusqu'aux vésicules embryonnaires *v e* que contient le sac embryonnaire *s e*.

tubes polliniques parviennent à la paroi extérieure du sac embryonnaire, puis s'arrêtent ou du moins paraissent s'arrêter et agir par simple contact. Ce qu'il y a de certain, c'est que dès lors le miracle est accompli, car l'on voit s'organiser, en masse utriculaire d'abord, puis en embryon de formation nouvelle, le liquide dont était remplie la vésicule embryonnaire.

Quoi qu'il en soit, inclinons-nous devant le grand œuvre de la création. C'est là que tout vient aboutir et que se résument les énergies génératrices. Tout est là, tout était pour cela. C'est pour cette minute , pour cet éclair, que la plante a lentement germé, lentement poussé, lentement fleuri. — Qu'importe, si cet éclair contient l'avenir ?

Il est des végétaux qui mettent des années pour parvenir à l'heure suprême. Ne vous rappelez-vous plus cet Agavé dont de Candolle raconte l'histoire. Depuis plus de cent ans, il était au Jardin des Plantes, croissant avec une lenteur extraordinaire, puis tout à coup, c'était en 1793, il s'élance, émet en quelques jours une énorme grappe florale, s'échauffe, s'enfièvre et fleurit. Il fleurit ! — Eh bien, pendant un siècle il avait sourdement rêvé de ce lointain idéal.

Le trajet des tubes polliniques à travers le tissu conducteur du style s'opère avec une vitesse très-variable. Dans la Colchique, dit M. Hofmeister, cité par M. Fournier[1], auquel nous empruntons les principaux éléments de ce chapitre, le tube pollinique existe à l'automne et n'opère la fécondation qu'à la fin de l'hiver suivant. Dans le Charme et le Noisetier, le pollen déposé en février n'opère la fécondation qu'en juin. Il est des végétaux même où le pollen est lancé par les anthères avant que les ovules soient développés, et enfin, tandis que six ou sept heures suffisent pour la fécondation des Graminées, il ne faut pas moins d'une année dans les Conifères pour que le pollen arrive en contact avec le sac embryonnaire.

1. *De la fécondation dans les Phanérogames. 1863.*

Le tube pollinique émis dans le tissu conducteur se présente sous la forme d'une cavité circonscrite par une membrane allongée, à double contour, et contenant un liquide ordinairement jaunâtre, la fovilla, où s'agitent, on le sait, d'innombrables corpuscules, les uns simplement huileux, les autres formés, selon quelques observateurs, par des matières azotées. Ce qu'il y a d'étonnant, c'est que les mouvements de ces corpuscules se ralentissent d'autant plus que les tubes polliniques se rapprochent des ovules et qu'ils cessent complétement au moment où s'opère le contact.

Le diamètre des tubes polliniques offre d'assez grandes variations. Ceux des Véroniques se distinguent par leur ténacité ainsi que par leur grosseur relative qui varie, comme le fil du ver à soie, entre huit et douze millièmes de millimètre. La grosseur habituelle des tubes polliniques ne s'éloigne guère de quatre millièmes de millimètre. Ces tubes subissent d'assez importantes modifications dans leur trajet à travers les tissus conducteurs. L'on voit, à mesure qu'ils descendent, la matière qu'ils contiennent se rassembler à leur partie inférieure, tandis que la partie supérieure se vide et parfois même se désorganise assez rapidement ou tombe avec le style dans lequel elle était renfermée. Mais ce qu'il y a surtout de remarquable dans la nature même des tubes polliniques, c'est la prodigieuse élasticité de leur tissu si frêle. Lorsque le style est long, et ce cas se présente en particulier dans la Digitale pourprée, M. Tulasne a calculé que le tube représente par son allongement plus de onze cents fois le diamètre du grain de pollen d'où il est sorti.

Alors que, par suite de cet allongement, le tube s'est

rapproché de l'ovule, un fort curieux phénomène s'opère dans certaines plantes. Impatiente au point de ne pouvoir attendre l'arrivée de ce tube trop lent à descendre, l'on voit la nucelle elle-même qui fait saillie hors de l'ovule et s'avance ainsi à la rencontre du filament tant désiré. C'est quelquefois le sac embryonnaire lui-même ou les vésicules qu'il contient qui témoignent de leur impatience ; toutes s'élancent au-devant de celui qui leur porte la vie.

Le tube, à son tour, — dont l'indifférence en pareille circonstance serait, il faut bien l'avouer, d'un parfait mauvais goût — manifeste l'entraînement qu'il éprouve en s'épatant, en s'élargissant à son extrémité, pour amplifier l'étendue de la surface d'adhérence, heureux quand refoulant dans son enthousiasme la paroi du sac embryonnaire, il ne s'en coiffe pas comme d'un capuchon.

Toujours est-il que le contact s'opère et qu'il s'opère dans certains cas avec une telle énergie, qu'il s'établit entre le tube pollinique et le sac embryonnaire une adhérence qu'on ne peut détruire que par le déchirement de l'un des organes.

Et c'est par cette adhérence que la fécondation a lieu, fécondation d'autant plus mystérieuse qu'elle se fait quelquefois à distance. Oui, à distance !

« Il n'est pas nécessaire que le tube pollinique se mette en contact avec les surfaces auxquelles sont immédiatement rattachées les vésicules embryonnaires. » Qui dit cela ? M. Hofmeister, l'une des plus grandes autorités aujourd'hui dans les questions de physiologie et de botanique expérimentales.

C'est là le comble, il faut bien le reconnaître, de l'invraisemblance et de l'improbabilité. Alors même qu'il serait prouvé que la fécondation ne peut avoir lieu et n'a lieu en réalité que par la pénétration complète et moléculaire des vésicules embryonnaires par la fovilla, il serait encore fort difficile d'expliquer le *comment* d'un aussi étrange phénomène; à combien plus forte raison est-il impossible de le comprendre, lorsque les observateurs les plus habiles viennent nous affirmer que cette magique fovilla accomplit quelquefois le miracle sans pénétration apparente, sans même un contact immédiat.

Maintenant ne s'insinue-t-elle pas par endosmose au travers de la double paroi du tube pollinique et du sac embryonnaire? Peut-être, mais qu'importe? La question entière demeure, le problème obscur subsiste et le phénomène inexplicable reste caché dans les profondeurs de cet ovule qui bien longtemps encore, qui toujours peut-être, gardera impénétrable le secret de ses admirables procréations.

<h2 style="text-align:center">90.</h2>

Poursuivons et voyons ce que va maintenant devenir notre embryon nouveau-né. La vésicule embryonnaire attachée à son suspenseur commence par se renfler, puis, d'oblongue qu'elle était, devient insensiblement globuleuse (fig. 236). Elle est remplie d'un liquide contenant une grande quantité de matière granuleuse dans l'intérieur de laquelle l'on voit, peu de temps après la fécondation, se développer une cloison longitudinale qui partage en deux moitiés l'utricule embryonnaire. Bientôt chacune de ces moitiés se partage en deux autres, qui à leur tour subissent de semblables divisions, si bien qu'au bout de peu de temps l'intérieur de la vésicule se transforme en une

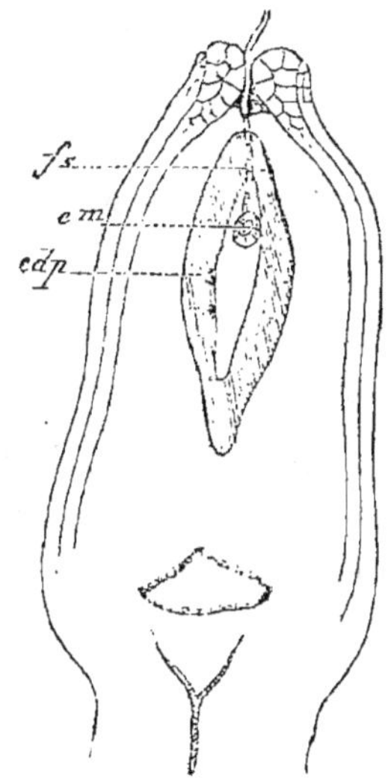

Fig. 236. — Coupe longitudinale d'un ovule de Polygonum. — *e m*, embryon naissant ; *f s*, fil suspenseur ; *e d p*, enveloppe de la graine future ou sac embryonnaire.

petite masse de tissu cellulaire dont chaque utricule contient un petit noyau ou *nucléus*. Eh bien, c'est cette masse de tissu qui, peu à peu, constitue l'embryon de formation nouvelle.

Dans une certaine classe de végétaux incomplets (Acotylédonés), l'embryon demeure amorphe, c'est-à-dire sans forme et sans organisation distincte, mais le plus souvent, au contraire, la masse celluleuse s'organise. En même temps que son extrémité supérieure s'allonge et prépare ce qui plus tard s'appellera radicule, l'extrémité opposée tantôt se renfle en saillie unique qui formera un seul cotylédon dans les Monocotylédonés, tantôt s'échancre et se formule en deux lobes épais qui seront les deux cotylédons du grand embranchement des Dicotylédonés.

Les deux membranes qui recouvraient la nucelle, c'est-à-dire la primine et la secondine se sont, pendant ces diverses métamorphoses, allongées, distendues et amincies. Dans un grand nombre de cas, elles se soudent en une membrane unique formant l'enveloppe même de la graine, en même temps que les deux ouvertures qu'elles offraient à leur sommet, et par lesquelles s'est introduit le tube pollinique, se resserrent, se contractent et ne forment plus, dans les graines parvenues à leur maturité, qu'une ouverture ponctiforme, c'est-à-dire qu'un simple point que l'on nomme comme autrefois micropyle.

91.

La fécondation végétale, ce phénomène déjà si complexe en lui-même le devient encore davantage, et cela très-fréquemment, par suite des diverses situations qu'occupent les organes que, par assimilation avec le règne animal, l'on appelle sexuels en botanique.

Habituellement les fleurs sont *hermaphrodites,* c'est-à-dire qu'elles renferment à la fois des étamines et un ou plusieurs pistils d'où le nom plus clair de *stamino-pistil-lées.* Dans ce cas, le plus normal de tous, la fécondation se fait d'une façon toute naturelle ; mais quelquefois les fleurs sont *monoïques,* c'est-à-dire que sur un même pied certaines fleurs sont uniquement *staminées,* tandis que les autres ne sont que *pistillées,* et d'autres fois, enfin, les plantes sont *dioïques,* c'est-à-dire que certains pieds n'ont que des fleurs à étamines, tandis que certains autres ne possèdent que des fleurs à pistil.

Vous voyez d'ici quelles difficultés nombreuses peuvent surgir d'aussi bizarres dispositions, et il ne faut rien moins, en vérité, que les nombreuses ressources dont dispose la nature, pour surmonter tous les obstacles qu'enregistre la physiologie végétale. Cette nature ingénieuse, prévoyante, providentielle, met donc tout en réquisition, les hommes, les grands animaux, les oiseaux, les insectes, tout jusqu'aux vents eux-mêmes, témoin ces Dattiers et ces Pistachiers dioïques dont le pollen s'envole au loin par delà plaines et fleuves, s'en allant sur « l'aile des zéphyrs, » vieux style, féconder à des lieues de distance d'autre Dattiers et d'autres Pistachiers qui n'ont que des pistils.

Et encore si c'était tout. Mais cette nature inépuisable, non contente d'obvier aux difficultés naturelles, semble se plaire à en inventer d'imprévues et fait pour ainsi dire du luxe de complication. Qu'on en juge par ce fait que la plupart des fécondations sont *indirectes,* c'est-à-dire croisées. — Expliquons-nous plus clairement.

L'un des botanistes modernes qui ont le plus insisté sur ce phénomène remarquable est M. Lecoq, déjà cité dans les pages qui précèdent. Il a fait voir, dans une

15.

publication récente, que dans une même fleur c'est presque une exception de voir s'opérer directement la fécondation du pistil par le pollen des étamines qui l'entourent, mais que c'est, au contraire, le pollen des fleurs voisines, parfois même celui de fleurs plus ou moins éloignées qui, porté par un intermédiaire quelconque, semble obéir à cette grande loi des croisements dont l'application parait indispensable dans les deux règnes organiques.

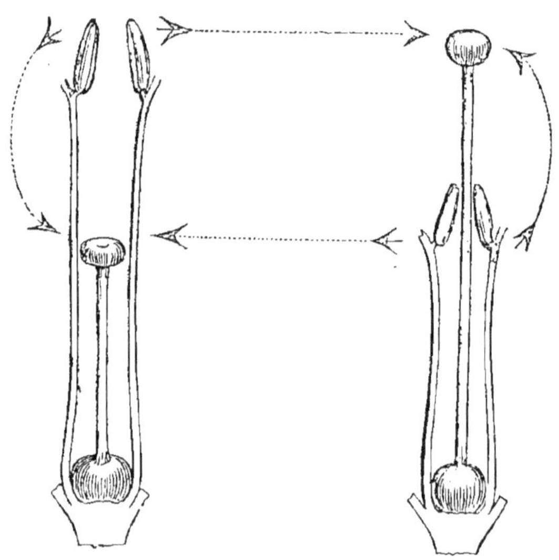

Fig. 237. — Fécondation croisée.
(Les flèches indiquent la direction du pollen.)

A ce fait, dont la science a constaté non-seulement la réalité mais encore la fréquence, M. Lecoq reconnait deux causes : la première est la position des organes qui fort souvent rend impossible tout moyen de communication, la seconde est l'inégalité d'aptitude, en ce sens que le stigmate et les étamines ne sont pas mûrs en même temps.

C'était donc le cas ou jamais, on le voit, de recourir à l'obligeance de complaisants messagers, et c'est chose charmante de songer que la brise qui passe, que l'abeille diligente et vertueuse qui certes est bien loin de se douter du rôle qu'elle remplit, que le papillonnant colibri dans ses évolutions rapides au-dessus des corolles entr'ouvertes portent de l'une à l'autre cette poussière pollinique qui donne la vie, ces messages silencieux et discrets.

Sans y mettre autant de poésie, l'homme s'est également fait un organe de fécondation artificielle. Nous voulons parler de l'opération qui, en Algérie et dans tout l'Orient, se pratique dans les plantations de Dattiers. En Égypte, dit M. Fournier, elle a lieu en février ou en mars. Les spathes staminées sont fendues au moment où une sorte de crépitation qu'elles produisent sous le doigt qui les presse indique la maturité du pollen. La grappe est alors divisée par fragments portant chacun sept ou huit fleurs. Un ouvrier en remplit le capuchon de son burnous, puis s'appuyant sur un cercle de corde embrassant à la fois son corps et le tronc d'arbre — corde que, par un mouvement particulier, il élève au fur et mesure qu'il monte — il grimpe ainsi avec une agilité merveilleuse jusqu'au sommet du Dattier qu'il s'agit de féconder, se glisse avec adresse entre les pétioles des feuilles dont les aiguillons forts et acérés rendent cette opération fort dangereuse, et après avoir fendu avec un couteau la spathe pistillée, il y insinue l'un des fragments staminés qu'il a emportés avec lui. Quelquefois même on lie l'extrémité de ces spathes momentanément entr'ouvertes.

Une circonstance qui facilite les fécondations artificielles de toutes natures, c'est la possibilité que l'on a de conserver le pollen pendant un certain temps sans qu'il perde ses propriétés fécondantes. Linnée a conservé pendant six semaines le pollen d'un Jatropha urens, puis s'en est servi avec un succès complet. M. Haquin de Liége a fécondé des Azalées avec du pollen de quarante-deux jours, des Lis avec du pollen de quarante-huit, des Camellias avec du pollen de soixante-cinq, et enfin M. Faivre a employé avec un succès inattendu du pollen de Gesneria recueilli dix-huit mois auparavant.

<h1 style="text-align:center">92.</h1>

Ici, ouvrons une parenthèse et parlons d'une question délicate et curieuse entre toutes, il s'agit de *Parthénogénèse.*

— Encore un mot barbare et toujours du grec !

— C'est vrai, mais rassurez-vous; nous en serons quittes, comme toujours, par une petite définition. Parthénogénèse signifie donc création sans fécondation préalable, et la question, en effet, a été ainsi posée par quelques physiologistes de nos jours : la fécondation est-elle toujours nécessaire pour déterminer la formation d'un embryon? Question grave autant que difficile à résoudre.

Dès 1694, Camérarius s'étonnait d'avoir vu fructifier des Chanvres pistillés entièrement séparés des pieds à fleurs staminées. Toutefois de nombreuses expériences furent faites et les doutes étaient entièrement dissipés, lorsque Spallanzani vint tout remettre en question. A diverses reprises, il avait isolé des individus pistillés d'Épinard et de Chanvre et avait recueilli des semences fécondes. On lui objecta que des grains de pollen pouvaient avoir été transportés par le vent, par des insectes, par un intermédiaire quelconque : alors que fit-il? En plein hiver, il éleva dans une serre chaude des pieds de Melons d'eau, il en retrancha soigneusement toutes les fleurs staminées... et cette fois encore, il recueillit des fruits mûrs et des graines fertiles.

Pour le coup le problème se compliquait et la divulgation de ce fait dans le monde savant produisit une immense sensation. Deux camps se formèrent alors, et un assez grand nombre de botanistes prirent fait et cause pour le phénomène de la parthénogénèse. Il est si agréable pour les esprits hardis de pouvoir de temps à autre s'affranchir de la monotonie des lois *immuables,* puis, c'est un petit scandale dans le monde scientifique, et il est si plaisant de voir alors quelle figure font les Académies — toujours conservatrices — en présence de faits qui jettent le désarroi, ne fût-ce que momentanément, dans la béate placidité de leurs convictions traditionnelles.

On se passionna donc. Les débats s'envenimèrent. Les observations furent reprises, recommencées, modifiées de cent façons et les doutes subsistaient toujours. En 1815 et en 1820, M. Lecoq fit des expériences multiples sur le Chanvre, l'Épinard, la Mercuriale et diverses autres plantes, et toutes, à l'exception de deux, produisirent des graines fertiles.

Ce n'est pas tout. La question déjà terriblement complexe le devient bien davantage encore. Un phénomène

plus merveilleux que tous les autres fut offert par la Cœlebogyne à feuilles de Houx, Euphorbiacée d'Australie que
fit connaître M. John Smith. Cette plante, en effet, est dioïque, c'est-à-dire que certains pieds n'ont que des fleurs
staminées et les autres rien que des fleurs pistillées. Or le
seul échantillon staminé que l'on ait jamais connu a été
recueilli par Cunningham, et se trouve dans l'herbier de
M. Hooker. Des pieds pistillés sont cultivés en Angleterre,
à Berlin et à Paris. Ils n'ont jamais présenté de fleurs staminées, ce qui n'empêche pas que depuis 1829, en Angleterre, l'on recueille chaque année de bonnes graines
fertiles d'où sont nées d'autres pieds à fleurs pistillées.

Ce fait extraordinaire, dûment constaté et vérifié de
plusieurs façons, servit à M. A. Braun, dans le trente-
deuxième congrès des naturalistes allemands tenu à Vienne
en 1856, pour édifier complétement la théorie nouvelle
de la parthénogénèse dans la discussion de laquelle nous
trouvons les plus grands noms : MM. Naudin, Decaisne,
Thuret, Seemann, Ch. Robin, etc. L'on fit des allusions,
des rapprochements. L'on se fonda en particulier sur des
phénomènes analogues observés dans le règne animal sur
les Psychés, les Abeilles, les Pucerons, les Bombyx et
certains Mollusques.

Tout allait donc pour le mieux dans la plus constatée
des théories possibles, lorsque... on finit par découvrir
un beau jour sur ces plantes à fleurs pistillées, quelques
fleurs staminées qui se faisaient petites, petites, qui se dé-
guisaient même sous des formes anormales, mais qui n'en
étaient pas moins la cause de tout le scandale. — Voyez-
vous ces sournoises qui cachaient des étamines et qui
n'en disaient rien !

Qui fut grandement mystifié dans l'affaire? Ce furent les braves et loyaux défenseurs qui, d'une façon si chevaleresque, avaient pris fait et cause pour toutes ces petites vertus calomniées.

Une fois l'éveil donné, les découvertes se succédèrent rapidement. Après M. Radlkofer, qui avait trouvé un grain de pollen sur le stigmate d'une Cœlebogyne, vinrent MM. Deecke, Baillon, Chatin, Schenk, Regel, et Karsten particulièrement qui constata que les fleurs stamino-pistillées ne sont pas rares sur cette plante. Tous reconnurent des fleurs staminées au milieu de toutes celles que l'on avait crues si parfaitement isolées; la fraude fut ainsi découverte et la théorie de la parthénogénèse, aujourd'hui fort ébranlée, attend pour être remise en honneur la découverte de quelque phénomène inconnu.

93.

Fermons maintenant la parenthèse et reprenons où nous en sommes restés.

Peu de temps après que la fécondation est opérée, il se fait dans la fleur un remarquable déplacement de vitalité. La corolle fraîche jusqu'alors se fane et se décolore. Les pétales se détachent. Les étamines, désormais inutiles, éprouvent un sort pareil. Le stigmate se dessèche. Le pistil lui-même tombe, mais l'ovaire demeure. C'est en lui que se concentre toute vie, en lui que sommeillent les germes des générations futures.

Autour de l'ovaire persiste parfois le calyce, qui l'accompagne et le préserve, dans certains cas, jusqu'à sa complète maturité. Qu'il soit ou non enveloppé d'un calyce, l'ovaire s'accroît, se renfle, épaissit ses tissus; les ovules qu'il renferme se convertissent en graine, et c'est alors que l'ovaire acquiert les caractères propres qui désormais en font un *fruit*.

Le fruit est le véritable but de la plante, en même temps qu'il en est la partie essentielle au point de vue pratique et utilitaire. Dans certains végétaux d'agrément ou de luxe, la fleur est tout; mais chez tous ceux dont le rôle est marqué dans les cadres de l'économie industrielle, c'est le fruit qui importe. Si les corolles du Lis ou du Camellia nous suffisent, que pourrions-nous faire des fleurs du Froment ou de celles de la Vigne?

Botaniquement parlant, le fruit n'est que l'ovaire développé après la fécondation. Cet ovaire n'est pas toujours isolé. Il est des cas où le nom de fruit s'applique, non-seulement à cet ovaire, mais encore à certaines parties de la fleur, telles que le calyce, par exemple, qui, adhérentes à l'ovaire en font partie intégrante; il en est d'autres, où l'on désigne par le nom collectif de fruit certaines agglomérations résultant de plusieurs fleurs d'abord distinctes, mais qui, rapprochées les unes des autres, paraissent se souder entre elles et forment un tout commun, tel que les cônes des Pins et des Sapins, les Figues, les Mûres, etc., etc.

Avant d'aller plus loin, faisons un peu d'anatomie végétale. Le fruit se compose de deux parties : de l'enveloppe extérieure ou *péricarpe* qui, formé de deux mots grecs, signifie autour du fruit, et de ce fruit lui-même, appelé *graine,* qu'enveloppe le péricarpe.

Le péricarpe, c'est l'ovaire.

La graine, c'est l'ovule fécondé.

Le péricarpe étant la partie formée par la paroi de l'ovaire, existe dans tous les fruits. Toutefois, quand ces derniers sont à une seule loge et contiennent une seule graine, le péricarpe est quelquefois d'une si minime épaisseur, qu'il se soude complétement avec la graine. Telle est la mince pellicule du grain de blé qui, enlevée par le frottement de la meule, constitue le résidu appelé son. Le péricarpe offre quelquefois sur l'un des points de sa surface extérieure, le plus souvent vers sa partie la plus élevée, les restes du style ou du stigmate qui, desséchés et durcis, ne rappellent que bien vaguement les délicats organes dont ils remplirent autrefois les fonctions.

Le péricarpe, quelle que soit l'épaisseur de ses parois, se compose, comme la feuille dont il est la dernière métamorphose, de deux feuillets entre lesquels existe une couche celluleuse qui rappelle le parenchyme des organes foliacés. Certes il y a loin des succulents tissus de la pêche ou de l'orange à cette mince membrane verte que recouvre l'épiderme transparent de la feuille ; mais qu'importe à qui sait ce dont est capable la merveilleuse fée Morphologie?

La membrane extérieure ou *épicarpe* est une simple pellicule d'épaisseur variable que l'on enlève avec facilité sur certains fruits succulents tels que la cerise ou la prune, mais c'est, dans d'autres cas, une membrane plus épaisse en laquelle se sont soudés ensemble le calyce et l'épiderme de l'ovaire, ainsi qu'on le remarque dans la groseille ou la grenade. La membrane intérieure ou *endocarpe*, revêt des aspects fort divers; parcheminée dans le pois ou la fève, elle devient parfois dure, ligneuse, osseuse même et prend alors le nom bien connu de *noyau*.

Entre les deux se trouve, nous l'avons déjà dit, l'ancien parenchyme de la feuille; ici, c'est la pulpe fine de la cerise, là les tissus massifs de la courge ou du melon, ailleurs les cellules fondantes de la pomme ou de la poire, partout c'est le *sarcocarpe;* quand on a dit un mot grec on a tout dit — et l'Académie est satisfaite.

Toutefois, prévenons une confusion facile. Il faut bien se garder de confondre avec l'immense majorité des fruits charnus semblables à ceux que nous venons de nommer, certains autres dont la pulpe a une tout autre origine, tels que la mûre et l'ananas où elle n'est que le calyce transformé, le fruit du Genévrier composé d'écailles devenues charnues, la fraise et la figue, enfin, où la pulpe celluleuse n'est pas autre chose que l'organe florifère ou réceptacle devenu succulent et comestible.

Parlerons-nous encore du *trophosperme,* sur lequel sont attachées les graines, du *podosperme* ou de *l'arille* qui en sont le prolongement?

— Non, non, de grâce, c'est assez. Trêve de grec pour un moment!...

— La trêve est accordée.

94.

Quand les fruits sont parvenus à leur maturité complète, le péricarpe s'ouvre généralement et livre passage
aux graines, qui en sortent et se répandent sur le sol. Il

Fig. 238. — Nuculaine
du Lierre.

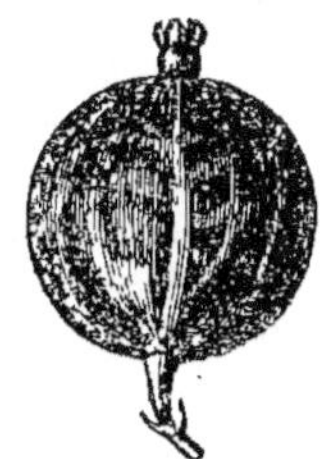

Fig. 239. — Baies du Groseillier.

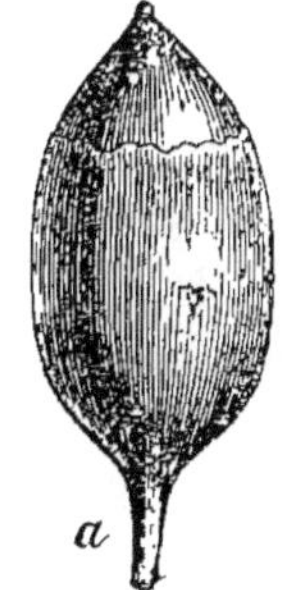

Fig. 240. — Carcérules du Fissilia.
a, fruit entier; *b*, fruit coupé
transversalement.

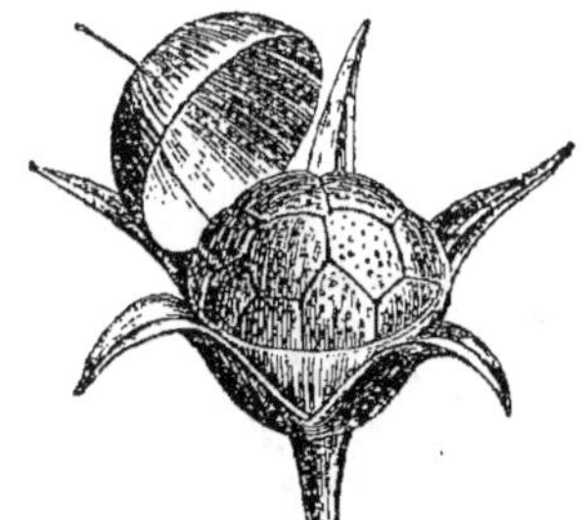

Fig. 241. — Pyxide du Mouron
rouge.

est d'autre part une classe de fruits qui demeurent toujours clos. Les premiers, ceux qui s'ouvrent, s'appellent
déhiscents (pois, haricots, Balsamines, Crucifères, etc.).

Les seconds sont *indéhiscents* (pommes, poires, pêches, Graminées, Composées, etc.).

La déhiscence, c'est-à-dire donc le mode d'ouverture du fruit, se fait de manières diverses. Elle a pour élé-

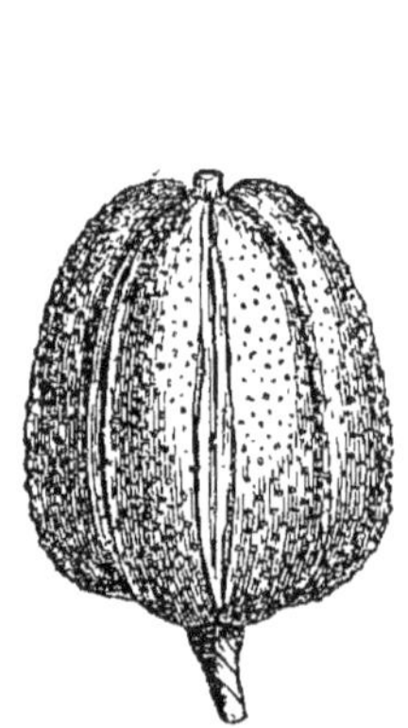

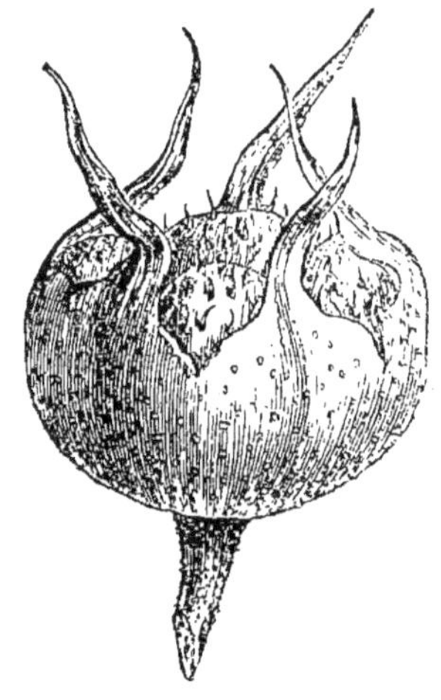

Fig. 242. — Élatério du Ricin.

Fig. 243. — Mélonide du Néflier.

Fig. 244. — Syncarpe
de Renoncule.

Fig. 245. — Capsule
du grand Muflier.

Fig. 246. — Capsule
d'Alsine.

ments ordinaires des pièces ou cosses appelées *valves* qui, par leur rapprochement et leurs sutures constituent l'ensemble du péricarpe. Ces valves existent par quantités

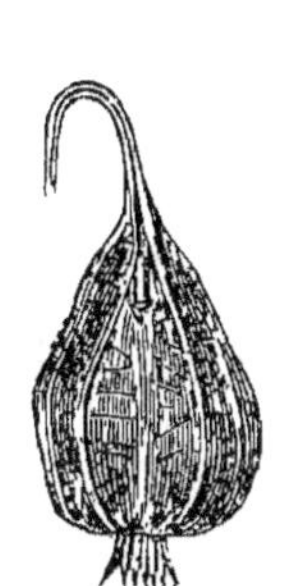

Fig. 247. — Capsule
de Campanule.

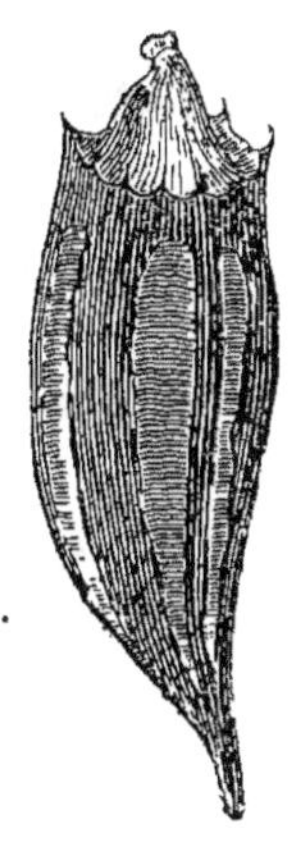

Fig. 248. — Capsule
d'Orchidée.

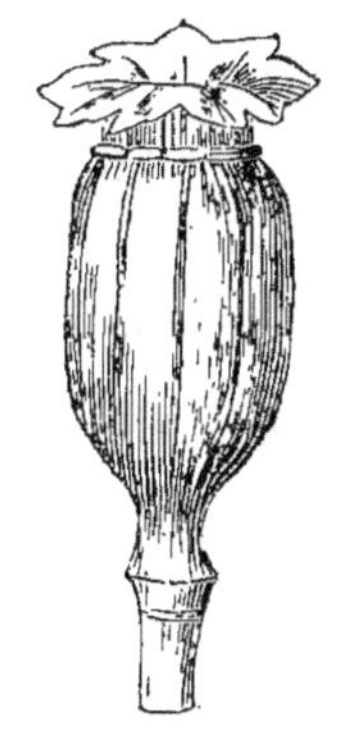

Fig. 249. — Capsule
de Pavot.

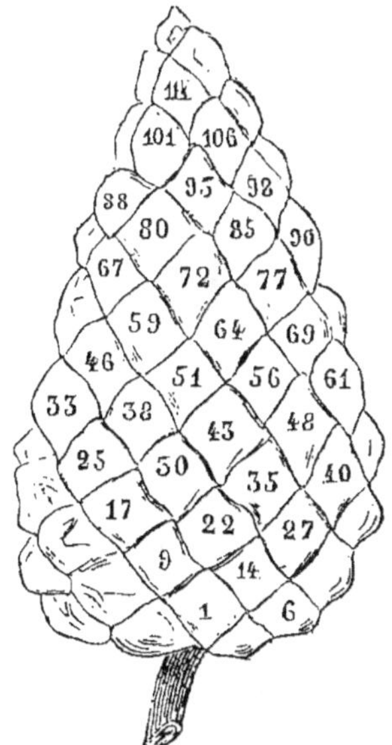

Fig. 250. — Cône de Pin d'Écosse.
(Les numéros indiquent la régularité avec laquelle sont disposées
les écailles.)

fort variables; mais l'on peut toutefois dire d'une manière générale que le péricarpe s'ouvre en autant de valves qu'il y a de loges fructifères composant le pistil. Ainsi le péricarpe du Tabac, qui renferme deux loges, se compose d'un nombre égal de cosses, c'est-à-dire qu'il est *bivalve*. Celui de la Tulipe se compose de trois loges, il est *trivalve*; celui de l'Épilobe est *quadrivalve*, celui du Lin *quinquevalve*, etc.

Les fruits indéhiscents, qui, conservés en un lieu sec, demeureraient indéfiniment fermés, ne s'ouvrent que sous

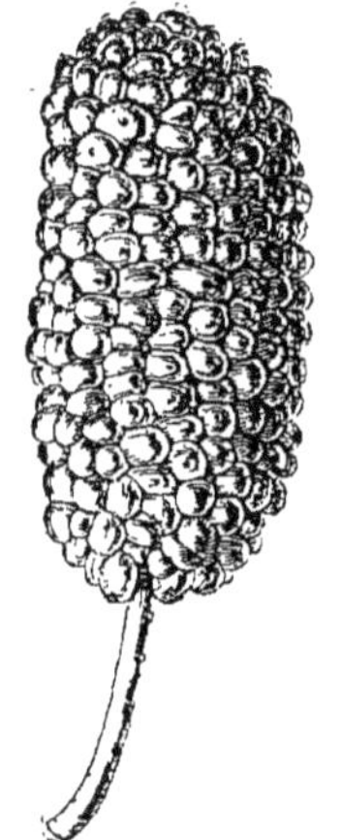

Fig. 251. — Sorose
du Mûrier.

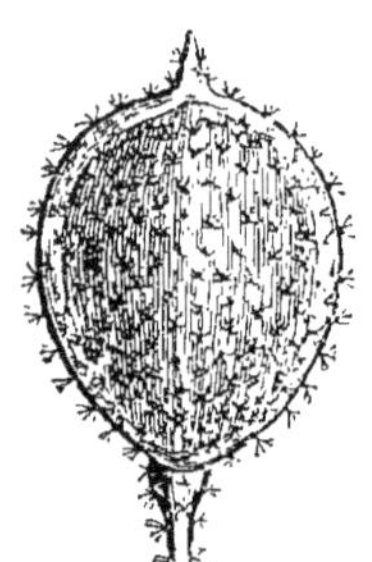

Fig. 252. — Silicules de l'Alysson
champêtre.

la double influence de la chaleur et de l'humidité, deux conditions indispensables pour la germination.

Comme pour les racines, les tiges, les feuilles et les fleurs, nous retrouvons ici ces variétés nombreuses qui témoignent de la richesse de ce beau règne végétal pour lequel sont et demeureront à jamais incomplètes les nomenclatures les plus détaillées et les plus minutieuses descriptions. Citons donc entre beaucoup d'autres espèces

de fruits les dures *caryopses* des Graminées (blé, orge,
riz), les *akènes* de l'Hélianthe ou du Chardon, les *samares*
ailées de l'Orme, de l'Érable ou du Frêne, les *gousses* des
Légumineuses, les *drupes* du Pêcher ou du Cerisier,

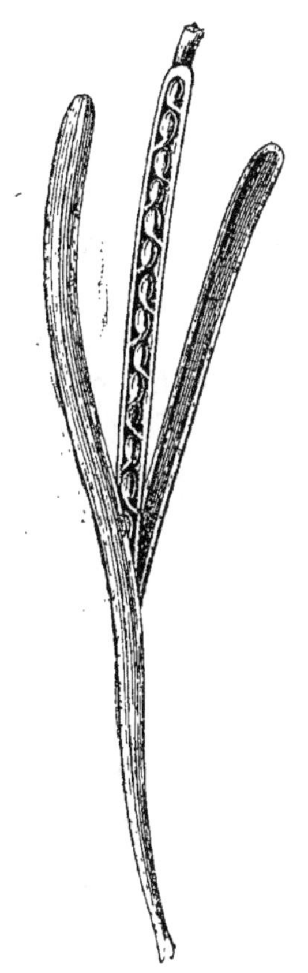

Fig. 253. — Silique de Giroflée
Violier.

Fig. 254. — Gousse de Genet
d'Espagne.

les *noix* de l'Amandier, du Noyer ou du Cocotier, les
glands du Chêne, les *siliques* et les *silicules* des Crucifères,
les *capsules* des Campanulées, les *mélonides* du Pommier

ou du Néflier, les *baies* de la Vigne, du Groseillier ou de la Tomate, les *cônes* du Pin, les *sycônes* du Dorsténia ou du Figuier, etc. (Voy. fig. 238 à 259.)

95.

Après le péricarpe ou plutôt dans ce péricarpe lui-même, que trouvons-nous? La *graine*.

La graine, nous l'avons dit, c'est l'ovule fécondé, l'ovule contenant un embryon, c'est-à-dire un corps orga-

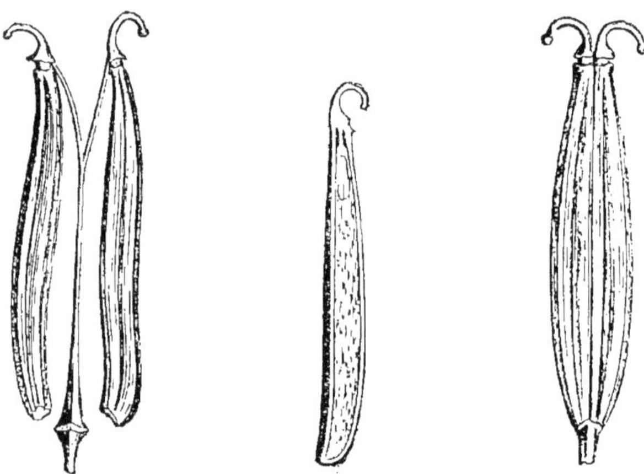

Fig. 255. — Polakènes d'Ombellifères.

nisé de telle sorte et doué de si merveilleuses vertus que de lui sortiront par séries successives des myriades de germes qui, de génération en génération, conserveront l'espèce et rallumeront la vie.

La graine, c'est donc l'*œuf végétal*.

De celui-ci, comme de l'œuf animal, l'on peut dire qu'il renferme, dans sa forme sphérique ou ovalaire, le plus incompréhensible et le plus admirable des chefs-

Fig. 256. — Fruit de Lancretia.

Fig. 257. — Fruit de Pensée

d'œuvre de la création. Songez que dans cette graine, quelque petite qu'elle puisse être, repose une puissance dont nul ne saurait supputer les incalculables résultats. Supposez un instant, par suite de la plus hardie des hypothèses, que le monde entier sortant d'un cataclysme à nul autre pareil soit ravagé, désert et à jamais dépouillé de toute végétation.

C'en est fait. Plus rien n'existe... Si, une graine, une seule petite semence, — la spore d'une Algue, si vous voulez, — cachée dans je ne sais quelle anfractuosité invisible, a échappé au désastre universel... Tout est dès lors sauvé. De ce germe microscopique, de cet atome qui échappe aux fines branches de vos pinces va jaillir par torrents d'incommensurables quantités végétales

16

et comme un océan de verdure qui, d'un pôle à l'autre, s'étendrait sur les deux hémisphères, si l'inégalité des climats ne restreignait la prodigalité de ces prodigieuses procréations. — Voilà ce que c'est que la graine!

96.

Toutes les semences ne sont pas globuleuses ou ovoïdes. Il en est d'anguleuses, de planes, de cylindriques, de comprimées, de déprimées et même de filiformes comme de véritables cheveux; mais dans toutes, quelle qu'en soit la forme, règne une remarquable unité de composition.

Chaque graine se compose de deux parties : l'*épisperme* ou enveloppe, et l'*amande* que recouvre l'épisperme. Le point par lequel la graine est attachée à la paroi de la loge fructifère forme, sur la surface de l'épisperme, une sorte de petite cicatrice qu'on appelle le hile, nous l'avons dit et répété. C'est là la base de la graine.

L'épisperme est la pellicule qui recouvre la graine extérieurement. Il est double; il est formé par ces deux membranes que nous avons déjà rencontrées dans l'ovule au moment de la fécondation, c'est-à-dire la primine et la secondine. Souvent il arrive que ces deux enveloppes se soudent ensemble et d'une manière si intime que l'épisperme est mince et paraît n'être formé que d'une membrane simple, tel que celui d'un grain de blé, par exemple. Dans certains cas, au contraire, la soudure ne se fait pas et l'épisperme se compose de deux membranes superposées, mais fort distinctes, l'une extérieure, ordinairement plus épaisse et plus résistante qu'on nomme le *testa,* et l'autre intérieure, plus mince, désignée sous le nom de *tegmen*. Les deux enveloppes bien connues de la châtaigne, l'une brune et coriace, l'autre mince et jaunâtre, peuvent donner une idée précise de la conformation de ce dernier épisperme.

Sur un point de la surface extérieure de l'épisperme, apparaît donc constamment le hile. Cette cicatrice, souvent très-petite et ponctiforme, c'est-à-dire semblable à un point, s'allonge quelquefois comme dans la fève, ou s'élargit d'une façon démesurée comme dans le marron d'Inde. C'est par le hile, véritable ombilic végétal, que les vaisseaux nourriciers du péricarpe, pénétrant dans la graine, traversent les deux membranes et vont se rendre jusqu'à la nucelle, centre vital d'où jaillira une nouvelle individualité.

Ce n'est pas seulement le hile que l'on trouve sur la membrane extérieure de l'épisperme, c'est encore le micropyle que nous connaissons aussi et qui, sous l'aspect d'un simple point, rappelle l'ouverture des deux membranes de l'ovule dont la contraction progressive finit par ne plus laisser d'autre trace que cette piqûre à peine visible dont nous venons de rappeler le nom. C'est à ce micropyle que, toujours et sans aucune exception connue, correspond la radicule de l'embryon dont la germination a mis en activité les énergies latentes.

L'enveloppe de la graine peut offrir des côtes, des arêtes, des plis, quelquefois des appendices en forme d'ailes membraneuses ou des houppes de poils soyeux (fig. 258 et 259). Elle est de plus glabre ou velue. Tout le monde sait que le coton, cette substance dont l'importance est devenue capitale dans la destinée des sociétés modernes, est formé par les longues soies qui naissent de l'épisperme de la graine dans les capsules du Cotonnier.

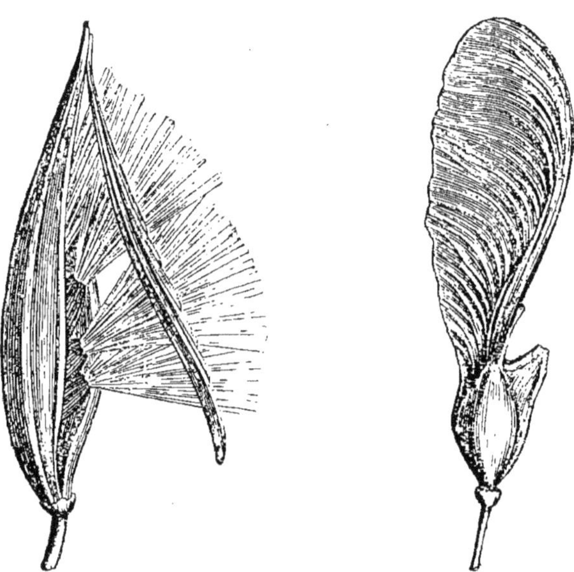

Fig. 258. — Follicule de l'Asclépiade noire.   Fig. 259. — Samare d'Érable.

Mais assez parlé de l'épisperme. Passons maintenant à son contenu, c'est-à-dire l'*amande*.

L'amande, c'est toute la partie de la graine qu'enveloppe l'épisperme. Elle est formée par le développement de la nucelle, et comme cette dernière, elle se rattache par sa base à l'enveloppe interne. C'est dans l'amande que, dans une graine fécondée, se trouve l'*embryon*.

97.

Qu'est-ce que l'embryon ? C'est un corps organisé qui doit par son développement reproduire un nouveau végétal.

Est-ce bien une définition suffisante? Non, à coup sûr. Peut-elle donner une idée même approximative des incompréhensibles facultés contenues dans ce germe qui, à peine issu d'une vie éteinte, possède le pouvoir d'en rallumer une autre jeune et fraîche, laquelle à son tour transmettra ses vertus créatrices, et cela sans interruption de génération en génération et d'année en année? Évidemment non ! Et cependant ce fait est l'élément fondamental de l'une des plus universelles lois du monde visible. Quelque miraculeux qu'il puisse paraître, il s'impose à nous avec toute l'autorité d'une vérité que nul ne songe même à contester.

Quoi qu'il en soit donc du mystère des origines, il faut avec humilité descendre dans le microscopique sanctuaire de l'ovule, et là, dans ce point mathématique, dans cette vésicule embryonnaire qui échappe à nos regards et que les verres grossissants seuls nous révèlent, reconnaître la source par excellence, la vie dans son foyer, la puissance de procréation dans son inépuisable fécondité.

L'embryon qui, échappant à la vie générale, s'isole et se formule en une individualité nouvelle, est un végétal et un végétal tout entier à sa première période de développement. Comme le végétal parfait, il offre dans un merveilleux raccourci la même disposition générale des parties que nous avons signalées dans la plante adulte. Comme celle-ci il présente un *axe* et des *organes latéraux*. L'axe se divise également en deux parties : l'une inférieure, destinée à s'enfoncer dans la terre, c'est la *radicule,* l'autre un peu supérieure, quoique tout d'abord assez difficile à distinguer d'avec la précédente, c'est la *tigelle.* Les organes latéraux sont les *cotylédons;* puis enfin un petit bourgeon terminant la tigelle et composé de petites feuilles emboîtées constitue la *gemmule.*

L'on sait de quelle importance sont les cotylédons dans la classification générale des végétaux phanérogames

Fig. 260. — Cotylédons hypogés
du Haricot rouge.

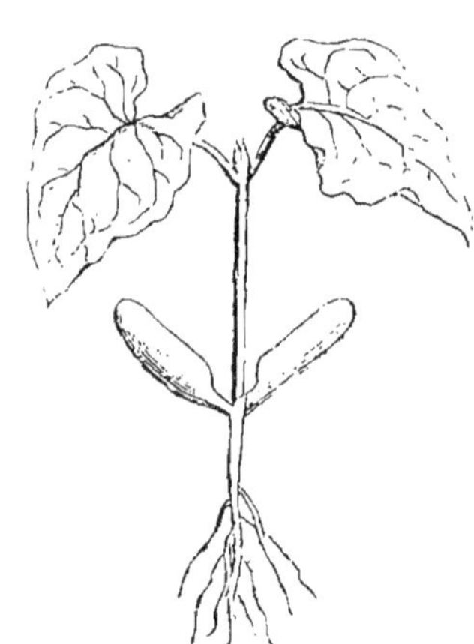

Fig. 261. — Cotylédons épigés
du Haricot blanc.

qu'ils divisent en deux vastes embranchements : les *Monocotylédonés* qui n'ont qu'une seule feuille primordiale et les *Dicotylédonés* dont le corps cotylédonaire présente un double appareil végétatif.

Les cotylédons présentent de nombreuses variations de formes. Il en est d'arrondis, d'allongés, d'aigus ou d'obtus, d'entiers ou de lobés et parfois échancrés si profondément que l'on avait cru devoir, pour certains végétaux, ceux de la famille des Conifères par exemple, créer un nouvel embranchement, celui des *Polycotylédonés*. Les cotylédons sont encore *hypogés,* quand ils demeurent cachés sous la terre comme ceux du Haricot rouge (fig. 260), ou *épigés,* quand, par suite de l'allongement de la tigelle, ils s'élèvent au-dessus de la terre comme ceux du Liseron ou du Haricot blanc (fig. 261).

GERMINATION

—

RENAISSANCE.

98.

Un jour, enfant, je m'attristais sur le sort de pauvres graines que l'on enfonçait dans la terre. — Elles renaîtront à la vie, me répondit-on. Mais moi, trouvant la promesse suspecte, je doutai vaguement jusqu'à ce que j'eusse vu germer et ressortir du sol celles que j'y croyais ensevelies pour jamais.

Ce qu'il y a de certain, c'est que le sillon ressemble étrangement à la tombé. La décomposition apparente qu'y subit la semence contribue pour sa part à l'illusion funèbre, et il ne faut rien moins qu'une forte dose de foi, ou plutôt d'expérience, pour attendre de la graine que l'on jette au sépulcre renaissance et vie renouvelée.

Elle se renouvelle cependant. Elle le fait même avec une inconcevable énergie. De toutes parts, du champ, des décombres arides, des bords eux-mêmes du chemin où par miracle elles ont échappé à l'oiseau, elles s'élèvent ces impérissables semences, germent partout, dans le sable comme sur la pierre et partout renouvellent l'ardente protestation de l'éternelle Vie... contre la mort qui n'est qu'un mot.

Qu'est-ce que la germination cependant? Une série de phénomènes fort complexes dépendant d'une foule de circonstances, et appelés à concourir au développement d'un germe dont l'apparition est due à un premier acte indispensable, celui de la fécondation.

L'on comprend qu'ainsi définie, la germination embrasse les deux règnes supérieurs. Il y a des germes animaux comme il y a des germes végétaux, et c'est en se basant sur ces données de la nature, que l'on a été autorisé à faire de légitimes rapprochements entre l'œuf animal et la graine végétale.

Il y a plus. Dans ce rapprochement, c'est la graine qui l'emporte en vitalité. Si, dans une certaine classe de végétaux, la semence n'offre que des éléments très-simples qui rappellent l'organisation de l'œuf, dans d'autres — et c'est le plus grand nombre — la graine contient un embryon tout formé, véritable miniature du végétal qui doit en sortir. « Les Cryptogames sont ovipares, a dit M. Schimper, et les Phanérogames vivipares. » Ce mot charmant et profond résume la question avec une précision remarquable.

Parmi les végétaux qui se rapprochent le plus de la

viviparité animale, l'on peut citer le Manglier, cet arbre qui, dans les régions tropicales, croît dans les lagunes et à l'embouchure des rivières. Le fruit, de la grosseur d'une noisette, reste attaché à l'arbre, puis fournissant par ses tissus assez d'humidité à la graine pour un premier développement, l'on voit bientôt la radicule percer le péricarpe, en sortir, atteindre jusqu'à quarante centimètres de longueur, entraîner la tigelle, se détacher des cotylédons qui restent dans le fruit, et s'enfoncer, déjà toute frémissante de vie dans la vase, où elle ne tarde pas à s'implanter profondément.

L'acte de la germination, dit M. J. de Seynes[1], au travail approfondi duquel nous avons beaucoup emprunté pour ce chapitre, n'est en aucune façon dépendante de la surface solide, quelle qu'elle soit, où repose la graine. Il lui faut le concours simultané d'agents extérieurs dont les principaux sont l'eau, l'air et la chaleur.

L'eau pénètre et gonfle les tissus de la semence, ramollit ses enveloppes extérieures, éveille le germe endormi, et fait pénétrer, en les dissolvant, tous les principes solubles de la graine dans les jeunes cellules de l'embryon.

Mais l'eau ne suffit pas toute seule; bien plus elle amène la putréfaction de la semence, s'il manque à cette dernière l'influence vivifiante et indispensable de l'oxygène de l'air. Des graines trop profondément enfoncées dans le sol se conservent sans germination pendant des mois et parfois de nombreuses années. C'est même, l'on s'en souvient, par suite de cette faculté bien constatée chez la plupart des semences, que l'on explique, dans certains cas,

1. *De la Germination*, 1865.

l'apparition soudaine de plantes qui, après un bouleversement quelconque du sol, — défrichements, incendies ou tremblements de terre — surgissent quelquefois avec une profusion extraordinaire, et c'est d'après le même principe que certains peuples ont eu l'idée de construire des *silos,* cavités souterraines où les graines se conservent sans altération à l'abri de l'air, et de l'humidité.

La quantité d'oxygène suffisante pour le début de la germination peut être extrêmement minime, ainsi que l'ont montré des germinations obtenues dans de l'eau que l'on croyait avoir privée d'air ou dans le vide que l'on a reconnu avoir été incomplet.

Il faut donc à la semence de l'eau, de l'air, et de plus un troisième élément, la chaleur.

La chaleur ou le calorique, pour parler scientifiquement, est également indispensable à la vie de la jeune plante. Une graine abreuvée d'humidité, et soumise au contact de l'oxygène, demeure néanmoins stationnaire et véritablement engourdie, lorsqu'il lui manque cet agent impalpable et impondérable, mais tout-puissant qui, sous leurs enveloppes épaisses, réveille de toutes parts au printemps les germes endormis.

Toutefois les besoins sont divers, et il n'est pas nécessaire que le calorique agisse toujours dans les limites d'une même intensité. Il n'existe pas de graine de Phanérogames qui germe à zéro degré. Il y a des exemples fort rares de germination effectuée entre 3 et 5 degrés, mais le minimum habituel de température est de 7 degrés (pour le Froment, l'Orge et le Seigle). On a pu refroidir des graines pendant quelques minutes jusqu'à la température de la solidification du mercure (environ

40 degrés au-dessous de zéro), sans détruire leur faculté germinative et les spores de Champignons, malgré leur excessive délicatesse, supportent également des refroidissements très-considérables.

Quant aux limites de l'extrême chaleur que les graines peuvent supporter, elles varient suivant les espèces. Telle semence des pays tropicaux germe à 50 degrés, tandis qu'au-dessus de 38, la Rave, par exemple, perd sa puissance de reproduction. Sur une même espèce, la limite peut s'élever plus ou moins suivant l'état de l'atmosphère. Des graines de Crucifères ont pu être impunément plongées dans de l'eau bouillante pendant deux ou trois secondes, et les spores de certains Champignons ont germé après avoir été exposées pendant une heure à une chaleur sèche de 128 degrés.

Outre le calorique, la lumière et l'électricité paraissent encore jouer un certain rôle dans l'acte de la germination. Après cela, vous me demanderez peut-être quelle différence sérieuse distingue les uns des autres ces trois agents, ces trois mystérieuses puissances, ces fluides — les noms abondent sans éclaircir le problème — et moi, qui n'en sais vraiment rien, je vous renvoie à l'Académie des sciences... qui, à coup sûr, vous répondra. Passons donc et laissons dans leur pénombre les questions insolubles.

Celle-là l'est d'autant plus, que l'influence de la lumière et de l'électricité sur la germination n'est encore que très-vaguement déterminée. Affirmée par les uns, elle est niée par d'autres, et cela après de nombreuses observations qui paraissent décisives. Ce qu'il y a d'incontestable, c'est l'influence qu'exercent sur ce phénomène végétal certains agents chimiques, tels que l'acide azotique, l'ammoniaque, le chlore, le brome, l'iode, etc., etc.

99.

Mais revenons à notre graine. Nous l'avons semée. Elle est entourée d'une douce température, d'air vivifiant, oxygéné et d'un degré d'humidité convenable. Que va-t-il se passer? Le premier phénomène qui visiblement se manifeste, c'est le gonflement de la semence (fig. 262).

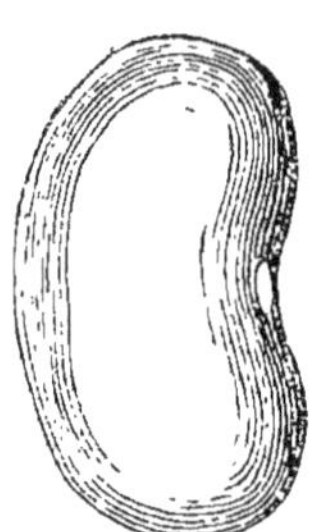 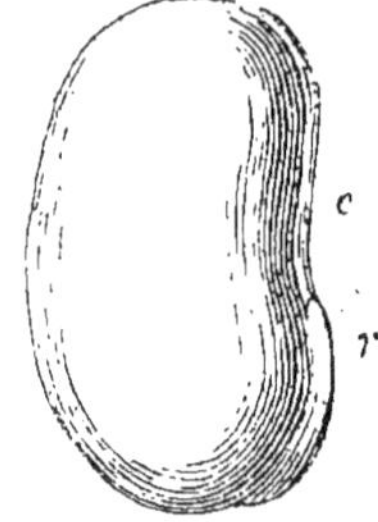 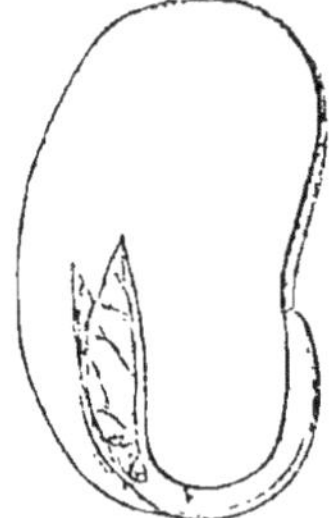

Fig. 262.   Fig. 263. — *r*, radicule ; *c*, cotylédons.   Fig. 264.

Ses enveloppes imprégnées d'humidité se ramollissent, s'étendent, tâchent de répondre aux exigences d'une expansion imprévue, mais leur élasticité a des bornes; l'épisperme éclate, se déchire et l'on voit par cette ouverture, véritable effraction de la vie impatiente, sortir un petit corps pointu, conique, c'est la radicule (fig. 263).

Vous savez d'avance, n'est-ce pas, quelle direction elle

va choisir. Nous avons dit au commencement de ce livre, avec quelle ténacité invincible et inexplicable la racine se dirige vers le centre de la terre et vers l'obscurité. Notre radicule, toute petite qu'elle est, la connaît déjà cette loi rigoureuse et s'y conformera, soyez-en convaincus. Elle s'allonge donc, se retourne s'il le faut, puis, avide de sucs, plonge et pénètre aux lieux profonds où elle ne tarde pas à se ramifier.

D'autre part, voici la tigelle (fig. 264). Avec non moins d'énergie et d'inébranlable décision, elle s'élève, monte vers la lumière, obéissant comme la radicule à la loi des polarités symétriques; et, tantôt laissant cachés sous la terre les deux cotylédons, tantôt les soulevant avec elle et les élevant au-dessus du sol (fig. 260 et 261), elle porte au jour la gemmule qui, par la rapidité de sa croissance, manifeste toute l'impatience qu'elle a de participer à la grande vie atmosphérique.

Ces phénomènes, fort simples comme on le voit, s'appliquent particulièrement à la germination des végétaux dicotylédonés, et se modifient quelque peu dans celle des embryons mono-cotylédonés. Chez ceux-ci, comme dans les premiers, c'est toujours dans l'extrémité radiculaire du végétal naissant que se manifestent les premiers signes de l'évolution. La radicule se gonfle, s'allonge; mais ici un fait particulier s'opère, on voit cette radicule se déchirer un peu au-dessus de sa pointe, et émettre par cette ouverture une ou plusieurs fibrilles qu'enveloppe tout d'abord une sorte de poche appelée *coléorhize* (fig. 265). Cette poche,

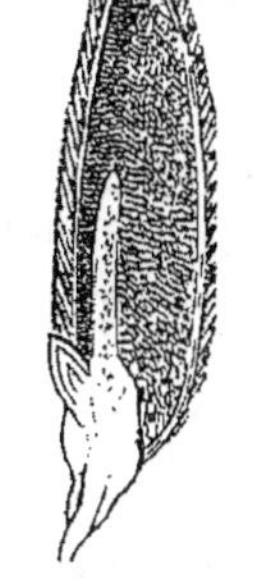

Fig. 265.
Radicule d'A-
voine envelop-
pée de sa co-
léorhize.

percée à son tour, s'entr'ouvre, et tandis que les fibrilles en sortent pour aller constituer la vraie racine, l'extrémité de la radicule s'atrophie et se détruit. C'est ainsi que s'explique chez les Monocotylédonés, l'absence de toute souche pivotante.

Si, dans les deux grandes classes végétales dont il vient d'être question, la germination se réduit à une série de modifications assez simples, il est loin d'en être ainsi dans la classe des Acotylédonés ou Cryptogames. Chez les plus incomplets d'entre eux il n'y a pas, à proprement parler, de germination, et l'évolution végétale se manifeste toujours par un mode uniforme, c'est-à-dire la juxtaposition de nouvelles cellules; mais dans la grande famille des Algues, l'existence reconnue d'une fécondation et la quantité des corps reproducteurs font de la germination des spores une des questions les plus complexes de la physiologie végétale.

Le plus souvent, la spore se présente après la fécondation sous la forme d'un corps globuleux enveloppé d'une membrane et qui, d'abord divisé par une ou plusieurs cloisons intérieures, finit par se renfler en une protubérance dont le prolongement donne naissance à divers filaments qui forment les radicules de la nouvelle plante. Mais d'autres fois le phénomène se complique merveilleusement. L'on voit en effet la spore qui verdit, s'allonge, se divise ordinairement en quatre segments d'où s'échappent par une subdivision nouvelle de nouveaux petits atomes qui, munis de cils vibratiles se meuvent, nagent quelque temps dans l'eau avec toutes les allures d'êtres vivants et individuels, puis se fixent, s'immobilisent, redeviennent végétaux, perdent leur couronne de cils et s'implantent sur un corps quelconque au moyen d'une sorte de crampon qui se ramifie en filaments radiculaires.

Rien, à coup sûr, n'est plus admirable que cette alternance de vies de variable intensité. La zoospore, car tel est son nom, prend dès lors une forme cellulaire plus nettement définie et sert de base à une série d'utricules qui, en se juxtaposant bout à bout, arrivent à former un filament, c'est-à-dire une Conferve simple ou ramifiée.

100.

Une question intéressante se présente. Est-il nécessaire d'attendre toujours la maturité des graines pour en obtenir la germination? Non, répondent les physiologistes. Duhamel a prouvé par de nombreuses expériences qu'une graine qui n'est pas mûre encore non-seulement germe, mais germe même plus facilement. Tréviranus, Gœppert, Cohn et de nos jours M. Duchartre, ont confirmé les expériences de Duhamel. La question même a été précisée. Il a été reconnu que des graines peuvent germer de vingt à vingt-cinq jours avant leur maturité, alors même que l'embryon est très-imparfait et que l'intérieur de la semence se présente encore sous un aspect laiteux, et il en a été tiré ce principe, que la faculté de germer ne coïncide pas d'habitude avec la maturité, mais qu'elle la précède [1].

1. Nous ajouterons ici, à titre de renseignement curieux et d'une utilité pratique incontestable, que la qualité des semences se trouve

Autre question maintenant. Cette faculté une fois acquise, persiste-t-elle également dans les diverses sortes de graines? Non, répondent encore les savants. La stabilité des facultés germinatives varie considérablement depuis les semences de Thé ou de Caféier qui les perdent en très-peu de temps, jusqu'aux graines féculentes qui, dans certaines conditions favorables à leur conservation, ont pu germer après cent ou cent cinquante années. Voici quelques faits remarquables tirés d'un tableau dressé par M. Boussingault :

Des graines de Tabac ont pu germer après 10 ans.
    — Rave — — 17 —
    — Datura — — 25 —
    — Melon — — 41 —
    — Sensitive — — 60 —
    — Haricot et de Froment — 100 —
    — Seigle — — 140 —

Il faut toutefois se garder de certaines exagérations. C'est ainsi qu'il est aujourd'hui prouvé que la conserva-

toujours en rapport avec la situation qu'occupait le fruit sur la plante mère. Dans une gousse de Haricot ou de Pois, par exemple, ce sont les graines de la moitié contiguë à la tige et particulièrement celles du milieu de l'enveloppe fructifère qu'il faut choisir et semer, si l'on veut obtenir de beaux produits ou si l'on cherche à perfectionner une espèce. Ces observations, faites par un agriculteur patient et habile du département de la Dordogne, M. Hamilton Frichou, ont été confirmées par de nombreuses expériences.

D'autre part, ce ne sont jamais les grains d'une gousse courte ou d'un épi contracté qu'il faudra semer — ces grains fussent-ils d'une grosseur remarquable — mais bien plutôt les semences moyennes sorties d'une enveloppe fructifère normalement développée.

tion des graines de Froment qu'on prétendait avoir trouvé dans les tombeaux des momies égyptiennes n'est rien moins qu'authentique.

Si maintenant l'on s'enquiert du temps que mettent à germer les diverses espèces végétales, voici un second tableau qui à cet égard fournit quelques indications intéressantes :

Froment, Seigle, Millet	1 jour.
Cresson alénois.	2 —
Fève, Haricot, Pois, Lentille, Epinard, Radis, Rave.	3 —
Laitue, Chicorée, Fenouil.	4 —
Melon, Cerfeuil, Carotte	5 —
Concombre, Citrouille, Betterave	6 —
Orge et beaucoup de Graminées.	7 —
Salsifis, Piment, Tomate, Oseille, Absinthe.	8 —
Pomme de terre, Fraisier, Chou, Céleri, Artichaut . .	10 —
Scorsonère, Capucine	12 —
Topinambour, Angélique.	15 —
Hysope, Groseillier, Framboisier	30 —
Persil	45 —
Amandier, Pêcher, Pivoine.	1 an.
Aubépine, Rosier, Noisetier, Cornouiller	2 —

101.

Nous avons déjà parlé ailleurs de l'importance des cotylédons dont le nom, l'on s'en souvient peut-être, signifie *écuelle,* et dont la fonction est de nourrir au moyen des substances que contiennent leurs tissus, l'embryon qu'ils enveloppent (fig. 266). En cas d'absence, ces cotylédons sont suppléés par l'albumen, c'est-à-dire cette matière celluleuse tantôt dure et cornée, tantôt charnue, huileuse, féculente ou farineuse qui remplit certaines graines telles que le blé, le haricot ou la châtaigne, et qui, d'abord ramollie, puis liquéfiée, est toujours absorbée par l'embryon.

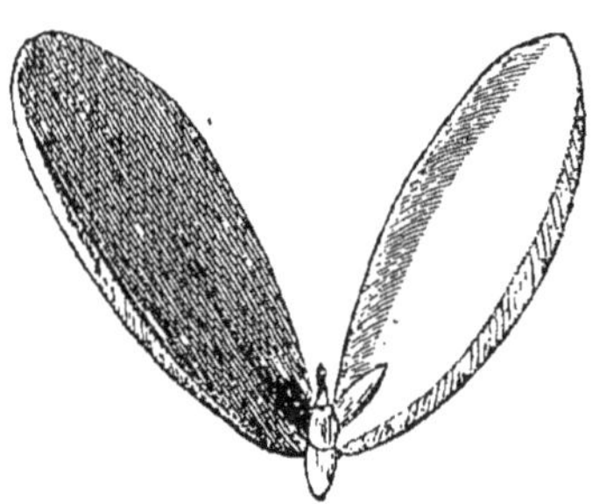

Fig. 266. — Embryon d'Amandier dont on a écarté les deux cotylédons pour montrer la gemmule.

L'albumen et les cotylédons sont donc de véritables mamelles où l'embryon, trop jeune encore et trop faible pour vivre des éléments qu'il tirera plus tard du sol et de nosphère, puise les premiers sucs nécessaires à son amaitement.

Les cotylédons, on le sait, ne restent pas toujours enveloppés dans la tunique ou pellicule de la graine. Ils peuvent arriver au-dessus de la terre, verdir et se développer en véritables feuilles qui alors persistent, se couvrent quelquefois de stomates et deviennent comme les autres des organes respiratoires.

Mais, hélas! tout n'est pas normal ici-bas. La vie de ce monde est dure aux pauvres créatures. S'il est une loi d'ordre général pour la conservation des races, il en est d'autres qui font la guerre à l'individu et qui, abusant du sinistre phénomène appelé *accident,* troublent, désorganisent, raturent, multiplient les victimes et semblent se complaire à créer des souffrances.

Si donc la plupart des embryons végétaux munis de cotylédons nourriciers traversent sans peine la phase critique de leur enfance, il en est d'autres, pauvres petits orphelins, qui, manquant dès leur naissance de cotylédons et d'albumen, doivent se sustenter tout seuls et puiser en eux-mêmes, par un singulier dédoublement de leur propre nature, quelques sucs qui leur permettent d'attendre, sans mourir, que les forces leurs viennent et que leur croissance s'effectue. Ils y parviennent quelquefois ; mais comme ils sont étiolés, pâles et languissants! et combien lente à venir est cette adolescence qui leur permet de tirer enfin du sol lui-même la nourriture nécessaire !

Un fait très-curieux à remarquer, c'est que, tout à l'inverse de ce qui se passe pendant le cours de la végétation ordinaire, c'est de l'oxygène qu'absorbe la jeune plante et

17.

de l'acide carbonique qu'elle exhale : aussi remarque-t-on que la germination vicie rapidement l'air au point de le rendre impropre à la respiration. D'autre part, comme tout dégagement d'acide carbonique est le produit d'une combustion, il faut conclure du phénomène précité qu'il s'opère dans la germination une combustion véritable qui élève la température autour du germe — ce qu'on a constaté en effet — et consume les substances hydrocarbonées dont se composent l'albumen et les cotylédons.

S'il était permis de pousser jusqu'à un certain point les rapprochements physiologiques, l'on pourrait dire que la plante, dans sa jeunesse, ressemble plus à l'animal que dans son état adulte; mais, sans insister sur ces fugitives analogies, signalons un dernier fait particulièrement remarquable, c'est qu'il vient un moment dans la vie de la plante où les deux modes de respiration animale et végétale se trouvent juxtaposés. Alors que les matières vertes apparaissent, il arrive en effet que tandis que la partie inférieure de la plante absorbe de l'oxygène, la partie supérieure en exhale au contraire en s'assimilant du carbone, de telle sorte que, pendant un certain temps, deux forces opposées se trouvent en présence, l'une qui tend à enlever ud carbone à la jeune plante, et l'autre qui s'efforce de lui en fournir.

Un dernier mot avant de finir ce chapitre. Toutes les opérations complexes liées à la germination que nous venons de passer minutieusement en revue, peuvent être suspendues par la privation de l'eau, puis reprises et continuées par l'arrosement. M. de Saussure, dans de nombreuses expériences, a desséché des graines à différents degrés de germination, les a laissées dans un lieu très-sec

un mois, plusieurs mois même et jusqu'à une année entière, puis les a vues germer de nouveau après les avoir
humectées.

Ces expériences rappellent complétement, on le voit,
celles qu'on a faites d'autre part sur les animaux ressuscitants, sur ces rotifères des toits en particulier, que l'on
fait dessécher, que l'on conserve un temps infini dans un
tiroir à l'état d'inerte poussière... puis, qui un beau jour
ressuscitent miraculeusement sous l'influence incompréhensible d'une simple goutte d'eau,

L'ŒIL ET LE MICROSCOPE

—

ANATOMIE VÉGÉTALE.

LA CELLULE.

102.

Nous voici arrivés à la fin de notre étude. Cette *Plante* qui en faisait l'objet, nous l'avons analysée depuis ses plus profondes fibrilles radicales jusqu'à son dernier rameau, jusqu'à sa fleur, jusqu'à sa graine, et cependant ce travail demeurerait parfaitement incomplet si nous nous arrêtions ici. Nous avons étudié la plante dans ses parties visibles à l'œil nu. Une simple loupe, des pinces, un canif et quelques aiguilles nous ont suffi pour disséquer ces étamines, ces pistils ou ces ovaires dont un grossissement minime dévoilait bien vite tous les secrets. Mais ce n'est pas tout. Que dis-je? Tout un monde nous est demeuré fermé, le monde invisible, le royaume des infiniment petits.

Le premier désir de l'enfant en présence d'un jouet nouveau, c'est de savoir « ce qu'il y a dedans » et c'est pour cela qu'il l'éventre. Eh bien! nous, ayons aussi cette curiosité légitime et féconde. Déchirons cet épiderme, franchissons ces premières limites où l'œil s'arrête et sachons ce que sont dans leur intime réalité cette fleur, cette feuille, cette tige, ce bois, le *dedans* de tous ces organes dont nous ne connaissons que la surface.

Mais nos moyens naturels ont un champ d'action que vient bientôt limiter l'impuissance. Au delà du seuil du monde perceptible s'ouvre là, de tous côtés, sur nous-mêmes et en nous-mêmes, un véritable abîme dont les premières manifestations saisissent. Cet abîme dont nul encore n'a pu sonder le fond, c'est le microscope qui nous l'a révélé.

Entre votre œil et l'univers des atomes placez quelques verres et tout est bouleversé dans la sphère de la vision. Dans le champ circulaire du microscope — étrange échappée qui semble s'ouvrir sur l'infini — s'étendent des océans, des ciels et comme des paysages renversés que l'imagination la plus féconde n'eût jamais pu rêver si vastes ni si beaux.

Et où donc s'ouvrent-ils tous ces horizons gigantesques? — Dans cette gouttelette d'eau qui tout à l'heure tremblotait à l'extrémité d'un brin d'herbe ou de la plus fine de vos aiguilles.

C'est là, dans ce royaume qui se dérobe à l'œil par son infinie petitesse, que se révèle le monde des infiniment grands. C'est là qu'on se fait une véritable idée de l'espace

sans bornes, du nombre sans limites, de la quantité sans
mesure. La divisibilité de la matière échappe à toute con-
ception naturelle, et la réalité devient un rêve. Toute proportion se transforme, toute relation se renverse. Ce que
l'on voit est une conquête perpétuelle et comme un pil-
lage dans le domaine de l'impossible. Selon les positions
diverses du miroir inférieur de l'instrument, l'on voit
s'ouvrir et comme jaillir des étendues d'une lumière dont
l'éclat vous aveugle, ou se creuser de ténébreux abîmes
d'une insondable profondeur.

Tout est illusion sans doute, mais ces illusions vous
impressionnent comme la réalité, plus que la réalité
même. Les notions de grandeur ne sont-elles pas toutes
de convention? — Un morceau de papier dont la déchirure
se trouvait sur la limite de mon rayon visuel, et qui, par
sa courbe concave, me rappelait vaguement le golfe de
Naples, me donna un soir, à la clarté d'une lampe, une
tout autre idée de l'immensité de la mer et de la projec-
tion hardie des côtes et des promontoires que ne le fit
jamais la plus exacte reproduction du paysage réel. Une
autre fois, un fragment de pellicule d'eau putride me
montra tout un littoral déchiqueté de plus de morbihans
et de fiords pittoresques que ne le furent jamais les côtes
du Finistère ou celles de la Norwége.

Outre la divisibilité inconcevable de la matière, se révèle le monde indéterminé de la vie qui va, plonge, recule, et sans relâche semble sortir du néant. On sait de
quelles découvertes prodigieuses en géologie l'on est rede-
vable au microscope. L'on sait que les calcaires, le schiste
à polir et toutes les terres siliceuses sont presque exclusivement composés de coquilles d'animaux microscopiques

et que des systèmes entiers de montagnes en sont formés.
L'on sait que ce sont les infusoires qui, par leurs accumulations inimaginables, ont formé une grande partie de la Russie, de la Pologne, du Danemark, de la Suède, de l'Angleterre méridionale, de la France septentrionale, de la Grèce,
de la Sicile, du nord-ouest de l'Afrique, de l'Arabie, de
tous les terrains crayeux du monde en un mot.

Nous avons parlé ailleurs de ces globules primitifs qui,
sous les noms de Protococcacées et de Diatomées, constituent par agglomérations immenses les plus profondes
assises du règne végétal. Leur petitesse est telle que l'on
pourrait en ranger dix mille sur la longueur d'un pouce,
soixante-dix billions dans un pied cube, et que sur une
balance il en faudrait environ, pour équivaloir au poids
d'un seul gramme, la somme inappréciable de un milliard cent onze millions cinq cent mille. Eh bien, l'on sait
cependant que ces infiniment petits servent d'élément
constitutif à des couches végétales de vingt pieds d'épaisseur dans l'Amérique du Nord, de quarante dans les
bruyères de Lunebourg, et que la ville de Berlin entre
autres est bâtie sur une couche analogue qui mesure plus
de cent pieds, dans les parties les plus profondes.

L'imagination la plus hardie recule, saisie de vertige,
devant des amoncellements pareils de vie organique. Songez à ce qu'il a fallu de carapaces d'infusoires pour former une partie considérable de la croûte solide de notre
globe terrestre, lorsque vous saurez que la mince pellicule
de craie qui recouvre une simple carte de visite représente
tout un cabinet zoologique de plus de cent mille coquillages.

Le 26 janvier 1843, dit M. Schleiden, une foule immense était rassemblée sur le roc Round-Down, près de Douvres, attendant avec une curiosité mêlée d'anxiété profonde l'issue de l'opération la plus gigantesque que l'esprit humain ait jamais tenté de réaliser. Il s'agissait de se débarrasser d'une montagne et de la jeter dans la mer. L'on avait passé des années entières à faire des préparatifs, à creuser des mines, des tranchées, des galeries. Une batterie galvanique colossale mit le feu à une masse de 185 quintaux de poudre.... Le rocher entier s'ébranla, fut arraché et roula dans les flots. Plus de vingt millions de quintaux de calcaire furent soulevés en bloc et une superficie de quinze acres se trouva couverte d'une couche de débris de vingt pieds d'épaisseur.

— Et contre qui le déploiement de ces énergies formidables? Qu'était cette montagne déracinée par une somme de forces inconnues jusqu'à ce jour?

— Cette montagne était un assemblage de fort menus coquillages. C'étaient les débris de créatures microscopiques dont plusieurs milliers seraient anéanties par la simple pression du doigt d'un petit enfant!

103.

Voilà ce que nous a enseigné le microscope.

C'est vers la fin du xvie siècle qu'a été inventé cet admirable auxiliaire des travaux scientifiques de l'humanité. Découvert par un opticien de Middelbourg, Zacharias Jansen, vers l'année 1590, utilisé pour la première fois par Leeuwenhoeck et peu après par Swammerdam, il est devenu, depuis un demi-siècle, entre les mains des Amici, des Ehrenberg, des Brongniart, des Mirbel, des Dutrochet, des Dujardin, des Duchartre, des Brown, des Raspail, des Hannover, des Milne-Edwards, des Decaisne, des Pouchet et des Robin, le tout-puissant instrument dont les incessantes découvertes reculent chaque jour la limite des connaissances humaines.

Comme appareil, il débuta fort modestement. L'on sait que l'origine du microscope simple remonte aux premiers siècles, et que, du temps de Pline et de Sénèque, il ne se composait que d'une simple sphère creuse remplie d'eau. Nous sommes loin maintenant de ces humbles essais, et l'on ne saurait trop admirer la merveilleuse puissance de l'homme, lorsque, de ces premiers instruments, et même de ceux du xvie et du xviie siècle, l'on rapproche ces appareils magnifiques qui sortent aujourd'hui des ateliers des Ross, des Hartnack, des Nachet et des Chevalier.

Mais reprenons avec quelques détails. Le *microscope*[1] (des deux mots grecs *micros*, petit, et *skopeuo*, je regarde) est un instrument d'optique destiné, ainsi que l'indique son nom, à grossir les petits objets dont on cherche à étudier la nature.

Il y a deux espèces de microscopes : le simple et le composé.

---

1. Les détails et les figures qui vont suivre sont tirés de *l'Étudiant micrographe*, excellent traité pratique du microscope, tout récemment publié par le célèbre opticien M. Arthur Chevalier.

MICROSCOPE SIMPLE. — Le microscope simple se compose ordinairement d'une lentille unique ou d'une combinaison de lentilles qui grossissent les objets en en donnant une image amplifiée qu'elles transmettent directement à l'œil.

Cette amplification provient de la courbure des verres, de telle sorte que le grossissement des objets se trouve toujours en rapport direct avec la convexité des lentilles.

Bien que toujours construit d'après un même principe, le microscope simple peut subir de nombreuses modifications de formes et de dispositions, suivant qu'il est destiné à un examen général des objets ou bien à des observations suivies. Dans le premier cas on lui applique le nom de *loupe*, et l'instrument se tient ordinairement à la main. Dans le second cas, l'instrument ayant une destination beaucoup plus étendue, se compose d'un support muni d'un miroir et d'accessoires divers. Les lentilles dont il se compose se nomment doublets, et l'instrument ainsi disposé porte le nom de *loupe montée* ou de *microscope simple*.

Les espèces de loupes sont nombreuses. Les plus simples se composent d'une lentille biconvexe enchâssée dans une monture à recouvrement. Mais les instruments les plus commodes et les plus généralement employés en histoire naturelle sont les biloupes ou les triloupes offrant des lentilles qui, par leur nature même ou par leur superposition, peuvent fournir une série de grossissements divers (fig. 267, 268 et 269). La première, en particulier, est d'un usage constant dans les herborisations.

Un autre modèle également employé est la loupe des horlogers (fig. 270) qui, perfectionnée par M. Arthur Chevalier, est devenue un instrument précieux pour les observations prolongées en ce sens qu'elle ne fatigue pas la vue (fig. 271).

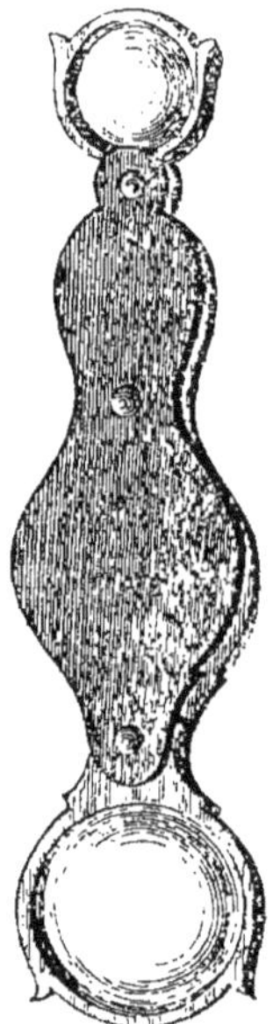

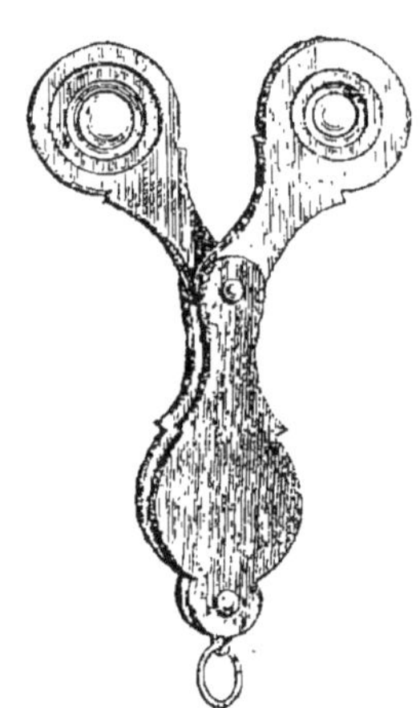

Fig 267.   Fig. 268.

Mais ce n'est pas tout que d'avoir une loupe, il faut que quelqu'un ou plutôt que quelque chose vous la tienne immobile et au point convenable pendant tout le temps de vos observations. En d'autres termes, il vous faut un porte-loupe.

Eh bien, à ce sujet permettez-moi une timide question.

Êtes-vous une personne de mœurs simples et de goûts modestes qui, par caractère ou par nécessité, se contente, dans la vie, de tout ce qui lui tombe sous la main?

Si vous me répondez non, je vous dirai tout simple-

ment : Achetez un porte-loupe comme celui que représente
la fig. 272.

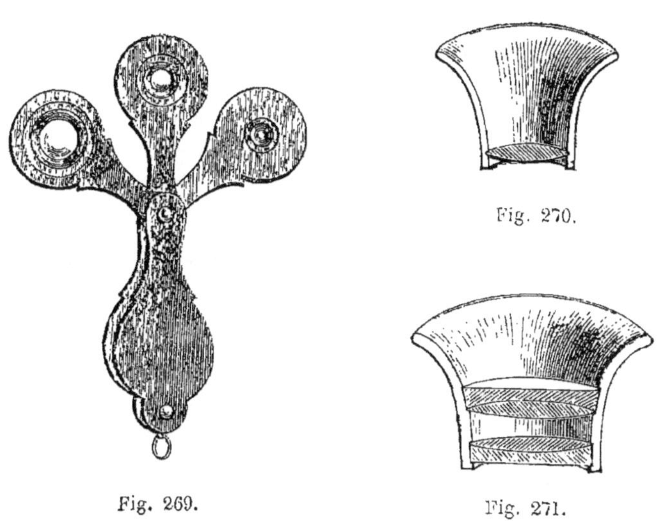

Fig. 269.

Fig. 270.

Fig. 271.

Si au contraire vous me répondez oui, alors écoutez-
moi bien et surtout ne riez pas de mes instruments à la
Robinson Crusoé. Vous prenez un bout de planche suffisamment épais et lourd (fig. 273). Dans cette planche
vous enfoncez perpendiculairement une tigelle de fer
inflexible de la grosseur d'une plume ou d'un petit crayon.
A cette tigelle vous adaptez un simple bouchon, et dans ce
bouchon vous faites passer une aiguille de bas qui, détrem-
pée à l'une de ses extrémités, c'est-à-dire passée à la
flamme d'une bougie, se contournera sous vos pinces en
un anneau approprié à la grosseur de vos instruments.
Maintenant multipliez vos bouchons, augmentez le nombre de vos aiguilles, modifiez la circonférence de l'anneau
qui les termine suivant le diamètre de vos loupes — que

vous pouvez ainsi superposer pour en augmenter la puissance, — en un mot, soyez ingénieux et vous arriverez

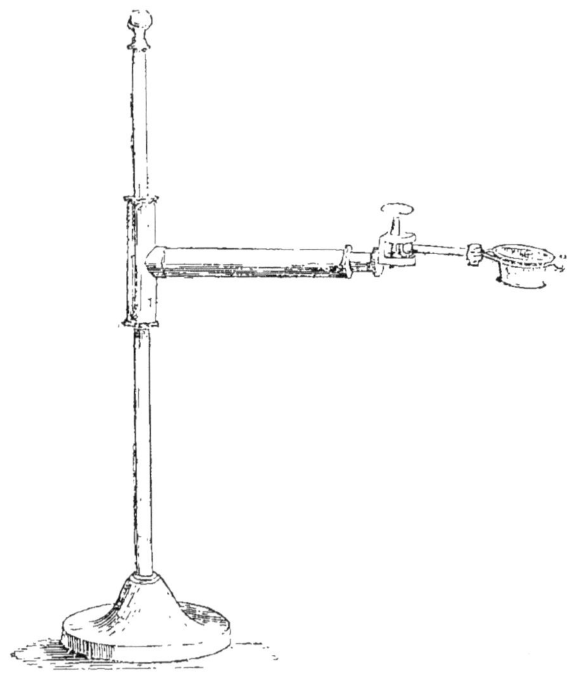

Fig. 272.

à vous fabriquer un petit appareil fort commode dont le prix est à peu près nul (fig. 273). Après cela, sur la table où vous opérez, vous mettez un livre, un objet quelconque d'une épaisseur convenable, sur ce livre une feuille de papier blanc, sur ce papier l'objet à étudier; vous abaissez vos bouchons et vos lentilles jusqu'au point de la vision nette, puis là vous disséquez avec vos pinces menues, vos aiguilles, vos scalpels ou vos ciseaux (fig. 274, 275, 276 et 277). Ces petits instruments sont d'un prix fort minime, sauf le tranchoir de Strauss (fig. 278) dont vous pouvez vous passer sans inconvénient.

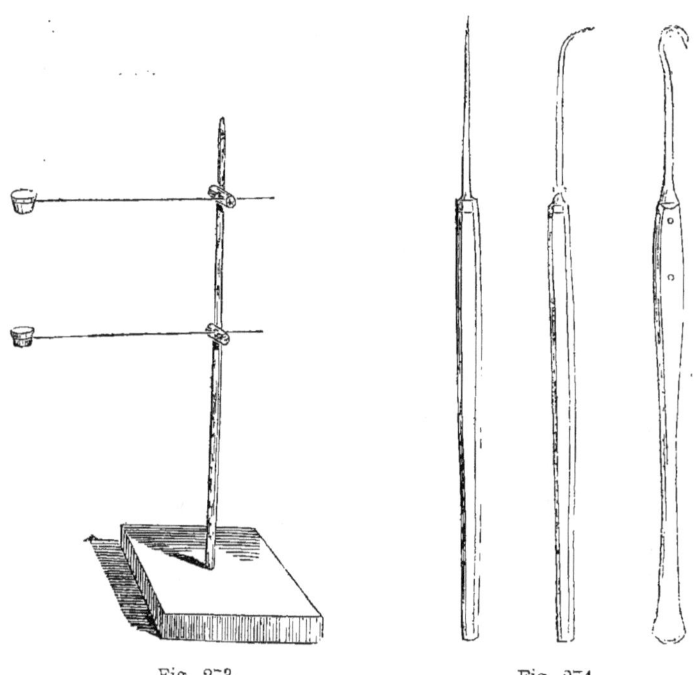

Fig. 273.   Fig. 274.

Maintenant que nous avons passé en revue les différentes espèces de loupes les plus usitées, disons quelques mots du microscope simple tel qu'il est employé par les personnes qui, déjà fortes en histoire naturelle, s'adonnent à des observations spéciales.

L'origine du microscope simple, nous l'avons dit, remonte à une époque fort reculée. Une sphère de verre remplie d'eau fut, au temps de Sénèque, le dernier mot de la micrographie. Vers le XIVe siècle, l'on commença à travailler les premières lentilles. Ce furent deux Italiens,

Eustachio Divini, à Rome, et Campani, à Bologne, qui excellèrent les premiers dans cet art difficile. Plus tard, en 1665, Hartsoeker, s'amusant un jour à passer dans la flamme d'une chandelle une petite baguette de verre, s'aperçut que l'extrémité de cette baguette s'arrondissait.

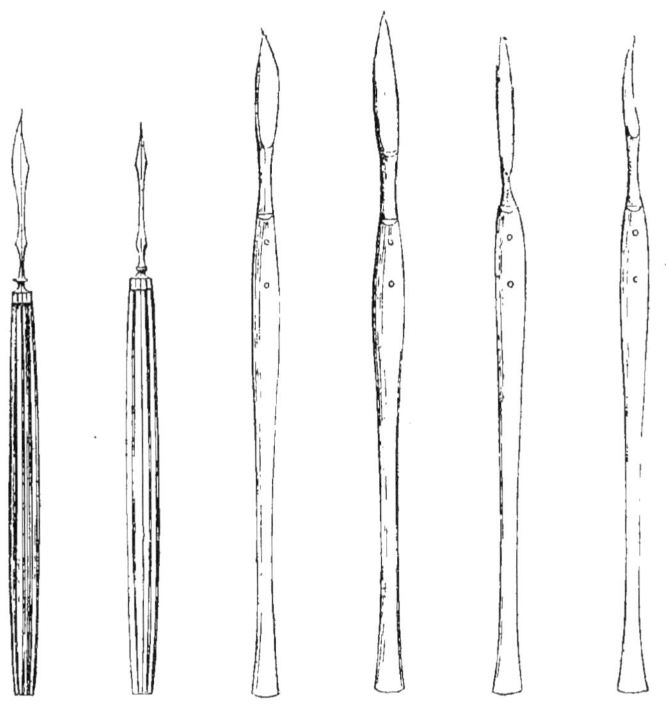

Fig. 275.

Ce fut un éclair, — cet éclair inspirateur que l'on retrouve à l'origine de toutes les grandes découvertes. Il recommença, fit mille essais et parvint enfin à se faire un assez bon microscope avec ces globules de verre fondu qu'il maintenait entre deux petites plaques de plomb. C'est avec cet instrument si primitif et que l'on tenait encore à la main, que les Leeuwenhoeck, les Swammerdam et les Lyonnet ont fait les belles observations qui les ont immortalisés.

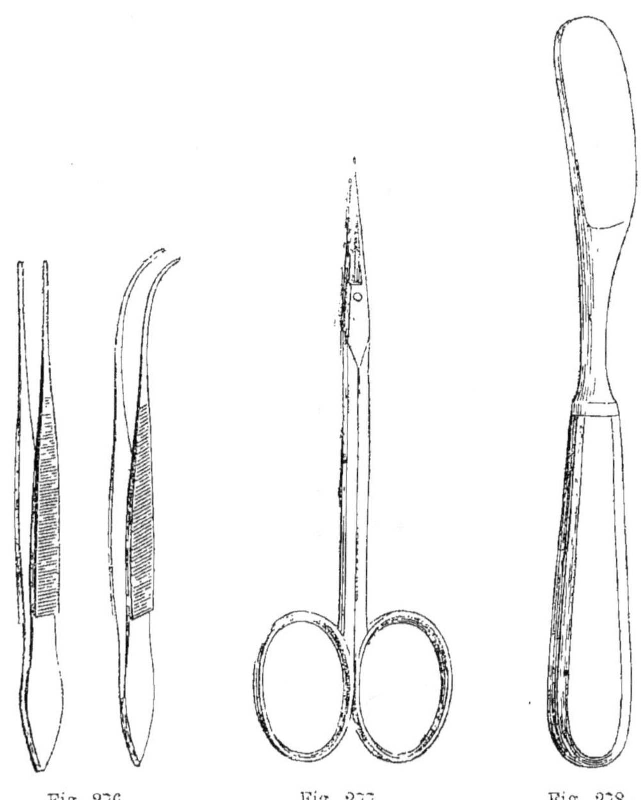

Fig. 276. Fig. 277. Fig. 278.

Les lentilles biconvexes furent les premières lentilles travaillées ; ce sont elles qui servirent d'élément au microscope simple de Wilson et de Cuff, lequel, perfectionné de nos jours par Raspail, est aujourd'hui connu sous le nom de ce dernier savant.

L'instrument en était là, lorsque Herschell, Wollaston et Charles Chevalier tentèrent de le rendre meilleur. L'on essaya de faire des lentilles avec des pierres précieuses. L'on tailla des grenats, des saphirs, et même des diamants; mais le prix énorme de ces lentilles joint à l'extrême difficulté du travail les firent bien vite rejeter. L'on en revint donc au verre, et en 1828, Wollaston découvrit le doublet qui, entre les mains de Charles Chevalier, devint bientôt le précieux petit instrument qu'il est aujourd'hui. C'est au moyen de ce doublet que son fils, M. Arthur Chevalier, confectionne ses microscopes simples (fig. 279, 280 et 281), instruments excellents qui donnent une série de grossissements depuis 6 jusqu'à 500 fois.

Fig. 279.

Microscope composé. — Nous avons vu que le microscope simple consiste en une ou plusieurs lentilles qu transmettent directement à l'œil l'image amplifiée. Dans le microscope composé, ce n'est plus directement que s'opère la transmission, car l'image, une première fois grossie par un appareil de lentilles appelé *objectif* (parce qu'il est près de l'objet examiné), n'arrive à la vision qu'après avoir été amplifiée de nouveau par un second appareil appelé *oculaire* (parce qu'il est près de l'œil).

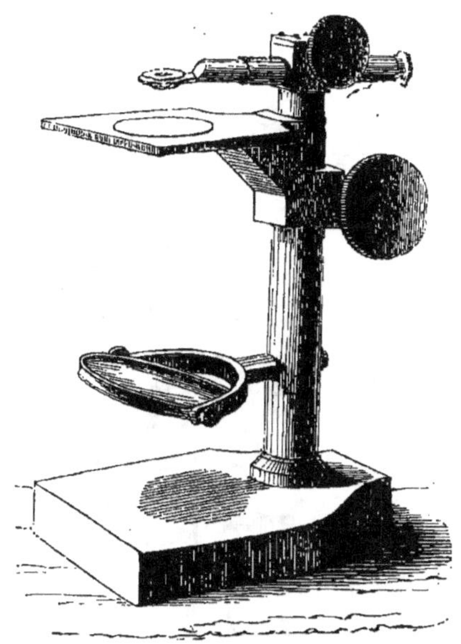

Fig. 280.

C'est à l'année 1590, nous l'avons dit plus haut, que remonte l'origine du microscope composé, et c'est au Hollandais Zacharias Jansen que revient l'honneur de cette admirable découverte, malgré les tentatives que firent pour se l'approprier un autre Hollandais, l'alchimiste Drebbel, le Napolitain Fontana, puis encore Roger Bacon, Record, Viviani et quelques autres.

Parmi les premiers microscopes composés, l'on en cite encore trois dont se souviennent les opticiens : celui du docteur Hooke (1656), celui d'Eustachio Divini (1668), et enfin celui de Philippe Bonani (1698). Ces instruments remarquables comme essais étaient d'un diamètre énorme ; le tube de celui de Divini était de la grosseur de la cuisse.

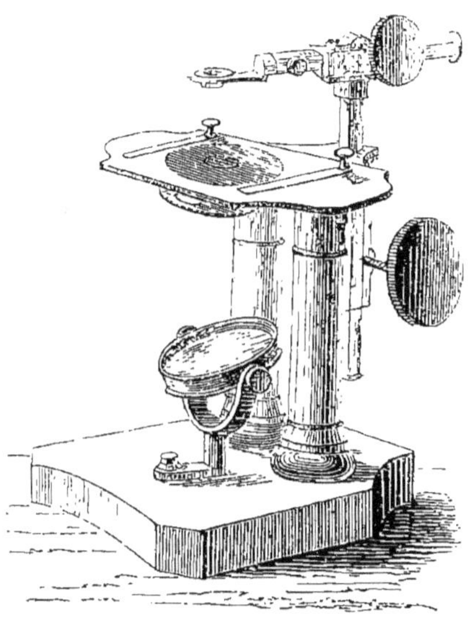

Fig. 281.

Des améliorations furent faites par Newton, un peu plus tard par Baker et Smith ; puis vinrent celles de Hall, de Hooke et de Custance, d'Adams, de Martin, de Chester More Hall qui découvrit l'achromatisme[1], en 1729, et

1. L'achromatisme se dit des perfectionnements par lesquels les opticiens sont arrivés à supprimer dans les images microscopiques, ces franges coloriées qui, dans les appareils incomplets ou mal construits, nuisent à la perception nette des objets.

d'Euler qui, le premier, conçut l'idée de l'appliquer au microscope. Mais là était la grande difficulté, et ce ne fut guère qu'en 1823 que MM. Vincent et Charles Chevalier construisirent les premiers microscopes vraiment achromatiques.

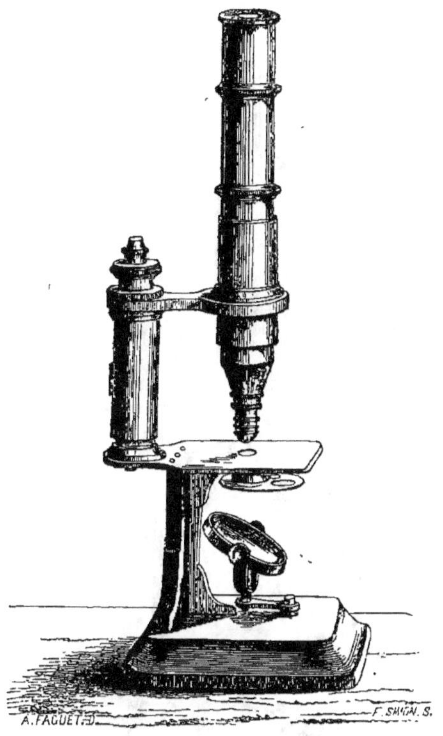

Fig. 282.

Ces types, universellement adoptés, ont de nouveau subi quelques perfectionnements entre les mains de MM. Amici et Ross. Ce dernier particulièrement est l'inventeur des systèmes dits *à correction*.

18.

Voici quelques types des microscopes de M. Arthur Chevalier :

Fig. 282 (grossissant de 50 à 300 fois). — Fig. 283 (grossissant de 50 à 500 fois). — Fig. 284 (grossissant de 50 à 600 fois). — Fig. 285 (grossissant de 10 à 1500 fois).

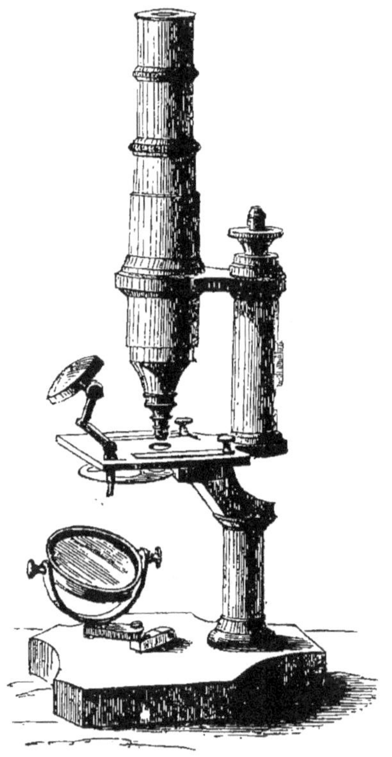

Fig. 283.

En somme, et pour finir par quelques conseils pratiques, ·lez-vous faire de la Botanique en simple amateur? Il faut une biloupe (fig. 267), pour les herborisations, ne loupe un peu plus forte (fig. 268 ou 269), ou plutôt un doublet de 5 lignes par exemple, qui vous donnera les grossissements 12 et 24 fois. A cela joignez deux ou trois aiguilles montées (fig. 274), autant de scalpels (fig. 275), une ou deux petites pinces (fig. 276), et aussi des ciseaux fins, si vous n'en avez pas déjà (fig. 277).

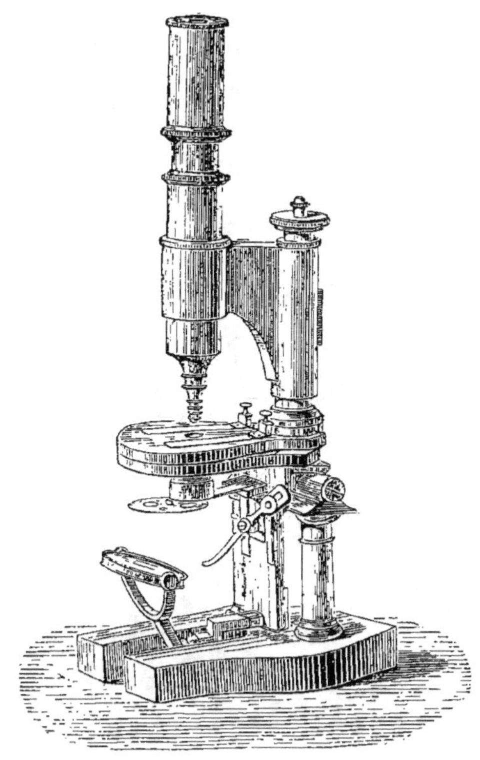

Fig. 284.

Voulez-vous pousser plus loin vos études, faire des recherches, des vérifications? Achetez alors, soit un microscope simple muni de quelques doublets (fig. 280 ou 281), soit un microscope composé que vous choisirez, selon la somme que vous voudrez y consacrer, parmi les types ci-dessus indiqués, dont les prix varient entre 70 et

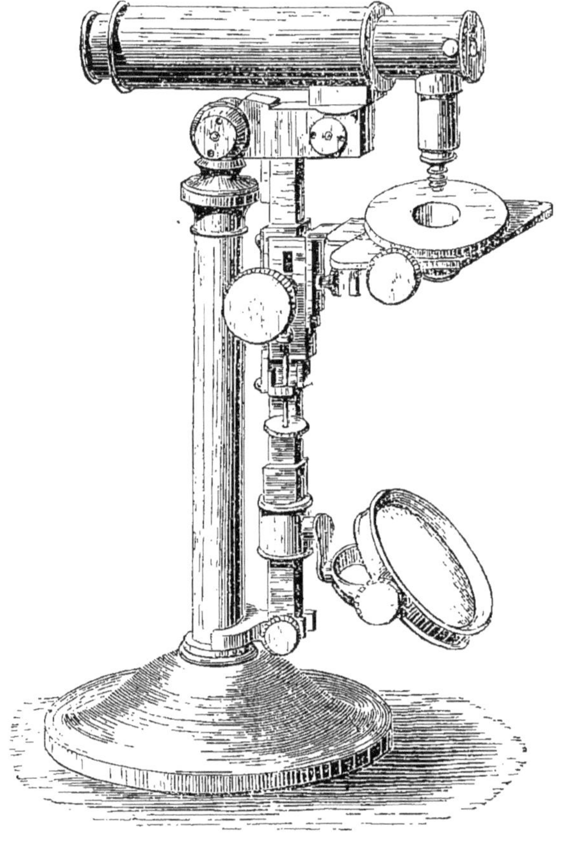

Fig. 285.

500 francs, non compris bien entendu celui de la fig. 285, véritable objet de luxe qui ne peut convenir qu'à un amateur millionnaire.

104.

Revenons maintenant où nous en sommes restés.

Dans le chaos des formes de la nature et de tous les êtres divers de la création, il est une unité servant de point de repère, une source originelle commune qui relie entre eux les individus, les espèces, les genres, les familles, les races et les règnes, c'est la *cellule*. C'est là l'origine de toute chose, l'élément premier, l'organe fondamental, l'œuf mystérieux d'où sortent, par multiplication, le cristal, la plante, l'animal et l'homme.

Cette cellule consiste en une petite vésicule à peu près sphérique. Elle est si petite qu'on ne peut l'apercevoir à la vue simple. Elle n'a parfois que quelques centièmes de millièmes de largeur, et il faut s'être déjà familiarisé avec ce monde prodigieux des infiniment petits pour pouvoir se faire une idée plus ou moins exacte de ces corpuscules difficilement appréciables. C'est cependant là que nous allons voir se révéler des merveilles inattendues, car ce n'est point ailleurs que dans ce globule invisible qu'il faut chercher la plante élémentaire, le végétal premier-né organisé pour vivre et possédant en lui-même toute force de développement et de reproduction.

Oui, nous voici en présence d'un atome créateur. Ce point que l'œil ne voit point et qui, grossi des centaines de fois, paraît encore d'une petitesse extrême, ce néant qui échappe à tous les sens et dont l'homme, sans le microscope, eût à tout jamais ignoré l'existence, c'est là ce qui constitue et procrée les grands arbres et les forêts vierges, et les masses gigantesques du règne végétal tout entier.

Nous voilà donc en pleins prodiges. Qu'un globule quelconque·soit d'une exiguïté infinie et s'appelle atome, c'est-à-dire chose que l'on ne peut plus diviser, il n'y a là rien encore qui ne soit compréhensible. Mais que ce globule indivisible contienne le mystère des mystères, la faculté de se reproduire, l'éternelle force plastique de la vie ; que cet atome renferme en lui un monde futur de végétation, qu'il soit à lui seul tout un règne et puisse renouveler sur la surface de la terre l'océan de verdure qui la couvre, en supposant que ce qui existe soit supprimé, anéanti par un cataclysme... voilà l'inconcevable merveille que nous rencontrons dès les premiers pas.

Les cellules, appelées aussi utricules ou petites outres, sont de formes très-diverses. Tout d'abord globuleuses

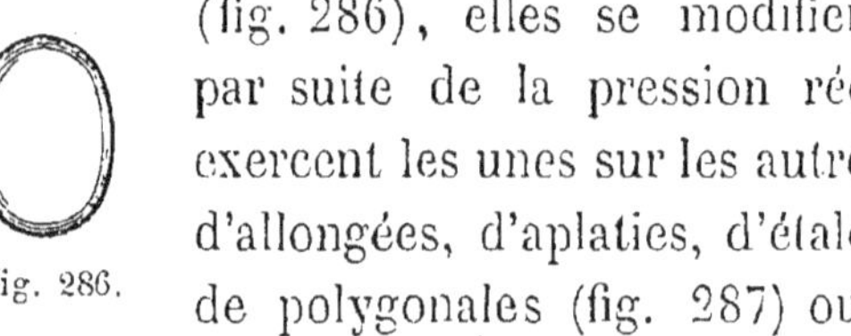

Fig. 286.

(fig. 286), elles se modifient singulièrement par suite de la pression réciproque qu'elles exercent les unes sur les autres. L'on en trouve d'allongées, d'aplaties, d'étalées, d'échancrées, de polygonales (fig. 287) ou de polyédriques (fig. 288) ; il en est d'autres de formes complétement irrégulières et qui semblent être le résultat de la soudure de plusieurs utricules[1] (fig. 289).

1. Les cellules contiguës d'une masse de tissu cellulaire, laissent entre elles çà et là des espaces vides qu'on nomme *lacunes* (fig. 290). Ce sont de simples déchirements ou des destructions partielles du tissu qu'il ne faut pas confondre avec les *méats* ou *conduits intercellulaires*, qui sont l'espace compris entre des cellules plus ou moins globuleuses et ne pouvant, par conséquent, se toucher par toutes leurs faces.

Le microscope nous a révélé la cellule et ses formes diverses; mais ce n'est pas encore tout : il nous en montre de plus l'intérieur, il nous fait pénétrer jusqu'au dernier

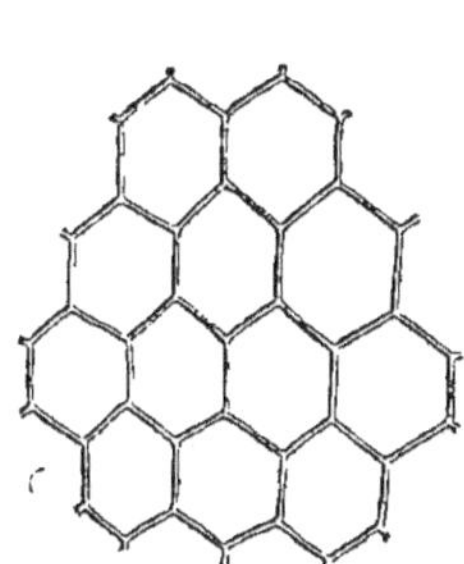

Fig. 287.

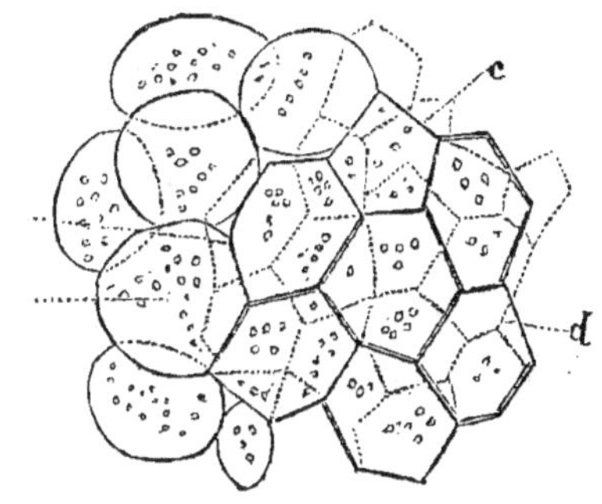

Fig. 288.— Tissu d'une tige d'Angélique.

secret de son organisation intime, et nous enseigne que notre petit globule a deux enveloppes superposées et concentriques.

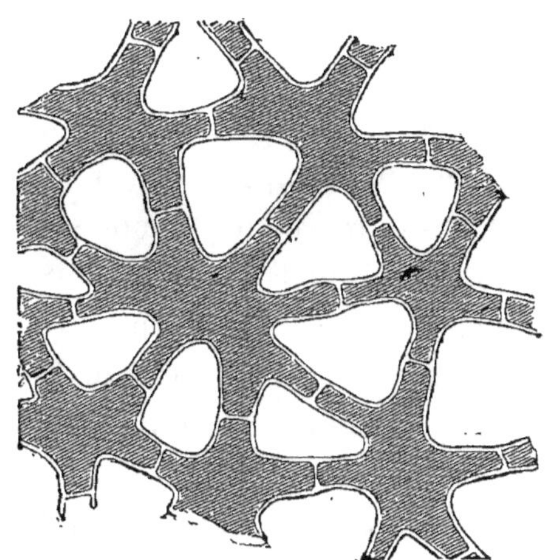

Fig. 289. — Tissu étoilé
du Sparganium.

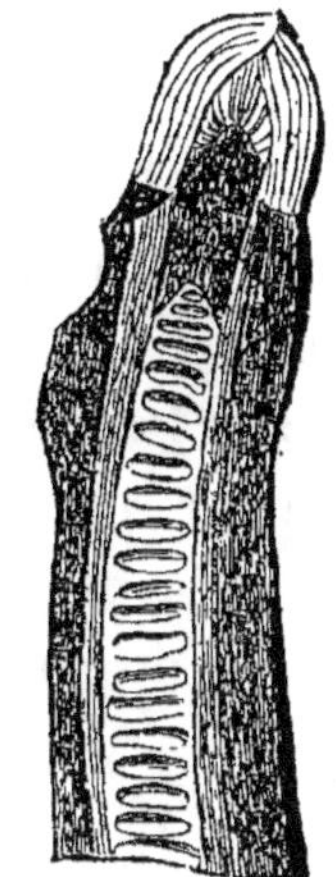

Fig. 290. — Lacunes dans
le tissu cellulaire de la
moelle du Noyer.

L'une, l'intérieure, appelée *membrane cellulaire,* est mince, parfaitement incolore et transparente ; la seconde, l'intérieure constitue seule à proprement parler la cellule : c'est une membrane muqueuse créatrice qu'à raison de son importance dans l'anatomie végétale l'on appelle *utricule primordiale.* La membrane cellulaire est un composé de carbone, d'hydrogène et d'oxygène, simple composé *ternaire,* ainsi que s'exprime la chimie. L'utricule primordiale joint à ces trois éléments l'azote, et se trouve ainsi être une substance *quaternaire* à laquelle seule se rattachent tous les phénomènes de la vie et de la reproduction, l'azote étant pour ainsi dire le moyen terme qui associe l'un à l'autre le végétal et l'animal.

<h2 style="text-align:center">105.</h2>

Voilà donc notre cellule constituée. Organisme indépendant, ne relevant que d'elle-même, possédant en soi la double force qui fait vivre et qui reproduit, elle puise des aliments liquides dans les corps qui l'entourent, les absorbe par ses pores invisibles et, merveilleuse petite officine, crée, à l'aide de procédés chimiques qui lui sont propres, de nouveaux corps entièrement différents d'elle-même.

L'une des premières créations qu'elle opère dans son intérieur, c'est l'épaississement de sa propre enveloppe (fig. 291). Une couche nouvelle s'épanche entre l'utricule primordiale et la membrane cellulaire. A cette couche en succède une seconde, puis une troisième, et puis d'autres encore, jusqu'à ce que la cellule en soit à peu près rem-

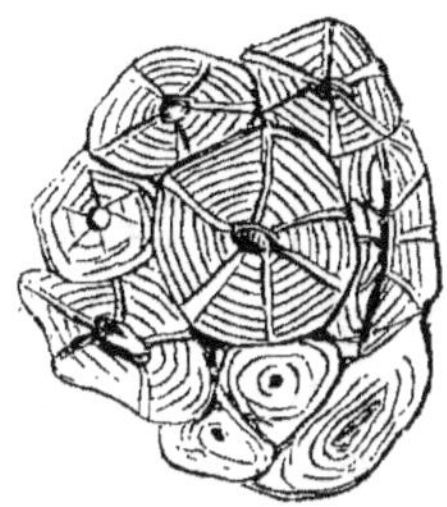

Fig. 291. — Utricules de Sureau
à parois très-épaisses.

plie. Mais, chose fort bizarre, ces couches ne sont quelquefois ni homogènes, ni entières. Criblées de petits trous,

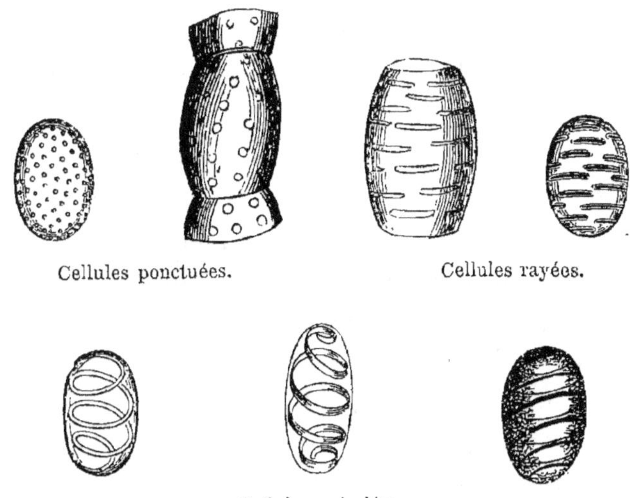

Fig. 292.

fendues, découpées en spirales ou en anneaux parallèles, elles laissent à découvert, suivant les figures qu'elles représentent, des espaces vides qui, vus du dehors, semblent être dans la cellule de véritables solutions de continuité (fig. 292). Il n'en est rien cependant, car les lacunes intérieures sont toujours fermées au dehors par la membrane cellulaire.

Indépendamment de l'épaississement des parois, la cellule, nous l'avons dit, renferme dans son imperceptible cavité des substances diverses. Bien que hermétiquement close de toute part, elle est toujours remplie de quelque matière, soit d'air, soit d'eau, soit d'huile, soit de sucre, ou de fécule, ou de minces filaments de cristaux, soit enfin d'une substance colorée, qui le plus souvent se trouve être verte.

Or, savez-vous ce que c'est que cette substance verte? Non, à coup sûr, et vous ne le devineriez jamais. Eh bien, apprenez donc que ce sont d'autres petites utricules remplies de granulations qui apparaissent au travers de l'enveloppe transparente de la première, et songez surtout à ceci : c'est que si nos microscopes, déjà si puissants, pouvaient le devenir encore davantage, ils nous montreraient probablement de nouvelles utricules dans ces utricules intérieures, et cela jusqu'à des limites où l'imagination s'arrête confondue et se perd devant de tels miracles de division et d'emboîtement.

Ces granulations vertes, qui constituent la couleur essentielle des végétaux, ont été l'objet de longues et patientes observations; mais l'on conserve encore des doutes sur leur véritable nature. Un savant physiologiste, M. Dutrochet, a émis à ce sujet une hypothèse hardie. Il suppose que cette matière verte, cette *chlorophylle*, pour l'appeler par son nom, n'est pas autre chose qu'une sorte de système nerveux végétal, c'est-à-dire une matière où commencerait peut-être à éclore une vague sensibilité, de telle sorte que la plante serait comme un animal embryonnaire, qui ne peut se mouvoir encore, mais qui vit déjà, sent à coup sûr, devient parfois triste, malade, et se trouve ainsi être sur la limite des êtres organisés.

Selon d'autres botanistes, la chlorophylle, qui est un composé de matières diverses, de cire, de résine, et surtout de fer, aurait plutôt quelque analogie avec le sang des animaux qui, lui aussi, on le sait, contient toujours du fer. Quand une plante s'est étiolée dans un lieu privé de lumière, elle devient pâle et en quelque sorte chlorotique. Eh bien, si on l'arrose avec un sel de fer, on lui voit reprendre en peu de temps sa couleur verte et son aspect ordinaire, de même qu'un individu affecté de chlorose reprend, sous l'influence d'un médicament ferrugineux, la coloration normale de la santé.

C'est donc la chlorophylle, nous le savons maintenant, qui colore toutes les parties vertes des végétaux ; mais il est bien d'autres couleurs que la verte dans ce règne aux teintes éclatantes. Celles-ci proviennent de causes différentes. Les nuances variées des pétales sont dues, non plus à des granules, comme ceux de la chlorophylle, mais à des liquides colorés répandus dans le tissu cellulaire, qui le plus souvent, et outre ces liquides, renferme aussi dans son intérieur des granules de chlorophylle. Quant à la coloration blanche, elle dépend tout simplement de l'air contenu par les utricules. Ainsi des pétales, d'une éclatante blancheur, placés sur de l'eau et soumis à l'action de la machine pneumatique, perdent leur opacité lactée et deviennent transparents, incolores, par suite de la substitution de l'eau, dans leurs cellules, à l'air dont elles étaient remplies.

Nous avons nommé la fécule au nombre des matières que la cellule élabore dans son microscopique laboratoire. Ajoutons ici quelques mots sur ce remarquable produit.

Fécule de pomme de terre.

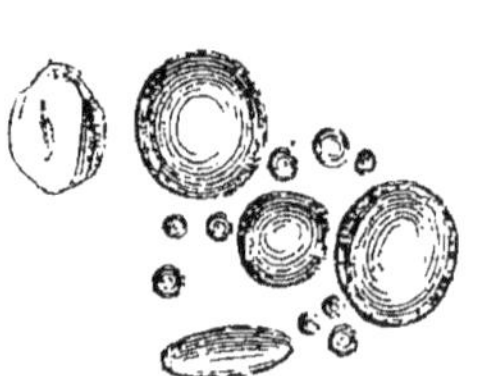

Fécule de céréales.   Fig. 293.   Fécule de tapioca.

La *fécule* ou *amidon* (fig. 293) se trouve en quantité notable dans diverses parties de la plante. Il est des tubercules souterrains, des tiges, des feuilles, des fruits, des graines qui en sont abondamment fournis. Elle se montre au microscope sous la forme de granules incolores et transparents, d'une grosseur fort variable, puisqu'il en est qui mesurent un dixième de millimètre, tandis que certains autres n'excèdent pas en largeur deux centièmes de millimètre.

Mais ce n'est pas là toute l'histoire de l'amidon. Chaque grain de fécule est un corps solide, souvent aplati, de forme plus ou moins ovalaire et composé de couches concentriques. A la surface de la plupart de ces grains l'on aperçoit deux ou trois petites cicatrices nommées *ostioles*. L'ostiole est l'ouverture d'un petit canal en forme d'entonnoir qui pénètre jusqu'au centre du globule. Quelquefois, autour de cette ouverture, rayonnent, sous forme d'étoile, des fentes qui pénètrent plus ou moins profondément la substance du grain de fécule.

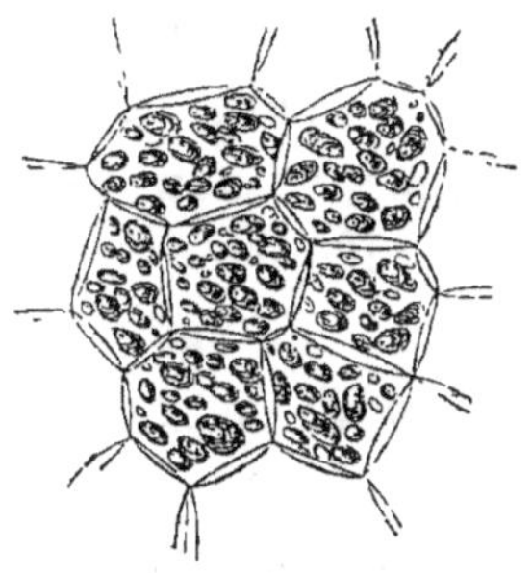

Fig. 291. — Cellules remplies de grains de fécule.

Or savez-vous ce qu'ont été à l'origine et ce grain et cette ostiole? — Tout jeune globule d'amidon commence par n'être qu'une simple vésicule percée d'un petit trou. C'est là notre future ostiole qui débute dans ses fonctions. Par cette ouverture pénètrent successivement des alluvions de matière liquide, qui, par couches superposées, viennent se déposer dans l'intérieur. A chaque dépôt, la vésicule primitive se dilate, se gonfle, se remplit, se solidifie, et si bien que, finissant par perdre toute élasticité, elle cesse de croître... L'univers alors compte un grain de fécule de plus.

Notre petite cellule, qui est un chimiste de premier ordre, ne se contente pas de faire des gommes, des huiles, du sucre, des acides, du gluten, de la chlorophylle et de fécules ; dans ses moments perdus, elle fait encore des cristaux. Oui, des cristaux qui, tantôt isolés, tantôt réunis, mamelonnés ou hérissés de pointes pyramidales et le plus souvent fagotés en petits paquets d'aiguilles, sont connus en botanique sous le nom de *raphides*.

Ce qu'il y a peut-être de plus remarquable parmi les objets divers confectionnés par notre utricule, c'est son noyau ou *nucléus* (fig. 295). L'on a vivement et longuement discuté sur ce mystérieux nucléus ; mais commençons par le définir. Le nucléus est un petit corps de forme lenticulaire ou à peu près globuleuse, qu'on trouve appliqué contre la paroi intérieure d'une foule de cellules. Ce qu'il est, d'où il vient, et à quoi il est bon ? Ce sont là autant de questions indiscrètes auxquelles je serais vraiment fort en peine de répondre — et je vous prie bien de croire que je ne suis pas le seul.

Fig. 295. Utricule contenant un nucléus.

Certains physiologistes lui font jouer un rôle des plus importants dans la reproduction des utricules. L'un d'eux, pour se venger sans doute des pénibles recherches que lui a fait faire ce nucléus malencontreux, l'a appelé *cytoblaste*. C'est bien fait, et cela lui apprendra.

Selon ce dernier observateur, le cytoblaste, dont le sens étymologique est *cellule qui engendre*, se composerait d'un certain nombre de corpuscules qu'il appelle *nu-*

cléoles, et qui ne seraient pas autre chose que des cellules rudimentaires.

En résumé, la question est loin d'être résolue, et il se peut fort bien que le nucléus ne soit qu'un résidu inutile. Mais lorsqu'on adopte momentanément les vues de M. Schleiden, l'inventeur du cytoblaste, et que, l'œil au microscope, perdu dans l'immensité d'une goutte d'eau, l'on contemple ce mystérieux petit noyau, riche peut-être de tant d'avenir, l'on se prend à rêver... que sais-je? de concentration de germes, d'amoncellement de vies, sortes de nébuleuses végétales d'où sortiraient par myriades des cellules, puis d'autres cellules encore, et cela sans limites, avec cette incompréhensible fécondité qui caractérise les œuvres de la création.

L'on ne sait donc pas au juste comment se reproduit le tissu cellulaire, et les avis sont fort partagés. Les uns pensent que la production se fait par voie interne; les autres, et ceux-là sont plus nombreux, croient, au contraire, que c'est au dehors que s'opère la multiplication, par suite de l'organisation d'un liquide nutritif appelé *cambium*, mot que nous connaissons déjà, lequel progressivement s'épaissirait, se mamelonnerait en cambium globuleux et finirait par s'organiser en cellule nouvelle.

Mais qu'importent les systèmes et qu'en saurions-nous davantage, lors même que cette dernière hypothèse serait prouvée? Que signifient ces mots : *Un liquide qui s'organise?* N'est-ce point en cela même que gît le mystère, que se cache l'insoluble problème? C'est là le saint des saints, le sanctuaire même de la vie dont nul encore n'a pu franchir le seuil.

Quoi qu'il en soit des difficultés qui compliquent la question, la cellule ne paraît pas s'en inquiéter le moins du monde, et son isolement est de courte durée. Avec une rapidité sans égale, elle se multiplie et remplit l'espace autour d'elle.

L'on comprend son activité brûlante. N'a-t-elle pas le monde à parer et à nourrir? Aussi fait-elle d'inconcevables prodiges. Il y a des feuilles qui, par heure, augmentent de deux mille cellules, des Courges ou Potirons dont le poids augmente d'un kilogramme par jour, des Champignons enfin qui, dans une heure, procréent soixante-six millions de cellules, ce qui fait quarante-sept milliards dans une seule nuit! Faut-il s'étonner désormais que la moitié du monde soit l'ouvrage de cette cellule incomparable ?

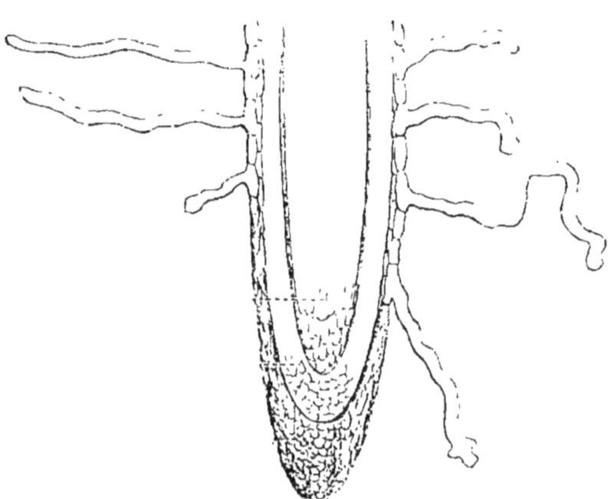

Fig. 296. — Coupe longitudinale de l'extrémité d'une racine de Hêtre.

De l'unité passant bien vite à la pluralité — pluralité incalculable — elles s'agglomèrent, se solidifient, s'allongent en racines (fig. 296). s'élèvent en tiges, s'étalent en feuil-

lage et en corolles, se groupent en fruits, puis se durcissent en grains, en noyaux, en écailles, créent au dehors, créent au dedans et se remplissent enfin de matières plus ou moins azotées qui, changées en chair par
les animaux herbivores, subissent une dernière transformation dans les animaux carnassiers.

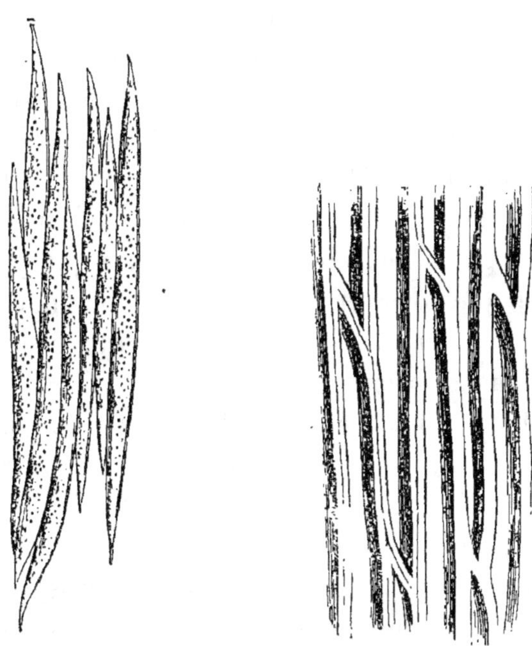

Fig. 297. — Tissu fibreux.

Voilà ce que fait la cellule, tout à la fois laboratoire et
magasin où s'accumulent des éléments de nutrition pour
le règne supérieur.

Le végétal produit et l'animal consomme.

La cellule s'allonge, ai-je dit; oui elle s'allonge au
sortir de la forme globuleuse et constitue par ses diverses

modifications les trois tissus principaux dont se compose toute plante : Le *tissu cellulaire* que nous connaissons, (fig. 294, 302, 303 et 304), le *tissu fibreux* qui est sa transformation immédiate (fig. 297), et le *tissu vasculaire* qui est sa seconde métamorphose (fig. 305 à 309).

Le tissu fibreux, qui se compose de vaisseaux courts, obliques, fermés à leurs deux extrémités, forme la masse du bois (fig. 298, 299 et 300) et les faisceaux de la partie intérieure de l'écorce, où il constitue une sorte de réseau à mailles plus ou moins larges. C'est également à ce tissu qu'appartiennent les fibres textiles qui servent à la fabrication des cordes et des toiles (Chanvre, Lin, Ortie, Phormium tenax, Agavé, etc.), et qui, dans quelques-unes des plantes que nous venons d'énumérer, offrent une force de résistance extrêmement considérable. Ce tissu fibreux qui n'est, nous l'avons dit tout à l'heure, qu'une simple modification du tissu cellulaire dont il tire constamment son origine, est comme ce dernier, simple, rayé ou ponctué.

Une dernière métamorphose enfin du tissu cellulaire, c'est le tissu vasculaire ou tissu formé de vaisseaux. Ces vaisseaux, qui ne sont que des fibres plus longues, comme les fibres ne sont que des cellules allongées, se composent de tubes continus, simples ou ramifiés, et destinés à contenir des liquides ou des fluides gazeux. Il est, sans doute, inutile de répéter que ces tubes ne sont qu'une longue série de cellules dont les cloisons transversales ont été successivement détruites.

Nous retrouvons naturellement ici les diverses formes caractéristiques des deux premiers tissus, c'est-à-dire que nous avons des vaisseaux simples, des vaisseaux rayés,

ponctués, annelés, réticulés et enfin des vaisseaux spirai-
res. Les vaisseaux simples contenant un·liquide particulier
appelé *latex* sont appelés *laticifères*. Les vaisseaux spirai-
res, dans l'intérieur desquels se· trouve une longue et
mince spiricule roulée en hélice, s'appellent *trachées*, et
sont considérés par certains physiologistes comme analogues aux organes respiratoires des insectes (fig. 305
à 309).

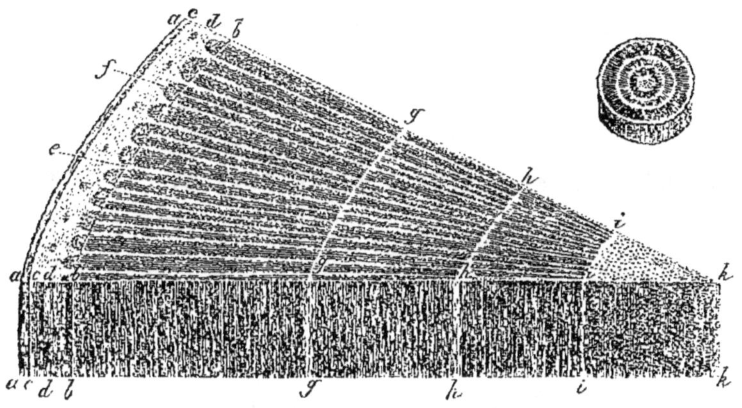

Fig. 298. — Coupe transversale d'une petite branche de Platane.

Fig. 299. — Petite portion de la même branche grossie au microscope;
a, b, écorce ; *a, c*, épiderme desséché ; *b, c*, partie vivante de l'é-
corce; *c, d*, partie de l'écorce successivement rejetée à la circonférence; *b, d*, liber ou jeune écorce; *e*, origine des rayons médullaires ; *f*, extrémité des fibres qui forment les mailles du liber ;
b, i, corps ligneux composé de trois couches; *i, k*, moelle interne.

Si de l'intérieur de la tige nous passons à l'extérieur,
nous y rencontrons encore notre cellule. Tout organe végétal exposé à l'action de l'air atmosphérique est recouvert
d'une membrane transparente appelée *épiderme*, qui se
compose de deux parties : d'une mince pellicule externe

appelée *cuticule*, exactement moulée sur la couche inférieure (et même sur ses poils qui s'y engaînent comme

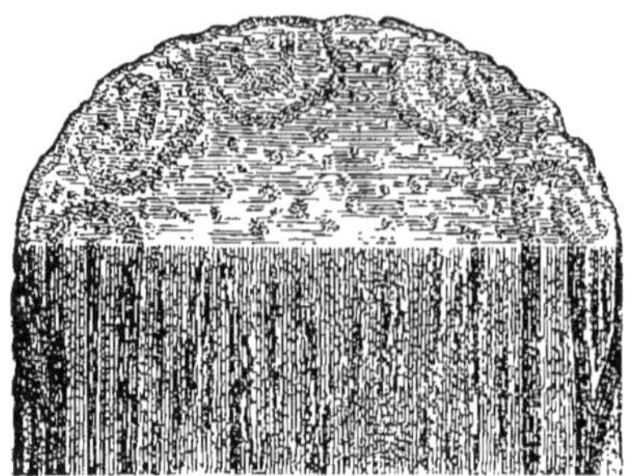

Fig. 300. — Tronc d'un Acotylédoné.

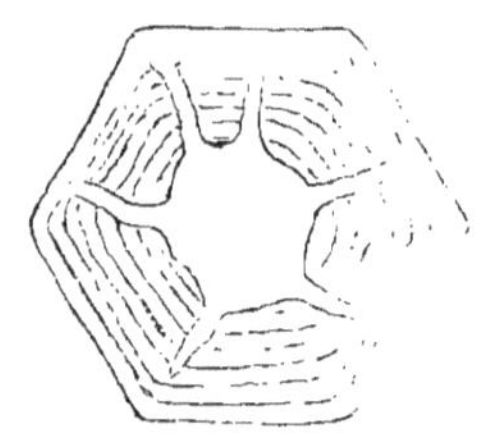

Fig. 301. — Coupe fortement
grossie d'une fibre.

des doigts dans un gant), et d'un tissu également transparent et fort mince qui est l'épiderme proprement dit. Cet
épiderme se compose de grandes cellules aplaties conte-

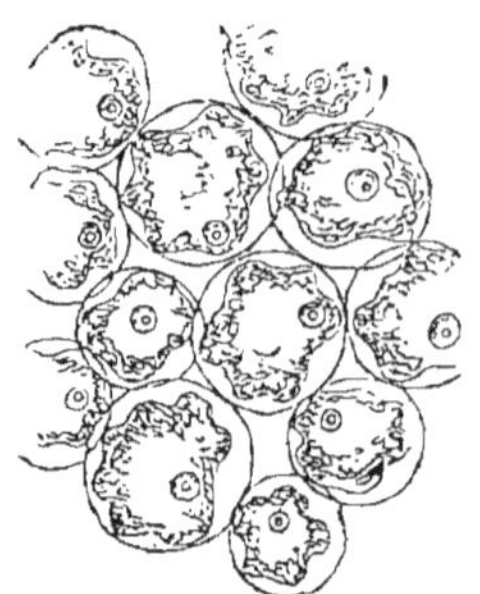

Tissu cellulaire de la hampe
d'une Jacinthe.

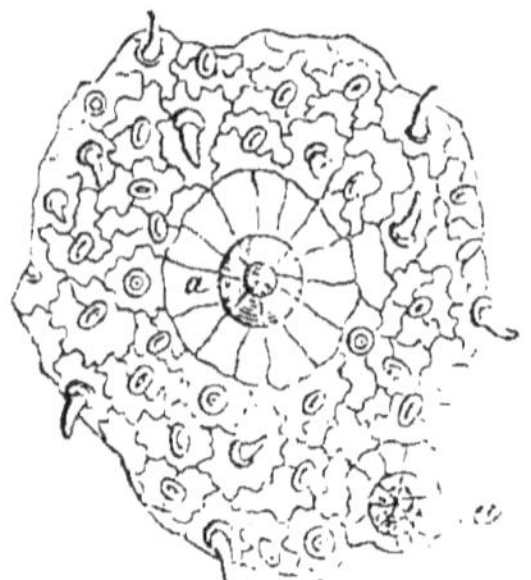

Épiderme avec stomates
et aiguillons.

Fig. 302. — Tissus cellulaires fortement grossis.

nant un liquide incolore et solidement rattachées les unes
aux autres. L'épiderme est habituellement composé d'une

couche unique, sauf certains cas assez rares où une seconde

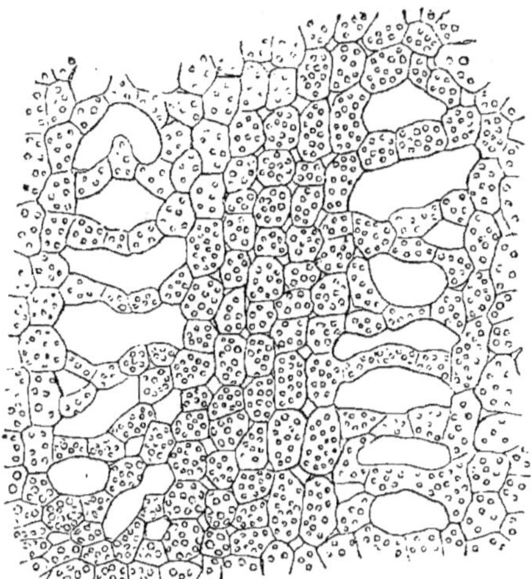

Tissu avec lacunes.

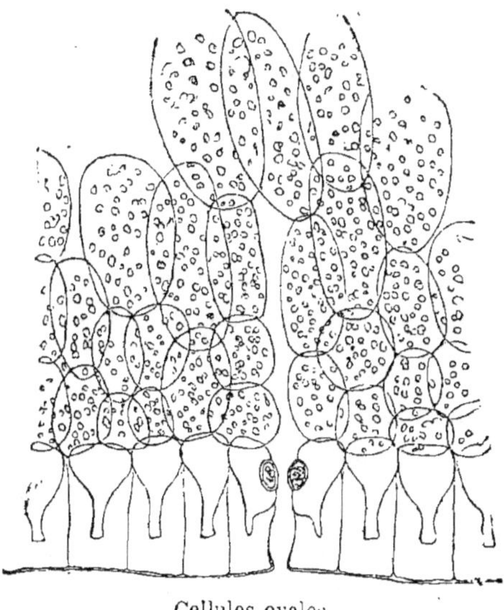

Cellules ovales.

Fig. 303. — Tissus cellulaires fortement grossis.

et même une troisième série de cellules plus petites

viennent épaissir la membrane primitive. Au dessous de l'épiderme commence l'écorce dans les tiges et le parenchyme dans les feuilles, ainsi qu'on l'a déjà vu dans les chapitres précédents.

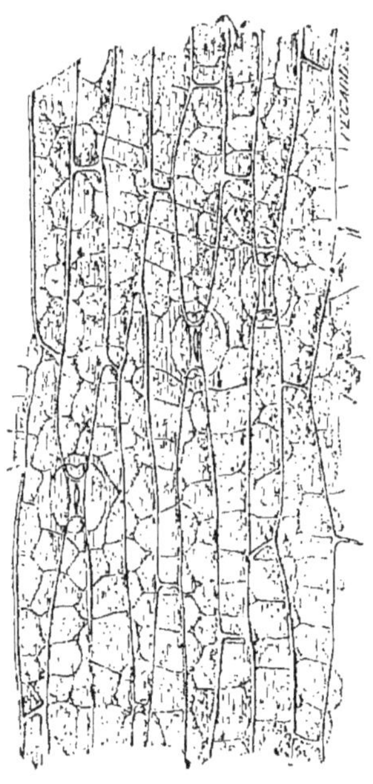

Épiderme d'une feuille d'Iris.

Fig. 304. — Tissu cellulaire fortement grossi.

L'épiderme n'existe pas dans les Champignons, les Mousses, les Algues et autres familles acotylédonées chez lesquelles le tissu cellulaire de la surface ne diffère pas beaucoup du tissu sous-jacent. Les végétaux aquatiques sont également dépourvus d'épiderme, et lorsqu'ils en présentent, c'est dans leurs parties non submergées.

Les cellules de l'épiderme ne sont pas toutes contiguës

les unes aux autres, et le tissu qu'elles forment présente
assez fréquemment des solutions de continuité. De petites

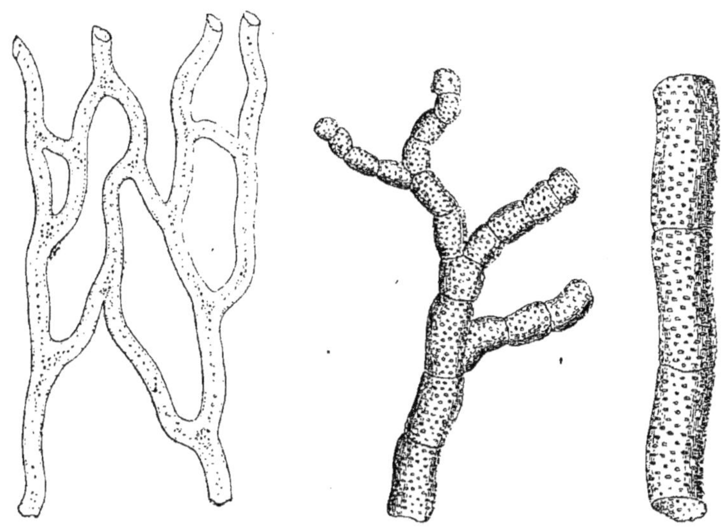

Fig. 305. — Vaisseaux laticifères.   Fig. 306. — Vaisseaux ponctués.

ouvertures d'une forme particulière, et que l'on ne peut
confondre avec aucune autre pour peu que l'on en ait vu

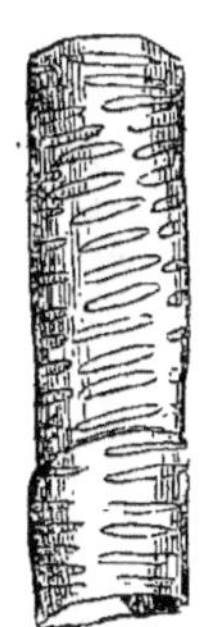

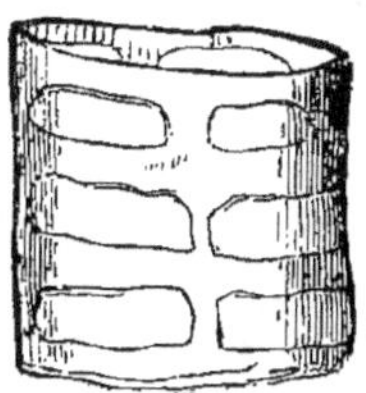

Fig. 307. — Vaisseaux rayés.

quelques-unes sous un grossissement suffisant, parsèment
la membrane transparente de certains épidermes. Ces ou-

vertures ou pores appelés *stomates* sont de petites bouches
(le nom de stomates ne signifie pas autre chose) qui,

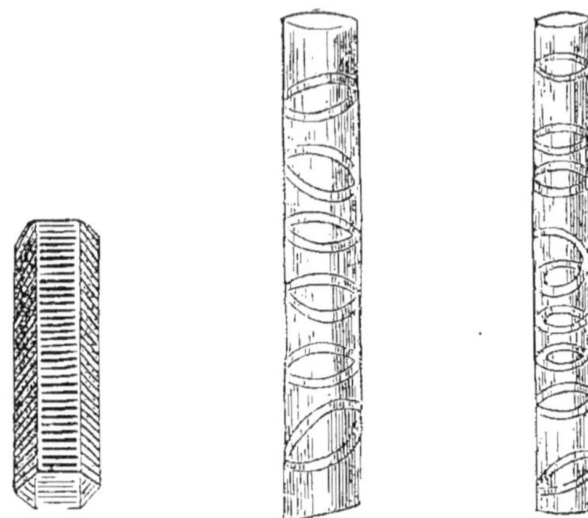

Fig. 308. — Vaisseaux annelés.

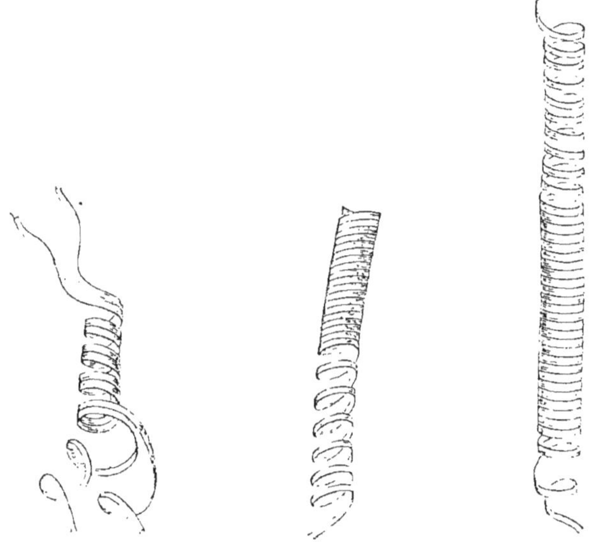

Fig. 309. — Spiricules de trachées.

placées dans l'épaisseur de l'épiderme, s'ouvrent à l'extérieur par une fente ovalaire bordée d'une sorte de bourrelet. Ce bourrelet, ou si vous préférez ce double ourlet, habituellement formé par deux cellules en croissant qui se tou-

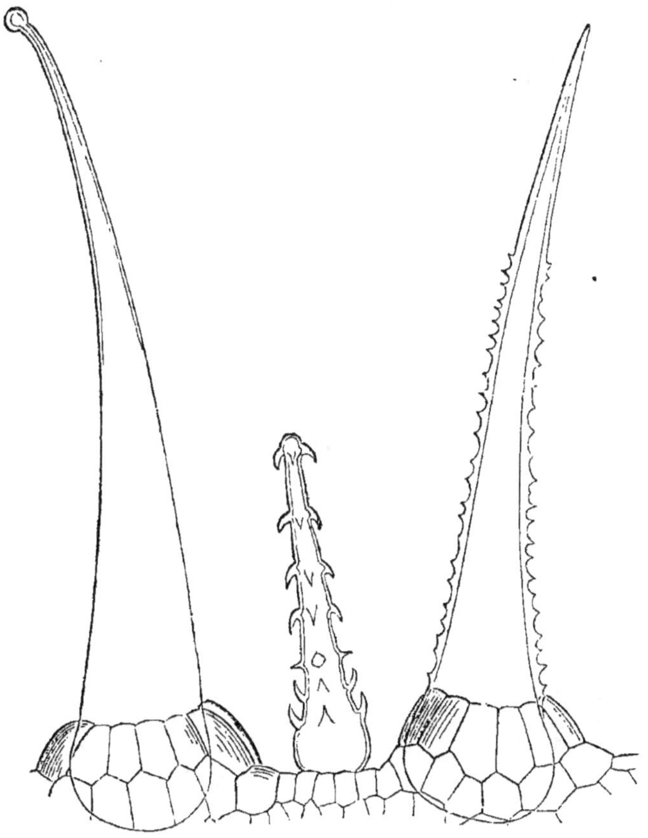

Fig. 310. — Poils grossis 400 fois.

chent par leurs extrémités, n'est pas sans analogie avec une boutonnière (fig. 312). Par leur fond, ces pores correspondent toujours à des espaces vides remplis d'air qui, communiquant le plus souvent les uns avec les autres,

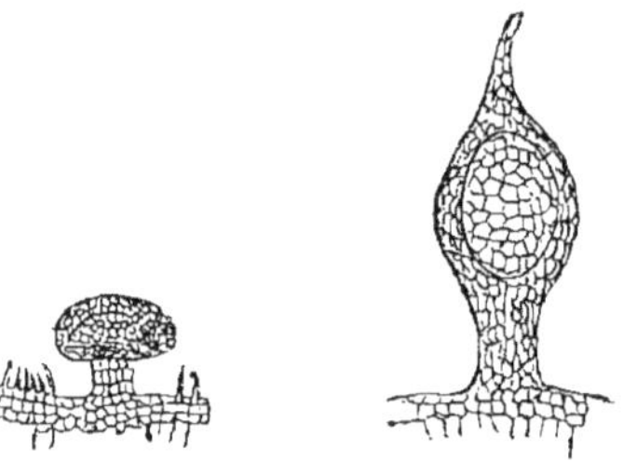

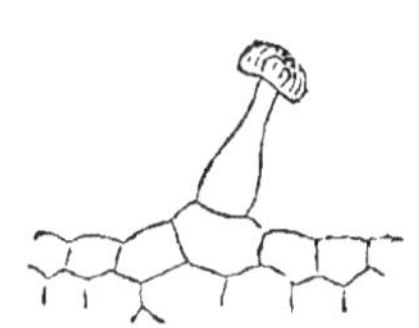

Glandes fortement grossies.   Poil glanduleux.

Fig. 311.

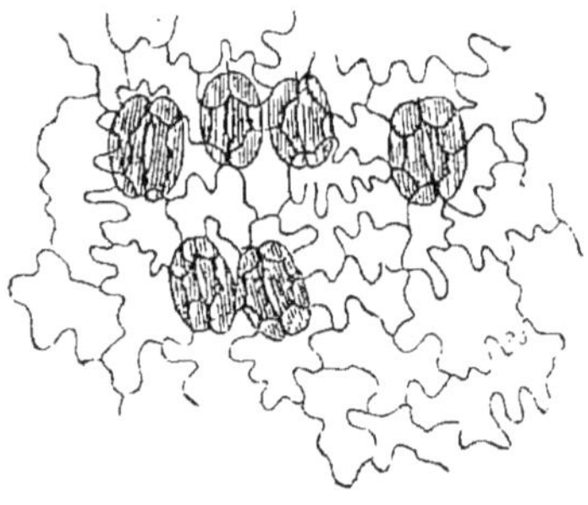

Épiderme avec stomates d'une feuille de Primevère de Chine.

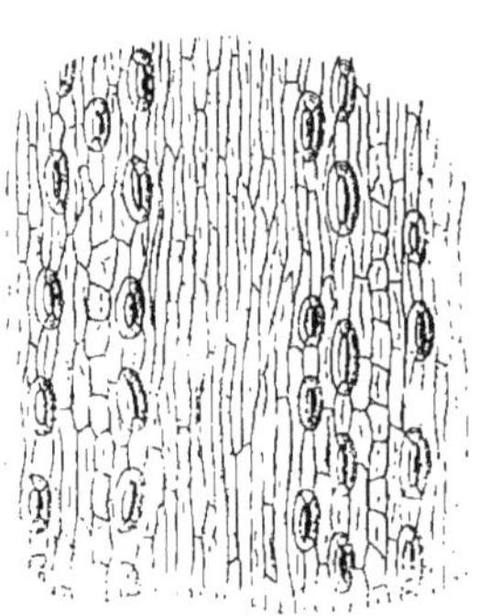

Stomates allongées.   Épiderme ponctué de stomates
au travers duquel on voit le
tissu cellulaire.

Fig. 312.

servent de moyen de diffusion aux fluides aériformes qui se trouvent dans l'intérieur des végétaux.

La fonction de ces stomates, toutefois, n'est pas bien nettement déterminée. L'on se demande encore, en admettant qu'elles soient des passages pour l'air qui circule dans les tissus, si elles servent à l'*aspiration* plutôt qu'à la *respiration*. Tout porte à supposer qu'elles servent particulièrement à l'exhalation de l'oxygène qui se fait pendant le jour sous l'influence de la lumière et surtout sous celle des rayons du soleil.

Les stomates sont d'une excessive petitesse et souvent tellement rapprochées les unes des autres, que leur nombre s'élève à des chiffres prodigieux. L'on a calculé, par exemple, d'une manière approximative, qu'une lame d'épiderme d'un pouce carré, prise sur la face supérieure d'une feuille d'Œillet, contient environ quarante mille de ces singulières petites lucarnes. L'Iris en présente douze mille et le Lilas cent soixante mille sur le même espace pris sur la face inférieure. C'est, du reste, sur ces dernières surfaces que les stomates se rencontrent avec le plus d'abondance.

106.

Maintenant que nous connaissons la cellule, voyons quel rôle elle joue dans l'économie végétale.

L'on sait, d'après ce que nous avons dit au chapitre de la graine et de la germination, que toute plante a pour origine, comme un raccourci d'elle-même, une sorte de gentille miniature appelée *plantule* dans laquelle l'on peut reconnaître ou plutôt pressentir les organes futurs qui en sortiront, c'est-à-dire la *radicule* et la *tigelle*. Eh bien, cette plantule, à son tour, a pour origine un globule primitif qui, vous l'avez deviné, n'est pas autre chose que notre cellule.

Cette cellule, suivant ses modes habituels de reproduction, se multiplie par elle-même, se groupe, s'agglomère en haut, en bas, se trace à elle-même, cette ligne idéale que l'on connaît sous le nom de *collet de la racine*, obéit à cette étrange et double force symétrique qui, s'emparant des deux extrémités de la plante, les fait croître en sens inverses, et constitue enfin le jeune végétal tout entier dont nous avons étudié les divers développements. Il est donc inutile d'en recommencer le récit détaillé.

Qu'il nous suffise de savoir que notre cellule fait merveille et qu'elle pourvoit à tout. Elle crée la moelle centrale, les fibres, les vaisseaux, l'écorce, l'épiderme, attire les sucs nutritifs qu'elle transforme, donne passage à l'air dont elle extrait les gaz essentiels; fait circuler par endosmose les divers liquides qu'elle modifie; distille des essences, des fécules, des gommes, des sucres, des huiles; crée la séve, crée le cambium reproducteur des couches végétales, et finit par se dessécher quand son rôle est terminé, s'immobilisant sous forme de bois, de moelle, de liége, d'herbe sèche, de fruits, de semences ou de tissus végétaux.

Après la tige et les fibres plus ou moins ligneuses, viennent la feuille et son parenchyme, les pétales avec leur fin tissu, les étamines avec leur pollen, le style avec... Mais arrêtons-nous ici un instant.

Vous savez déjà que l'étamine est dans la plante l'organe le plus élevé sur l'échelle des transformations. Nous avons étudié ailleurs son filet et son anthère; revenons ici sur le pollen envisagé au point de vue microscopique.

C'est ici qu'il faut admirer de nouveau notre petite cellule magicienne. Le tissu de l'anthère est primitivement formé d'une masse de cellules toutes semblables entre elles. Mais bientôt au milieu de ce tissu, passe un courant de vie. Une force organique dont il sera impossible à tout jamais d'apprécier la nature et de comprendre l'intensité, fait comme un choix parmi les cellules, détruit celles du centre de l'anthère, les dédoublant, les réduisant par moitié, de seize à huit, de huit à quatre, de quatre à deux, de deux à une seule grande cellule qui devient une lacune. Ces lacunes sont ordinairement au nombre de quatre qui, réduites encore par moitié, constitueront deux loges ou pochettes.

C'est d'abord d'une sorte de mucilage que sont remplies ces lacunes. Ce mucilage s'organise en cellules de deux sortes : les unes extérieures, et plus petites, forment une couche qui enveloppe la lacune et lui sert de paroi, les autres, beaucoup plus grandes, sont les utricules au sein desquelles naîtra le pollen. Bientôt, en effet, les cellules mères se remplissent de granules. Chacun de ces granules se revêt d'une membrane propre, s'accroît, prend sa figure caractéristique et forme avec tous ceux qui l'entourent une masse pulvérulente dont se remplit chacune des logettes que nous avons vues se former primitivement ; c'est là l'anthère ou tête d'étamine.

La forme des grains de pollen diffère, on le sait, dans chaque espèce. La plus générale est celle d'un ellipsoïde ou d'un sphéroïde. Le grain de pollen mûr se compose généralement de deux membranes dont l'une tapisse l'autre. L'extérieure, toujours plus épaisse, varie singulièrement d'aspect. Lisse, mamelonnée, ponctuée, chagrinée, rugueuse ou hérissée de petits aiguillons, elle renouvelle ces interminables séries dont l'organographie végétale nous a donné de si riches exemples. L'enveloppe intérieure toujours mince, transparente et fort élastique, renferme un liquide épais, la *fovilla,* où, mêlés à quelques gouttelettes d'huile, s'agitent des granules nombreux.

107.

Que sont-ils ces granules, et pourquoi s'agitent-ils? Telles sont les inconnues de l'un des plus curieux et des plus insolubles problèmes que présente le monde végétal.

Divers botanistes, surpris par les mouvements singuliers de ces granules, les ont tout d'abord considérés comme des êtres animés d'une vie véritable et spécialement chargés du rôle essentiel dans l'acte de la fécondation. L'analogie que semblaient offrir ces corpuscules avec les spermatozoaires des animaux, introduisait dans la question ce caractère d'unité d'organisation qui si aisément séduit tout esprit philosophique. Le célèbre botaniste Brown, en particulier, qui l'un des premiers avait observé le phénomène, donna le nom de *molécules actives* à ces particules vibratiles.

Mais voici qu'on vit la question s'élargir et le problème

embrasser un champ sans limites. Ce ne sont plus seulement, en effet, les granules de la fovilla qui s'agitent, ce sont la plupart des corps solides organiques et inorganiques qui, suffisamment divisés et tenus en suspension dans un liquide, sont immédiatement animés de ce mouvement incompréhensible que l'on a appelé *brownien*, en souvenir du naturaliste plus haut mentionné.

C'est en vérité un étrange spectacle que présente la danse mystérieuse de ces milliers de *motiles*[1], lorsque dans une solution quelconque on les voit vibrer et comme frémir sous l'agitation contagieuse d'un immense fourmillement. Une gouttelette d'eau colorée par le contact d'un fragment de gomme gutte ou de carmin devient immédiatement, dans le champ du microscope, un lac, un océan où titubent sur eux-mêmes des myriades de corpuscules sphériques. On les voit se mouvoir irrégulièrement et en tous sens, comme s'ils étaient suspendus à l'extrémité d'un fil invisible, se balançant, s'écartant de leur position primitive de trois, quatre et jusqu'à dix fois leur diamètre, lorsqu'ils sont d'une excessive ténuité.

La première fois que je contemplai ce phénomène extraordinaire, j'en fus ébloui, stupéfait. Puis un éclair passa devant moi. Je me demandai si tous ces corps que je voyais s'agiter de la sorte n'étaient pas, non plus une agglomération de débris autrefois vivants, mais une agglomération de ces êtres singuliers qu'on appelle *ressuscitants* en histoire naturelle, et qui, après des semaines,

---

1. Appelons les *motiles* ces granules quels qu'ils soient, du participe latin *motus*, qui dans son sens passif signifie remué, agité par une cause étrangère, et non plus par une force interne, ainsi que l'indiquait le terme abandonné aujourd'hui de *molécules actives*.

des mois, des années de dessiccation, renaissent tout à coup au contact d'une goutte d'eau, et recommencent, ou plutôt poursuivent, une existence périodiquement suspendue.

Mais cet éclair fut court. Je compris bientôt l'invraisemblance de mon hypothèse et me résignai à ne voir, comme tout le monde, dans ces motiles, que de simples molécules agitées du *mouvement brownien.*

Eh bien, non, je ne me résigne pas. Je proteste au contraire contre le ton indifférent avec lequel l'on déclare que de tels corpuscules sont agités de ce mouvement singulier, après quoi l'on passe satisfait, comme s'il suffisait de cataloguer un phénomène pour mettre hors de cause le mystère qu'il renferme. L'on croit avoir tout dit, lorsqu'on a dit mouvement brownien. L'on néglige une inconnue pour en poursuivre d'autres. Est-ce bien rationnel et surtout bien scientifique?

Je n'oublie pas que certaines tentatives d'explication ont été faites. Je sais qu'après certaines expériences par lesquelles il a été établi, d'une part, que le mouvement devient notablement plus vif à mesure que l'on chauffe le liquide, et d'autre part, que ni la lumière ni l'électricité, ni le magnétisme, ni le contact des réactifs chimiques n'influencent en rien le caractère du phénomène, l'on a cru devoir conclure que le susdit mouvement brownien est le résultat des impulsions variées que chaque particule reçoit de la part du calorique rayonnant émis par les corps voisins. — Mais ce que je sais encore, c'est que l'explication n'est ni des plus claires ni des plus satisfaisantes.

Quittons donc les beaux rêves de vie universelle, et rentrons dans la réalité scientifique, en déclarant que les granules de la fovilla ne sont pas animés d'une vie véritable. Contrairement à l'affirmation de certains botanistes, qui prétendent que ces motiles cessent de se mouvoir dans les liquides vénéneux ou narcotiques, tels que l'alcool, l'opium et les acides, j'en ai vu s'agiter, je l'ai déjà dit en commençant, dans de l'acide chlorhydrique dont la moindre particule suffit pour faire cesser toute vie. Ces granules n'appartiennent pas du reste d'une manière exclusive à la fovilla. L'on en trouve également dans la séve, et cela suffit pour rendre à tout jamais impossible une assimilation entre eux et les spermatozoaires.

108.

Cela dit, poursuivons. Si l'on place un grain de pollen sur une surface humide, il s'imbibe rapidement, se gonfle, et, ses deux membranes étant inégalement élastiques, l'extérieure se déchire et donne passage à la seconde. Celle-ci, qui parfois se manifeste sous la forme d'une petite ampoule, crève à son tour et laisse échapper la fovilla par un jet irrégulier plus ou moins étendu. Mais cette ampoule ne se déchire pas toujours. Par suite de son excessive élasticité, elle s'allonge quelquefois en un long tuyau et forme ce tube pollinique dont nous avons étudié l'action et les effets dans le chapitre de la fécondation.

Vous n'avez pas oublié, n'est-ce pas? que nous faisons l'histoire de la cellule. Gardons-nous donc de la perdre de vue, et cherchons-la maintenant dans le pistil, dont la partie inférieure, appelée ovaire, contient le germe de la plante future.

Est-il besoin de vous répéter que le style n'est autre chose que la réunion de deux feuilles appelées carpellaires, qui, soudées ensemble, forment d'abord le tube supérieur, puis s'élargissent pour faire place aux cavités de l'ovaire? Non, à coup sûr. Vous connaissez l'histoire morphologique de la feuille, c'est-à-dire toutes ses admirables transformations.

Eh bien, l'anatomie des carpelles nous montre une structure analogue à celle des feuilles ordinaires. Nous y trouvons d'abord un tissu cellulaire plus ou moins coriace, ferme, tendre ou succulent. La noix, le gland, la fraise et la pêche, qui sont autant de carpelles, peuvent nous donner, la première par son brou, le second par son tégument coriace, et les dernières par leur pulpe savoureuse, une exacte idée des textures diverses de ce tissu. Ce tissu, traversé par des faisceaux de fibres, est recouvert d'une double couche d'épiderme dont l'extérieure seule est garnie de stomates. Les faisceaux fibro-vasculaires montent de l'ovaire dans le style dont ils occupent le pourtour. Le centre du style est creusé en canal, et la surface interne de ce canal est garnie de cellules saillantes, tandis que le milieu même du tube est occupé par des filaments cellulaires que l'on nomme *tissu conducteur*. C'est ce tissu qui, en s'élargissant au sommet, forme la surface spongieuse du stigmate ou tête de style.

Maintenant quittons le style, descendons dans l'ovaire; qu'y trouvons-nous? Des ovules, c'est-à-dire de jeunes graines non encore fécondées. De jeunes graines, c'est trop dire ; pour arriver à l'état de graine, l'ovule doit passer par des transformations extrêmement remarquables. Résumons-les rapidement.

Au moment où l'ovule commence à apparaître sur la surface interne de l'ovaire, il ressemble à une petite excroissance uniquement composée de tissus cellulaires, sans distinction d'aucune partie. Mais insensiblement se forme à la base du tubercule une sorte de bourrelet circulaire semblable à une cupule. Cette cupule s'accroît, et en même temps qu'elle envahit l'ovule, apparaît au dehors d'elle une cupule secondaire, laquelle, à son tour, monte, recouvrant la première enveloppe comme celle-ci a recouvert le mamelon primitif. Qu'arrive-t-il alors? On le comprend sans peine. Il arrive que l'ovule se trouve bientôt entouré d'une double membrane épaisse, charnue, au sommet de laquelle s'ouvre une ouverture qui laisse encore apparaître, en légère saillie, le tubercule enveloppé.

Vous faut-il répéter les appellations techniques que vous connaissez déjà? Le corps central de l'ovule, c'est la nucelle. La première enveloppe en venant du dehors, c'est la primine, la seconde, la secondine. La chalaze est le point d'attache qui réunit la nucelle à la secondine ; le hile est le point d'attache qui fixe la primine à la paroi interne de l'ovaire; le micropyle enfin est le petit canal formé par les deux ouvertures habituellement concentriques de la secondine et de la primine. C'est par ce canal que l'ovule subit l'influence fécondante du pollen.

L'ovule complet se compose donc d'un noyau interne, ou nucelle, creusé à l'intérieur d'une cavité qu'enveloppe l'ovaire. Cette nucelle, entourée de deux membranes qui lui adhèrent seulement par la base et qui sont entr'ouvertes à l'extrémité opposée, forme, avec l'ensemble des éléments dont se compose l'ovule, une masse cellulaire dans laquelle nous allons voir s'opérer, par suite de la fécondation, des métamorphoses successives.

En effet, pendant que l'ovule prend de l'accroissement, la nucelle se creuse, vers son centre, d'une cavité formée par une de ses cellules qui se dilate, s'étend en longueur et adhère par les deux bouts aux cellules environnantes. Cette cellule, ainsi développée prend, vous le savez, le nom de sac embryonnaire. Ses parois se tapissent bientôt d'un tissu cellulaire mucilagineux qui s'épaissit, augmente de toute part, et finit par remplir la cavité entière du sac. C'est cette matière, ainsi que celle dont se compose la nucelle, qui constituent le dépôt alimentaire destiné à la plantule.

Notre ovule est donc bien réellement un œuf ; car voyez quel curieux rapprochement nous pouvons faire ici : l'ovule contient, dans certaines plantes, deux sortes de matières fort distinctes : de *l'albumen* (analogue au blanc d'œuf) dans la nucelle, et du *vitellus* (analogue au jaune) dans le sac embryonnaire.

Mais voici que la fécondation s'est opérée et que se manifeste un nouvel élément. Ce nouveau corps se montre suspendu vers le haut du sac embryonnaire. Il se compose d'abord d'une vésicule. Cette vésicule, primitivement remplie d'une matière granuleuse, se remplit peu à peu de cellules. Celles-ci se groupent d'une façon spéciale : quelques-unes, placées bout à bout, forment comme un cordon suspenseur ; les autres, agglomérées en bas, se balancent dans le sac embryonnaire. Puis tout disparaît, s'efface, et la clochette suspendue, et le cordon qui la soutenait, et la vésicule embryonnaire elle-même. — Une seule chose demeure, la plantule qui se développe et s'étend dans la cavité entière de l'ovule qu'elle envahit en absorbant l'albumen.

109.

Longtemps nous nous complairions dans ces détails charmants. Volontiers nous nous laisserions aller comme à la dérive, de rêve en rêve, de rapprochement en rapprochement. L'oiseau dans l'œuf, le papillon dans sa chrysalide suspendue, seraient les termes naturels de nos comparaisons unitaires ; mais le temps passe et notre texte s'accumule. Détournons-nous donc et passons.

Pourquoi passer? Nous sommes au cœur même d'une question nouvelle, question curieuse entre toutes, problème à jamais insoluble peut-être, que nous pose encore et partout la nature inépuisable. Je veux parler des organes de la reproduction dans les végétaux acotylédonés.

Que sont-ils donc ces végétaux? Les uns les ont nommés *Agames,* voulant indiquer par là qu'ils les croyaient privés d'organes reproducteurs; les autres les ont appelés *Crypto-games,* dont le sens est reproduction cachée. L'on ne sait par quelles définitions résumer tous les caractères de ces végétaux bizarres d'autant plus incompréhensibles qu'ils sont en apparence plus simples et plus faciles à classer.

Depuis longtemps, dit M. Ad. de Jussieu, on y avait reconnu certains corps renfermés dans des cavités particulières, et qui, placés dans des circonstances favorables d'humidité, se développaient en une plante semblable à celle dont ils étaient issus. Ces corps étaient naturellement considérés comme jouant le rôle de graine, et par conséquent les cavités où ils sont contenus comme analogues aux ovaires.

Mais voilà que le botaniste Hedwig découvre un jour autre chose. Il fait voir qu'outre les organes déjà connus, il en existe d'une autre sorte, qu'il compare aux étamines des Phanérogames. Ces nouveaux corps ont la forme d'un petit sac ou pochette. D'abord parfaitement clos, puis s'ouvrant à une certaine époque par un point de leur surface, ils laissent sortir par cette ouverture la matière qu'ils renfermaient, c'est-à-dire des corpuscules ordinairement liés par un liquide mucilagineux. Ce liquide nous rappelle la fovilla, et le sachet qui le contenait serait donc une sorte d'anthère. Ce rapport même a paru si manifeste, qu'on a proposé de désigner par un nom très-légèrement modifié cette pochette-anthère qui s'appelle *anthéridie*.

Toutefois ne nous laissons pas trop vite séduire par les apparences. Le sac de l'anthéridie est de forme très-variable. Dans les végétaux les plus simples, ce n'est qu'une vésicule; dans d'autres mieux organisés, c'est un sac membraneux composé d'un plus ou moins grand nombre de cellules. Tantôt globuleux, tantôt ovoïde, d'autres fois en massue ou en bouteille, il est tantôt caché dans l'intérieur du tissu de la plante, et d'autres fois saillant à sa surface.

Si, par tous ces caractères, l'anthéridie diffère déjà sensiblement de l'anthère véritable, elle présente une différence plus complète encore par la nature de la matière qu'elle contient. Cette matière, en effet, consiste en utricules diversement disposées suivant les différentes familles, et ces utricules renferment le plus souvent, non point de la fovilla, mais un corps allongé en forme de petit ver courbé en cercle ou en spirale, puis déroulé dans presque toute sa longueur. D'autres fois, la vésicule simple qui constitue l'anthéridie émet un grand nombre de petits corps globuleux, ovoïdes ou amincis à l'une de leurs extrémités et marqués d'un point coloré. Mais ce qu'il y a de plus étrange, vous le savez déjà, c'est que ces petits êtres, qu'ils soient globuleux ou allongés, s'agitent avec une extrême énergie. Il ne s'agit plus ici, qu'on le remarque bien, de ces mouvements vagues, sortes de vibrations inconscientes dont nous avons vu animés les motiles de la fovilla, mais bien de cette agitation nette et précise dont tous les infusoires paraissent avoir la parfaite possession.

Le microscope a fait reconnaître chez beaucoup d'entre eux, comme organes locomoteurs, des fils ou des soies d'une finesse extraordinaires qu'on appelle cils vibratiles.

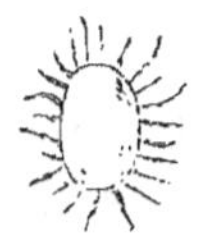

Fig. 313. — Zoospores.

Ces cils, quelquefois groupés en sortes de houppes mobiles, ne sont d'autres fois qu'au nombre de deux servant de rames ou de nageoires à ces bizarres petites créatures dont tous les genres de la famille des Cryptogames sont remplis (fig. 313).

Ici ce sont des *anthérozoïdes,* ailleurs ce sont des

spores ou des *zoospores*. Qu'importe le nom du reste? qu'importe la forme spéciale à telle ou telle espèce? Le mystère ne change en rien, et la science officielle elle-même, qui commence par nous présenter ces infiniment petits comme des graines et des corpuscules fécondants, finit par avouer qu'il est « bien difficile de les distinguer des véritables animalcules. »

Et encore, s'ils demeuraient ce qu'ils paraissent être ! mais il n'en est rien, et la nature, en vérité, semble se faire un jeu de nos perplexités. Voici des granulations qui, au sortir d'une cellule végétale, se mettent à s'agiter, à vivre d'une vie incontestablement animale. Ces *zoospores* cherchent la lumière, la chaleur, nagent avec une vivacité singulière, paraissent s'enivrer d'une vie brûlante concentrée en quelques heures, et puis, soudain, voilà que tout s'arrête. — Sont-elles mortes? Pas le moins du monde, puisqu'elles poussent. Nos spores. si pressées de vivre et tout à l'heure si agitées, sont des plantes maintenant. Elles se fixent n'importe où, contre une pierre, contre du bois, contre un brin d'herbe ou une feuille morte qu'entraînent d'invisibles courants, puis là verdissent, germent, s'allongent..... Que me parliez-vous donc d'animalcules tout à l'heure? Je ne vois plus que de paisibles cellules qui. en s'accumulant les unes sur les autres, sont en train de confectionner ici une Algue, là-bas une Fougère, plus loin une Équisétacée.

Après cette dernière merveille, arrêtons-nous.

Nous venons, dans les quelques pages qui précèdent. de résumer l'histoire de la cellule. Nous l'avons vue se former. sortir... d'où? D'elle-même, du néant en quelque sorte, s'organiser, puis créer, puis travailler, produisant sans relâche, nourrissant l'infusoire, l'insecte, l'animal, et l'homme. La cellule nourrit l'univers, ne vous déplaise. C'est de ce globule, de ce point-là, petit jusqu'au miracle, que jaillit toute force, qu'émane toute vie.

Tout sort de la cellule, tout se constitue par la cellule. Elle seule forme le point de départ et comme la base organique de chacun des trois règnes.

Cellule minérale, cellule végétale, cellule animale, trois mots magiques qui résument la création visible..... Que dis-je? Il n'y en a pas trois, il n'y en a qu'une — la cellule primordiale!

CLASSIFICATIONS

110.

Au milieu du chaos des richesses naturelles et dans le vaste ensemble du règne végétal en particulier, l'on sentit de bonne heure le besoin de créer quelque ordre, de mettre quelque lumière. Cet ordre, cette lumière, ce sont les classifications.

Les classifications se partagent d'une manière générale en deux catégories : les classifications *empiriques* et les classifications *systématiques*.

Les premières, ne se basant que sur des observations artificielles ou même que sur de simples apparences, non-seulement n'ont rien de scientifique, mais encore n'ont d'autres lois que les appréciations toutes personnelles de leurs divers auteurs. C'est ainsi que, dans l'enfance de la science, l'on a quelquefois pris pour base de classifications soit le simple ordre alphabétique des noms des végétaux, soit les séries que constituent leurs grandeurs relatives, soit enfin les rapprochements qu'établissent entre eux leurs propriétés médicales ou économiques.

Il n'en est pas de même des classifications systématiques. Celles-ci s'appuient sur l'étude de l'organisation interne et ne se composent d'autres groupes que de ceux que constituent les types végétaux eux-mêmes, distinctement reconnus et rangés selon leur ordre naturel.

Ces dernières classifications se divisent encore en deux sortes, que l'on désigne sous les noms de *système* et de *méthode*.

Le système est une classification dans laquelle les divisions principales ont été établies d'après les modifications observées dans un seul et même organe. C'est ainsi que Tournefort a fondé un système d'après les formes variées de la corolle, et que Linnée en a créé un autre reposant sur les caractères des étamines.

La méthode diffère essentiellement du système. Les divisions de celle-ci reposent, non sur les variétés d'un seul organe, mais tout au contraire sur l'ensemble des caractères tirés de l'étude de chacun des organes pris séparément.

L'on peut comprendre, d'après ces définitions, que par l'emploi du système, l'on arrive promptement à déterminer le groupe auquel appartient tel végétal donné, mais sans connaitre autre chose de lui que le caractère unique ayant servi à le faire classer; tandis que par l'emploi plus lent mais plus sûr de la méthode, l'on arrive à la détermination exacte d'une plante dont on connait dès lors toute l'organisation.

111.

Les classifications en Botanique ont été innombrables. Chacun des auteurs que mécontentait l'insuffisance des systèmes inventés avant lui se hâtait d'en établir un autre, lequel à son tour était naturellement remplacé. Nous n'entreprendrons donc point de faire l'histoire de toutes ces tentatives avortées, et nous ne dirons quelques mots que des deux plus importantes, qui marquent deux époques bien distinctes dans l'étude de la Botanique. Il s'agit du système de Charles Linnée et de la méthode de Laurent de Jussieu.

Système de linnée. — Tournefort, au xviie siècle, avait caractérisé les genres; Linnée, cent ans plus tard, créa une *nomenclature botanique,* et cette nomenclature a subsisté jusqu'à ce jour. On connaît le principe ingénieux sur lequel elle est basée. Elle consiste à désigner chaque genre par un nom commun à toutes les espèces qu'il renferme. Ce nom général est appelé *générique,* et à chaque espèce s'en adapte un autre particulier, qui se nomme *spécifique.* Ces deux grandes divisions sont comprises dans la *famille.*

Faisons un rapprochement pour être bien compris. Comparons, par exemple, le règne végétal au règne supérieur. Voici le parallélisme que nous obtiendrons entre Charles Linnée et un Sorbier Alisier :

FAMILLE.	NOM GÉNÉRIQUE.	NOM SPÉCIFIQUE.
Suédois.	Linnée.	Charles.
Pomacées.	Sorbier.	Alisier.

I. 21

Le système de Linnée publié en 1735 fit abandonner généralement tous ceux qui l'avaient précédé. Il offrait un grand attrait de nouveauté en se basant sur des organes dont on avait jusqu'alors négligé l'observation, et dont les usages physiologiques d'une bien plus haute valeur que ceux des autres parties de la fleur, pouvaient être considérés comme une découverte encore récente.

Ce système se base sur les modifications nombreuses que présentent les organes dits sexuels, c'est-à-dire les étamines et les pistils. Linnée reconnaît vingt-quatre *classes*. Leurs caractères sont tirés du nombre des étamines, de leurs proportions relatives, de leur soudure par les anthères, de leur cohérence avec les carpelles, de la séparation des fleurs staminées d'avec les fleurs pistillées, de l'absence des organes de reproduction, et enfin de leurs formes insolites. Toutes ces particularités sont résumées dans le tableau de la page suivante :

TABLEAU DU SYSTÈME SEXUEL DE LINNÉE.

CLASSES.

Plantes à :

Organes sexuels apparents :
- Fleurs hermaphrodites :
  - Étamines distinctes du pistil :
    - Libres :
      - Proportion indéterminée :
        - Nombre.....
          - 1. Monandrie.
          - 2. Diandrie.
          - 3. Triandrie.
          - 4. Tétrandrie.
          - 5. Pentandrie.
          - 6. Hexandrie.
          - 7. Heptandrie.
          - 8. Octandrie.
          - 9. Ennéandrie.
          - 10. Décandrie.
          - 11. Dodécandrie.
        - Nombre et insertion....
          - 12. Icosandrie.
          - 13. Polyandrie.
      - Proportion déterminée.....
        - 14. Didynamie.
        - 15. Tétradynamie.
    - Réunies.......
      - par les filets..
        - 16. Monadelphie.
        - 17. Diadelphie.
        - 18. Polyadelphie.
      - par les anthères.
        - 19. Syngénésie.
  - Étamines soudées avec le pistil...........
    - 20. Gynandrie.
- Fleurs unisexuées...................
  - 21. Monœcie.
  - 22. Diœcie.
  - 23. Polygamie.

Organes sexuels cachés......................
- 24. Cryptogamie.

MÉTHODE NATURELLE. — La méthode des familles naturelles, bien que formulée pour la première fois par Antoine Laurent de Jussieu, appartient cependant comme idée à divers botanistes.

Dès 1689, Magnol, professeur de Botanique à Montpellier, avait reconnu qu'il existe, dans le règne végétal, des groupes offrant une organisation commune, auxquels il donna le nom de *familles*. En 1738, Linnée, revenant aux vues de Magnol, proposa une classification des genres en soixante-sept familles. En 1759, Bernard de Jussieu fonda sa série des ordres naturels. En 1763, Adanson publia un ouvrage sur les familles naturelles. Tous ces savants, on le voit, se rapprochaient de la grande découverte; mais ce ne fut qu'en 1789 que l'on eut, dans le *Genera plantarum* de Laurent de Jussieu, le tableau véritablement scientifique des familles végétales, dont il porta le nombre à cent.

Ce qu'avaient pressenti les autres, ce qu'ils avaient fait sans idée bien arrêtée, lui, il le fit en connaissance de cause et par suite d'un système fortement préconçu. Il fit voir quelle était l'importance relative des différents organes et motiva, toutes preuves à l'appui, sa méthode de classification.

Il a montré que parmi les caractères, il en est de *généralement constants*, tandis que d'autres ne sont que *variables*. Les premiers sont ceux qui se rapportent aux deux fonctions essentielles de la vie végétale, qui sont la nutrition et la reproduction. Dans celles-ci, l'embryon étant l'organe fondamental, l'on distingua de suite les plantes *inembryonées* (Cryptogames ou Acotylédonées), des plantes *embryonées* (Phanérogames ou Cotylédonées), et de plus, dans ces dernières, les embryonées à un ou à deux cotylédons (Monocotylédonées et Dicotylédonées).

Pour les autres organes de la reproduction, c'est leur mode d'insertion ou plutôt d'attache que l'on prit en considération. Parmi les caractères de second ordre viennent ensuite ceux que l'on peut tirer de la corolle polypétale, monopétale ou nulle, du nombre et de la situation des étamines, de la position des feuilles, des stipules, etc., et enfin parmi les caractères variables et d'une moindre importance (sauf quelques rares exceptions), figurent ceux qui appartiennent au mode d'inflorescence, à la forme des feuilles ou à celle de la tige et à la grandeur des fleurs.

L'on pourra maintenant comprendre, sans aucune difficulté, ce que c'est qu'une famille dont, voici, d'après les auteurs, l'exacte définition : Une famille est la réunion des genres qui, présentant une organisation commune, forment un groupe dont tous les individus offrent dans leur structure intérieure et dans leurs caractères extérieurs une similitude que l'œil discerne de prime abord.

Quant à la coordination de ces familles, Laurent de Jussieu l'a naturellement basée sur les caractères des organes les plus importants. Outre les trois grandes divisions primordiales qui comprennent toutes les familles (Acotylédonées, Monocotylédonées et Dicotylédonées), l'on a une seconde série de caractères, fondée sur la situation des étamines ou de la corolle, toutes les fois qu'elle est monopétale et qu'elle porte elle-même les étamines. Ces modes d'attache, au nombre de trois, sont :

L'hypogynique, quand le point d'attache est au-dessous de l'ovaire ;

Le périgynique, quand ce point est au niveau de l'ovaire ; .

L'épigynique, quand il est placé au-dessus. Nous aurons donc des Monocotylédonées hypogynes, périgynes et épigynes.

Quant aux Dicotylédonées, dont le nombre est beaucoup plus considérable, l'on a multiplié le nombre des divisions, et c'est aux caractères de la corolle que Jussieu a emprunté une nouvelle loi de classification. Dans cet embranchement, en effet, l'on trouve des familles privées de corolle, d'autres qui ont une corolle monopétale, d'autres enfin dont la corolle est polypétale, ce qui donne les *Dicotylédonées apétales* (ou sans pétales), les *Dicotylédonées monopétales* et les *Dicotylédonées polypétales.* Ces trois sections, par suite de l'application des caractères plus haut mentionnés, nous donneront : des *Apétales hypogynes,* des *Apétales périgynes* et des *Apétales épigynes.*

Quant aux Monopétales dont la corolle porte elle-même les étamines, nous aurons, eu égard à la situation de la corolle : des *Monopétales hypogynes,* des *Monopétales périgynes* et des *Monopétales épigynes.* Ces dernières ont été divisées en deux classes, suivant qu'elles ont des têtes d'étamines libres ou soudées entre elles.

Les Dicotylédonées polypétales ont été partagées en trois classes :

Les *Dicotylédonées polypétales hypogynes,* les *Dicotylédonées polypétales périgynes* et les *Dicotylédonées polypétales épigynes.* On a enfin formé une dernière classe pour les végétaux dicotylédonés à fleurs unisexuées ou *diclines.*

Le tableau suivant résume tous les détails qu'on vient de lire.

TABLEAU DE LA MÉTHODE DES FAMILLES NATURELLES

D'A. L. DE JUSSIEU.

				CLASSES.
Acotylédonées				I. Acotylédonie.
Monocotylédonées. . . . . {	Étamines hypogynes			II. Monohypogynic.
	— périgynes.			III. Monopérigynic.
	— épigynes			IV. Monoépigynie.
Dicotylédonées. . . {	Apétales. . . {	Étamines épigynes		V. Épistaminic.
		— périgynes.		VI. Péristaminic.
		— hypogynes		VII. Hypostaminic.
	Monopétales. {	Corolle hypogyne.		VIII. Hypocorollie.
		— périgyne.		IX. Péricorollie.
		— épigyne. | Épicorollie. {	Anthères réunies. . .	X. Synanthérie.
			— distinctes. .	XI. Corysanthérie.
	Polypétales . {	Étamines épigynes		XII. Épipétalic.
		— hypogynes.		XIII. Hypopétalie.
		— périgynes.		XIV. Péripétalie.
	Diclines irrégulières.			XV. Diclinie.

Telle est la marche suivie par Jussieu. Mais des modifications importantes ont été introduites, sinon dans les principes qui ont servi de base à sa méthode, du moins dans l'arrangement de ses familles naturelles. Ces modifications sont légitimes et se justifient par ce fait que dans l'œuvre de Jussieu il y a deux parties bien distinctes : l'une en quelque sorte artificielle et que l'on modifie sans inconvénient, c'est celle qui s'occupe du groupement des familles par classes. L'autre, au contraire, la plus importante, la méthode proprement dite, consiste dans la constatation des analogies qui constituent les *familles naturelles*.

De Candolle, lui, avait pris pour base de ses divisions l'organisation intérieure des tiges. Il partageait tous les végétaux en trois groupes primaires : les végétaux *Cellulaires* (Acotylédonés), les *Endogènes* (Monocotylédonés) et les *Exogènes* (Dicotylédonés); puis, au rebours de Jussieu, il établissait sa série végétale en commençant par les végétaux les plus compliqués, c'est-à-dire les Exogènes qu'il partageait, eu égard à la situation des pétales, en *Thalamiflores* (pétales distincts attachés au réceptacle); en *Calyciflores* (pétales libres ou soudés, périgynes ou attachés au calyce); et en *Corolliflores* (pétales soudés en corolle monopétale hypogyne, ou non attachée au calyce.)

Les Exogènes à enveloppe florale simple forment un seul groupe, les *Monochlamydés*.

Les Endogènes sont divisés en Phanérogames et en Cryptogames, et enfin les végétaux Cellulaires se subdivisent en foliacés et en aphylles.

D'autres auteurs se sont éloignés davantage de l'ordre indiqué par Laurent de Jussieu. Mais tous, — tous ceux du moins qui possèdent quelque autorité, — sont d'accord sur une première division du règne végétal en vastes groupes dont la structure de l'embryon résume les caractères, et à peu près aussi sur la dernière division en ces sections plus petites que nous avons nommées familles. On leur a toutefois reproché à ces familles, surtout pour ce qui concerne le mode d'attache et la situation des étamines qui ont présidé à leurs divisions secondaires, d'admettre beaucoup d'exceptions, de contrarier plusieurs rapprochements naturels et d'en amener quelques-uns qu'il serait difficile de justifier. Ces reproches sont fondés, il faut bien le reconnaître; mais il faut aussi se garder d'en exagérer l'importance, et l'on peut attendre patiemment la découverte de quelque base inconnue sur laquelle serait fondée une classification définitive qui serait peut-être, pour la coordination des familles entre elles, ce qu'a été l'établissement des familles elles-mêmes pour la coordination des genres.

Nous ne terminerons pas ce chapitre de classifications sans mettre sous les yeux du lecteur le tableau ci-contre du règne végétal, dont la simplicité et la clarté sont manifestes.

Ce tableau, complété par M. A. Pouchet, est en quelque sorte le résumé des deux méthodes de Jussieu et de De Candolle, simplifiées par M. Marquis.

RÈGNE VÉGÉTAL.

TABLEAU SYNOPTIQUE DE LA MÉTHODE DE A.-L. MARQUIS,

MODIFIÉE PAR F.-A. POUCHET.

			CLASSES.
Plantes.	Acotylédonées (sans cotylédons)...	Aphylles (sans feuilles)	I
		Foliées	II
	Monocotylédonées (à un seul cotylédon)	Apérianthées (sans enveloppe florale).	III
		Squamiflores (fleurs composées d'écailles)..	IV
		Monopérianthées (avec une seule enveloppe florale). .... Inférovariées. ...	V
		Supérovariées. .	VI
		Dipérianthées (avec deux enveloppes florales) .... Inférovariées. ..	VII
		Supérovariées ..	VIII
	Polycotylédonées (à deux ou plusieurs cotylédons)	Apérianthées.	IX
		Squamiflores.	X
		Monopérianthées .... Inférovariées. ...	XI
		Supérovariées ..	XII
		Dipérianthées. .... Inférovariées. ...	XIII
		Supérovariées. .	XIV

Le nombre des familles, qui en 1789 était de cent dans le *Genera plantarum* de Jussieu, s'est successivement accru d'une façon considérable. D'une part, les voyages de plus en plus nombreux à travers toutes les régions du globe enrichissent sans cesse la Botanique ; d'autre part, des recherches plus approfondies sur les plantes déjà connues amènent les botanistes à établir des familles nouvelles, — tendance, disons-le en passant, à laquelle ils s'abandonnent un peu trop volontiers, — de telle sorte que le *Genera plantarum* d'Endlicher, publié en 1840, porte le nombre des familles au chiffre énorme de deux cent soixante-quatorze, que certains botanistes modernes ont essayé de diviser en sous-familles ou en tribus.

Maintenant, en dehors ou au-dessus de ces classifications dont on ne peut méconnaître l'insuffisance et l'arbitraire, ne pourrait-on rêver une classification théorique, idéale, dont les lacunes seraient ultérieurement et progressivement comblées par la découverte de végétaux inobservés? — Oui, peut-être, bien qu'il soit fort difficile de saisir dans ses rapports philosophiques l'ensemble de ce règne végétal si vaste et encore si imparfaitement connu.

D'une part, il a été reconnu que les plantes se touchent par des affinités, comme les territoires par leurs confins sur une carte géographique, — et encore ne peut-on établir cette analogie d'une manière rigoureuse ; — d'autre part, l'illustre botaniste anglais R. Brown, l'un de ceux qui ont le plus contribué au perfectionnement de l'œuvre de Jussieu, a écrit en tête de sa *Flore de la Nouvelle-Hollande :* « J'ai adopté la méthode Jusséenne, dont les familles sont presque toutes vraiment naturelles ; mais je ne me suis pas beaucoup inquiété de la *série* de ces familles, que la nature elle-même n'avoue guère, car elle a lié les êtres vivants bien plutôt par un réseau que par une chaîne. »

Oui, la nature est bien en réseau, en effet, c'est-à-dire en surface dont le circuit va peut-être s'élargissant suivant la courbe progressive d'une vaste spirale. Je dis peut-être, car que savons-nous de la vie ? Ses origines nous sont inconnues ; le but vers lequel elle marche nous est encore plus caché. Perdus, absorbés par le présent, nous ignorons l'avenir comme nous doutons du passé. Contentons-nous donc de la minute qui passe et du présent qui s'enfuit, car l'un et l'autre.... c'est notre vie.

GÉOGRAPHIE BOTANIQUE

112.

La géographie botanique est une science toute nouvelle. Les diverses parties du globe sont loin d'être complétement connues, et, outre le nombre des productions végétales propres à chacune des grandes régions terrestres dont les variétés innombrables augmentent chaque jour nos catalogues, l'homme ignore encore les lois complexes de la météorologie qui, plus que toute autre, régissent la distribution des végétaux à la surface de la terre.

Toutefois de grandes, d'incontestables découvertes ont été faites, et tout en reconnaissant les lacunes qui demeurent, il serait injuste de ne pas apprécier à leur valeur les travaux importants des Humboldt, des Brown, des De Candolle, des Schow, des Mirbel, des Wahlenberg, des Müller et de tant d'autres savants ou voyageurs qui, à travers fatigues et dangers, enrichissent de jour en jour la vaste encyclopédie des connaissances humaines.

L'une des premières observations que l'on ait faites et dont l'évidence est en effet manifeste, c'est que pour le voyageur qui de l'un des pôles s'avancerait vers l'équateur, se révélerait une gradation continue dans la vitalité des zones végétales. C'est à dessein que nous employons le mot de *zones*. Outre la progression générale de la végétation qui, des régions extrêmes à la ligne équatoriale, s'enrichit merveilleusement en espèces, en genres et en familles, l'on remarque dans le tapis végétal des bandes, des ceintures, des zones, nous l'avons dit, dont le caractère particulier tranche sur la vaste gamme végétale et se distingue des régions voisines. Ces différences sont parfois si nettement accusées, et les diverses physionomies des stations botaniques se retrouvent avec une telle régularité, qu'à l'exception d'un petit nombre d'espèces, auxquelles leur nature vivace permet de vivre sous toutes les latitudes, les grandes divisions géographiques du globe sont caractérisées par une végétation qui leur est exclusivement particulière.

Indépendamment de la dispersion par contrées et par degrés de température, il y a encore la dispersion par nature de terrains. Les plaines ardentes comme les marécages, les bas rivages de la mer et ses profondeurs comme les tièdes vallées, les flancs des montagnes et la lisière des glaciers forment autant de stations ou *d'aires* végétales.

L'organisation, diversement modifiée dans les divers végétaux, leur impose des conditions différentes d'existence, par suite desquelles ils ne peuvent vivre et se multiplier que là où se trouvent réunies toutes ces conditions indispensables. De plus, il est aujourd'hui clairement démontré que toutes les plantes ne sont pas parties d'un point unique de rayonnement, mais bien qu'elles émanent d'une foule de centres primitifs, en sorte que la géographie botanique est régie par des causes fort complexes : les unes purement physiques, les autres issues d'un mystère et cachées dans l'éternel problème de l'origine des créatures.

113.

Mais au début de ce chapitre, arrêtons-nous un instant.

Avant de nous occuper de la distribution des végétaux sur le monde actuel, ne serait-il pas intéressant, dites-moi, de savoir ce qu'elle fut autrefois, c'est-à-dire de résumer rapidement l'histoire du règne végétal dès ces époques lointaines qui, par delà les âges géologiques, remontent et s'enfoncent dans les ténèbres du monde primitif?

Cette histoire, quelque difficile qu'elle semble être au premier abord, elle existe cependant. Il est des botanistes qui, avec une sagacité merveilleuse, ont su déchiffrer les hiéroglyphes que la nature tient en réserve pour ses admirateurs. De même que pour le règne animal, il est un monde végétal fossile, c'est-à-dire pétrifié. Une feuille pressée contre une couche d'argile, il y a des milliers, peut-être des millions d'années, y a laissé sa trace, et cette trace nous est parvenue avec l'argile devenu pierre. De toutes parts l'on retrouve de ces curieuses gravures naturelles qui, jointes aux amas de débris végétaux dont se composent les diverses espèces de charbons de terre, nous racontent, après des accumulations incalculables de siècles, ce que furent les âges qui précédèrent le nôtre.

Eh bien, remontons dans ce passé lointain, cherchons dans les couches superposées qui constituent les assises terrestres, dans ce gigantesque herbier que nous présente la géologie, quelques traces de la végétation primitive.

Cette végétation différait essentiellement de la nôtre. Tous les débris organiques que l'on retrouve dans les mines de houille, d'anthracite et sur les morceaux de schiste gris dont se composent les gisements houillers, nous présentent des formes inconnues. Ce sont des Prêles étranges, des espèces perdues de Lycopodiacées, des Annulaires rayonnantes, sortes d'étoiles charmantes qui couronnent des tiges articulées, puis enfin de grandes Fougères dont aucune de celles qu'ont conservées les plus vieilles stations botaniques ne saurait nous donner une idée suffisante.

Il y a donc là, sous nos pieds, dans les marais desséchés, dans les mines profondes, sous le sol même de nos champs et de nos villes, les catacombes pétrifiées de tout un monde végétal évanoui.

114.

L'histoire de la plante fossile se confond avec celle du développement de la surface du globe. A peine la croûte terrestre fut-elle formée, que le germe de cette force créatrice qui, depuis les plus hautes origines, renouvelle incessamment la face du monde, se trouva dans le milieu complexe et fécond que créent au règne végétal le sol, l'eau, l'air, la lumière et la chaleur. Mettez un verre d'eau au soleil, laissez-y, sous l'influence toute-puissante de ses vivifiants rayons, se développer ces globules organiques verts, ces cellules végétales que l'on désigne sous le nom de *matière de Priestley,* et vous assisterez de nouveau à la création, à la naissance d'un monde.

Les premiers végétaux ne purent naturellement être que des plantes marines, puisque la mer primitive recouvrait la surface entière du globe terrestre. Ces plantes furent des Varechs ou des Fucoïdes. Puis les terres apparurent soulevées par la dilatation des gaz souterrains. Chaque soulèvement fut suivi de près par une création de végétaux. Ces créations, de plus en plus parfaites, à mesure que les centres de végétation s'élevaient au-dessus du niveau de la mer universelle, se firent successivement d'aquatiques amphibies, puis d'amphibies terrestres, et enfin de terrestres aériennes.

L'on a divisé l'histoire du monde primitif en phases d'évolutions ou périodes. Chacune de ces périodes possède des végétaux particuliers qui n'appartiennent pas encore à la précédente ou qui manquent à la suivante. Les types naissent et meurent, les espèces s'éteignent comme les individus; à chacune d'elles en succède une autre plus parfaite, et c'est ainsi qu'après des évolutions successives, nous sommes arrivés à l'époque actuelle, qui s'en trouve être une sorte de résumé général.

En effet, tous les types anciens ne se sont pas perdus. Quelques-uns ont pénétré dans les périodes modernes. L'on trouve encore aujourd'hui de ces types dépaysés qui, par leur manque d'affinité avec la création actuelle, manifestent leur antique et lointaine origine; ceux-là sont des transfuges du passé. Parmi eux, citons les Sphagnums des tourbières, les Casuarinées, les Araucariées, les Balanophores, les Cycadées, le bizarre Ginkga du Japon, le Cyprès des tombeaux des Nouvelles-Hébrides, le Phyllocladus de la Nouvelle Zélande et il en est bien d'autres encore.

Le monde actuel ne constitue donc pas une phase entièrement distincte. Il est bien plutôt, nous l'avons dit, le résumé et comme une sorte de récapitulation des périodes écoulées. Pas de transitions brusques, nul abime entre aujourd'hui et hier. Le monde va, marche suivant la solennelle évolution de ses lois lentes, mais sûres, et telle phase isolée en apparence doit bien moins son caractère tranché à ce que certains géologues ont appelé une création nouvelle, qu'à ces grands mouvements d'alternance que l'on remarque dans l'histoire de l'univers, sortes d'*oscillations renouvelantes* qui, au sommet de l'éther, rajeunissent les mondes comme ils ressuscitent, dans la gouttelette d'eau fermentée, des races d'infiniment petits.

115.

Disons quelques mots de chacune de ces périodes, —
plus ou moins arbitraires, — au moyen desquelles l'on a
cherché à s'orienter dans la série des siècles.

Le point de départ de notre voyage d'exploration ré-
trospective n'est pas aussi lointain que celui du géologue.
Lui, il cherche encore ce que fut la terre à son origine.
Nous, nous la connaissons suffisamment. Les montagnes
primitives sont formées, les vagues de l'océan viennent les
ronger à la base. D'épaisses vapeurs, produites sans relâche
par le contact de l'eau et des terrains brûlants encore,
couvrent le ciel, s'amoncellent en amas de nuées surchargées d'électricité qui de toutes parts s'épanchent en cata-
ractes effroyables. D'immenses quantités d'acide carbonique, produites par les dégagements de combustion de la
genèse terrestre, chargent l'atmosphère de l'élément qui,
on le sait, constitue la vie du règne végétal. Cette vie repose sur l'assimilation de cet acide dont la plante sépare le
carbone, qu'elle incorpore à ses tissus. Ainsi commence,
dès lors, le rôle purificateur des végétaux. Ils préparent
une atmosphère respirable à un monde supérieur, tout en
accumulant dans leurs tissus dont nous retrouvons aujour-
d'hui les débris des trésors prodigieux de chaleur, de lumière et de force [1].

---

1. La consommation annuelle de ce combustible, suivant M. Schleiden, dépasse le chiffre de 700 millions de quintaux, et la géognosie

Si l'on parvenait à connaître exactement tous les bassins houillers de la terre, l'on pourrait calculer approximativement la quantité d'acide carbonique qui constituait l'atmosphère primitive. L'américain Rogers l'a essayé d'une manière conjecturale. Il a trouvé, après de longs calculs, que l'atmosphère actuelle contient dans son acide carbonique de quoi produire huit cent cinquante mille millions de tonnes de charbon, tandis que l'atmosphère primitive devait en contenir six fois davantage, c'est-à-dire environ cinq billions de tonnes. — Il va sans dire que tous ces chiffres ne doivent être considérés que comme de simples approximations.

116.

Revenons à notre flore primitive. Des Protophytes, de simples Algues, composaient alors exclusivement le règne végétal. L'on en retrouve les débris dans les terrains de transition qui forment le passage entre les roches primitives et les premiers terrains sédimentaires. C'est dans ces débris, appelés aujourd'hui anthracite et graphite, que l'on trouve la matière dont on se sert pour la fabrication des crayons ordinaires.

Mais les siècles s'écoulent et la terre émerge progres-

démontre que, lors même que cette consommation irait en augmentant, la provision souterraine ne s'épuiserait pas avant cinq siècles.

sivement de l'océan. Des îles basses, non plus inondées par la mer, mais par des pluies torrentielles qui y forment des marécages, donnent naissance à des végétaux aquatiques et amphibies. Ce furent des Algues d'eau douce, puis des Prêles gigantesques, des Calamites arborescentes, des Astérophylles, des Annulariées, autant de types dont seule, l'île de Java peut nous fournir encore quelques échantillons dans ses Équisétacées de dix pieds de hauteur, ses Massettes énormes et ses colossales Arundinacées. C'est sous ces plantes et dans des eaux encore tièdes que rampaient ou nageaient de rares tortues et quelques espèces de grands lézards amphibies.

117.

Après cette période, que l'on a appelée de *transition* s'ouvre la *Période houillère*. Les terrains se sont élevés. Des Lichens, des Hépatiques et des Sphagnacées couvrent les roches moins humides et y préparent, par leur décomposition, la couche d'humus d'où naîtront les familles futures, tandis que dans la tourbe désséchée des premiers marécages apparaissent çà et là quelques Fougères, dominées par quelques Conifères, ces premiers nés d'entre les grand arbres.

Le monde entier n'était alors qu'un composé d'îles, vaste archipel dont les dépôts houillers disséminés sur toute la surface terrestre nous indiquent encore aujour-

d'hui la primitive configuration. Ces iles étaient universellement répandues, jusque sous les latitudes polaires,
mais particulièrement dans l'hémisphère septentrional.
C'est du moins là que l'homme a pu le mieux en constater
l'existence, à cause de l'accumulation des terres dans ces
régions du globe.

L'abondance des gisements houillers et l'importance
de beaucoup d'entre eux peuvent nous donner une idée
de l'immensité des forêts qui recouvraient les grandes îles
primitives. Outre la fougue de végétation que nous ne
pouvons à notre époque nous représenter exactement et
que favorisait alors d'une façon exceptionnelle une atmosphère toujours chaude, humide et chargée d'acide carbonique, il faut songer à la durée prodigieuse que tout nous
autorise à attribuer à la période dite carbonifère. Il ne faut
ici reculer devant aucune audace de l'imagination. Les siècles s'accumulent par centaines et par milliers dans l'histoire de la terre. L'on a calculé, d'après l'épaisseur des couches de certains gisements houillers d'Allemagne, que les
forêts qui les ont produits doivent avoir eu une durée
moyenne de six cent mille années, et comme on trouve
souvent plusieurs de ces couches superposées, l'on se demande par quels chiffres prodigieux l'on pourrait arriver
à une évaluation probable.

Ce dut être un étrange spectacle que celui de ce
monde qu'évoquent nos calculs et nos rêves. Des îles généralement plates dormaient sur l'universel océan, comme
de gigantesques feuilles de Nénuphar. Chacune de ces îles
hérissée d'une végétation luxuriante était enveloppée
d'une brume éternelle, et si, par la pensée, nous pénétrons
dans ces forêts dont nous ne possédons plus aujourd'hui

que les débris métamorphosés, par quelles sensations inconnues ne nous sentirons-nous pas envahis?

De grands troncs de Fougères couverts de Mousses se croisaient, s'enchevêtraient, élevant vers la lumière voilée du ciel leurs grands éventails de feuilles ailées, brodées et frémissantes comme d'énormes panaches de plumes. A ces Fougères se mêlaient le Cyprès tumulaire des Nouvelles-Hébrides, l'Abiétacée Damarine de la Nouvelle-Zélande, des Lycopodes arborescentes, des Palmiers conifères, des Sigillaires, des Stigmariées, des Araucariées, des Calamites, des Lépidodendrons et tant d'autres encore, tous luttant de fougue et de vitalité dans un désordre colossal dont les forêts vierges de notre époque ne peuvent à coup sûr nous donner qu'une imparfaite idée.

Ce spectacle n'était pas seulement étrange, il était encore triste. Une désolante uniformité rendait toutes semblables ces vastes forêts silencieuses. Nul chant d'oiseau, nul bruissement d'insecte. Rien d'autre que l'écoulement perpétuel des vapeurs qui, goutte à goutte, ruisselaient le long des panaches de feuilles, que le glissement flasque de quelque spectre rampant dont le ventre écailleux traçait de profonds sillages sur la vase verte des marécages, — rien d'autre que le chuchotement mystérieux d'un monde nouveau-né qui s'essayait à vivre.

118.

Mais les siècles passaient. Ils passaient par centaines.

Voici la *Période permienne* qui succède à la période carbonifère. Le grès rouge apparaît. Ce terrain nouveau ne put se former qu'après le soulèvement des porphyres qui, roulés, brisés, pulvérisés, avaient servi d'élément à des composés jusqu'alors inconnus. Puis s'étaient montrés les marnes, les schistes, les calcaires, les gypses avec leur collection de coquillages et de poissons primitifs. Maintenant que commence la vie animale, nous allons voir décliner l'intensité de la vie végétale. Ce déclin est signalé par l'apparition des Phanérogames.

119.

Ici s'ouvre la *Période triasique*. Jusque-là les continents n'avaient pu s'élever au-dessus de la mer primitive que sous la forme d'îles isolées ; dès lors ce mode de soulèvement fut transformé. Nulle chaîne de montagnes encore, toutefois l'uniformité cesse. Les nuages commencent à être dispersés par les vents, la chaleur et la lumière, moins uniformément répandues à la surface de la planète, en modifient le caractère général et introduisent dans l'économie terrestre un élément jusque-là inconnu : la diversité. Alors apparaissent les grés bigarrés des Vosges, et cette petite chaîne, la plus ancienne d'entre les montagnes européennes, fut au sortir des eaux la première épine dorsale qui relia en continent fragmentaire les îles éparses du sud-ouest de l'Allemagne.

Ce ne fut qu'à cette période que commença la transition entre les types des végétaux houillers et les éléments d'un nouveau monde végétal. Aux Astérophyllées, aux Equisétacées, aux Fougères, s'associent les bizarres Cycadées qui, tout en rappelant par leurs troncs massifs les informes créations du monde primitif encore inhabile, annoncent par leurs grands parasols de feuilles pennées les élégants Palmiers des époques ultérieures.

20.

Hâtons-nous. Les baies profondes se comblent pendant la *Période jurassique*. Les terrains se nivellent par la précipitation de gigantesques assises qui consolident et rattachent les uns aux autres les fragments épars de notre continent encore mal constitué. Le Jura, nouvelle arête fortement soudée aux Vosges, prépare les fondements du centre de l'Europe, et les formations de la période crétacée reliant les grandes îles morcelées, remplissant les basfonds et recouvrant les terrains primitifs, préparent, s'il est permis d'employer cette image, la musculature de ce grand corps dont les soulèvements volcaniques viendront,

dans les époques ultérieures, former l'ossature dure et
forte. C'est de cette époque que datent les incommensurables travaux de ces animalcules marins, qui à eux seuls,
parmi les créatures contemporaines, avaient accepté la
tâche de faire des continents nouveaux. — Cette tâche,
on sait qu'ils l'ont accomplie.

121.

Les six premiers actes de la lente genèse sont terminés,
voici le septième, c'est la *Période tertiaire,* l'âge volcanique par excellence. Les volcans, en effet, n'agissent pas
isolément ici, ils se forment par groupes. Chacun des soulèvements terrestres possède un centre à partir duquel
rayonnent les forces souterraines, et c'est sur un plan déterminé, c'est suivant certaines directions constantes que
s'épanouirent en rosaces formidables ou en gigantesques
sillons, ces crevasses bouillonnantes d'où s'élancèrent,
poussées par d'irrésistibles expansions de gaz, les chaînes
qui aujourd'hui s'appellent, — nous les citons dans l'ordre
de leur naissance, — les Pyrénées, les Carpathes, les Apennins et les Alpes.

La vie végétale, mise en rapport avec ce nouvel ordre
de choses, subit d'importantes modifications. Sous un ciel
lumineux les troncs se ramifient. Par cent têtes diverses
l'arbre veut grandir, s'élever dans cette atmosphère se-
reine et vers ce soleil merveilleux dont les rayons lui parviennent sans obstacles. Au bout du rameau se formule la

feuille, cette feuille qui résume la plante entière et en couronne toutes les expansions ; elle se divise, se frange, s'échancre en lobes, se découpe en folioles, tandis que l'alternance des saisons donne aux troncs d'arbres leurs couches concentriques.

L'époque tertiaire ressemble beaucoup à la nôtre ; il ne lui manque que la corolle monopétale, — qui cependant n'est pas un progrès sur la corolle polypétale. Elle possède tous les types de nos forêts actuelles, auxquels se joignent des Araucariées, des Palmiers et ces Conifères bizarres qui, représentants des premiers âges de la vie végétale, se sont perpétués jusqu'à nous après s'être comme rajeunis et retrempés dans l'époque tertiaire. Le Japon peut encore aujourd'hui donner une idée de ce que dut être le spectacle de ce monde végétal, par le mélange qu'il nous offre des plantes des zones tempérées avec celles des zones torrides.

Comme la période houillère, la période tertiaire fut très-longue. Chacune d'elles représente une accumulation incalculable de siècles, pendant lesquels s'accomplirent lentement, jour par jour, ces métamorphoses profondes qui ont donné lieu à la théorie des bouleversements périodiques, mais qui, replacées dans la lente série des phases géologiques, les rattachent les unes aux autres, les fondent ensemble et ne témoignent que d'une cause unique, d'un seul tout-puissant facteur : le temps.

122.

Éclatante, magnifique fut l'aurore de la création contemporaine. Malgré toute la richesse de la période précédente et la grandeur colossale de ses types (dinothérium, mégathérium, mammouth, mastodonte, etc.), le jour de son déclin arriva. Les climats se firent distincts. La température uniforme de l'époque tertiaire se nuança, se divisa par zones. D'énormes glaciers descendant des hauteurs et coulant des pôles comme des fleuves solides allèrent jusqu'à la mer qu'ils couvrirent de leurs glaçons, voguant et emportant avec eux des couches entières de terrains diluviens et de blocs erratiques. Cette dispersion du sol se fit en des proportions tellement considérables que le fond des mers en fut élevé, et que l'on a donné un nom, celui de *diluvium,* aux terrains transportés pendant cette phase remarquable que l'on a appelée la période des déluges, — toujours un peu dans l'esprit des *Révolutions du globe* de Cuvier dont le système a fait école.

Et puis enfin s'ouvrit la *Période actuelle,* période dont nous sommes entièrement redevables au monde végétal. Comme elles avaient préparé un milieu habitable pour les animaux inférieurs, les plantes nous ont également préparé celui qui nous fait vivre. L'air de l'atmosphère primitive raréfié, purgé de l'immense surabondance d'acide carbonique dont il était rempli, est devenu respirable pour les organisations supérieures.

La plante est donc véritablement notre mère. Indépendamment de la nourriture quotidienne qu'elle nous fournit, c'est elle qui nous a préparé la place. Intermédiaire entre le minéral et l'animal, elle sert d'anneau aux deux règnes, constitue la série vivante, s'essaye à la vie et fait vivre....

Et quand le théâtre fut prêt, — alors apparut l'homme.

123.

Maintenant, revenons à notre point de départ. Cette terre, dont nous venons de résumer en quelques pages l'histoire grandiose et solennelle, parcourons-la d'un coup d'œil, planons au-dessus des continents, tâchons de nous faire une idée de l'aspect particulier qu'offre chacun d'eux, faisons en un mot de la géographie botanique, puisque tel est le titre de notre chapitre.

Si l'on coupe le monde par bandes circulaires et qu'en partant de l'équateur l'on marche vers les pôles, l'on trouve tout d'abord la zone torride qui se distingue par la grande proportion des végétaux ligneux dont se compose sa flore. Là, figure au premier rang et dans son exubérante splendeur, la forêt, que caractérise une immense diversité de types. Nous avons déjà parlé de la forêt vierge. L'on sait quelle richesse merveilleuse s'y manifeste et quelle longue série végétale l'on peut y étudier, depuis les arbres les plus gigantesques jusqu'aux dernières herbes qui rampent à leur ombre. Un trait distinctif de ces régions, c'est l'uniformité de leur température. L'hiver y étant presque nul, la végétation n'y est suspendue en aucune saison. Toutes les phases du développement de la plante se confondent : les feuilles, les fleurs et les fruits poussent, s'épanouissent et mûrissent simultanément. La feuille surtout y règne en souveraine, incessamment multipliée par l'extrême excitation végétale, et si dans l'inextricable et magnifique agglomération qu'y forment les massifs, il nous était possible de classer par catégories les végétaux dont l'essence domine, nous trouverions que ce sont les Palmiers, les Pandanées, les Dragoniers, les Fougères arborescentes, les Bananiers, les Bambous, les Orchidées, les Pipéracées et les grandes parasites.

Après la zone tropicale viennent les zones tempérées. Là on voit la végétation se dépouiller de ses formes fastueuses pour en prendre de plus humbles et de moins variées. Les tiges sont moins hautes, moins hardies, les couleurs moins éclatantes, les parfums moins pénétrants, et à mesure que l'on s'avance vers les pôles, l'on voit la végétation prendre, par une progression inverse, des proportions d'une telle exiguïté, que les derniers végétaux des régions polaires se confondent avec la poussière des rochers et disparaissent sous les plus minces couches de neige.

L'on sait qu'une haute montagne placée sous l'équateur présente la superposition de tous les climats. Gravissez même les Pyrénées ou les Alpes, et vous traverserez toutes les zones végétales de l'Europe, depuis la flore parfumée de la Provence ou du Roussillon, jusqu'aux misérables mousses de la Laponie et du Groënland. Ce seront d'abord les végétaux de nos champs, puis sur les premières pentes les plantes dites *alpestres,* telles que les Aconits, les Armoises, les Seneçons, les Achillées, les Saxifrages, les Potentilles, etc. Après viendront les Noyers, les Châtaigniers, les Chênes, les Hêtres, les Bouleaux, puis, toujours en montant, apparaîtront les arbres verts : Pins, Sapins et Mélèzes, plus haut les Rhododendrons, au-dessus, les petites plantes nommées *alpines,* que nous avons déjà trouvées dans la plaine (Crucifères, Renonculacées, Caryophyllées, Légumineuses, Composées, Graminées) ; puis enfin, par-dessus tout cela, au sommet de cette sorte de pyramide végétale, vous trouverez des pâturages et de pauvres Lichens tordus et grelottants, sur les derniers pics déchiquetés, tout près des neiges éternelles.

Aussi, dit M. A. Richard, est-ce avec beaucoup de justesse et de sagacité que M. de Mirbel a comparé le globe terrestre à deux immenses montagnes juxtaposées, base contre base et réunies par l'équateur.

L'on doit comprendre, d'après ce qui précède, que la couverture végétale est un véritable thermomètre géographique, le pôle et l'équateur formant les deux termes extrêmes entre lesquels la végétation se nuance par des gradations insensibles de formes, de couleurs et de vitalité. Tout s'éteint, tout diminue, tout pâlit vers les régions boréales, sauf quelques plantes exceptionnelles dont la coloration extraordinaire ne fait que ressortir davantage sur le terne manteau de la flore polaire. Çà et là, en effet, éclate un luxe de couleurs inattendues. Sous l'influence de cette lumière, qui pendant six mois consécutifs rayonne sans interruption, les Graminées s'imprègnent d'un vert plus intense, quelques fleurs même quittent la livrée de famille pour en revêtir une plus brillante : c'est ainsi que certaines Anémones qui dans la zone tempérée produisent des fleurs blanches, teintent de rouge leur pâle corolle, sous les rayons étranges du soleil de minuit.

124.

Mais nous avons dit que nous ferions le tour du monde. Eh bien partons. — Partons de ces régions polaires où le soleil oublie de se coucher le 21 juin puis de se lever le 21 décembre. Trois continents viennent y aboutir : l'Europe, l'Asie et l'Amérique. C'est là le monde des glaces. Pendant tout l'hiver, hiver formidable et ténébreux, tout s'arrête, s'immobilise. Les torrents sont garrottés, la mer se coagule, les cascades elles-mêmes, saisies dans l'espace par leur blanche crinière, sont métamorphosées par l'implacable génie de ces lieux, ennemi de toute vie, et l'on ne voit plus qu'un sombre chaos où montagnes, ravins, rochers, terre et mer, tout est de glace, — un univers de frimas, de solitude et de silence qu'éclairent, tantôt les lueurs fantastiques des aurores boréales, tantôt les pâles rayons d'une lune qui, elle aussi, semble se figer dans l'éther.

L'hiver finit cependant et le soleil reparaît ; la température s'élève, l'été surgit tout à coup, change le décor avec une rapidité singulière, et l'on voit bientôt de la verdure, quelques fleurs et même des fruits. L'on se croirait sur les Alpes ; c'est le même tapis végétal où prédominent le blanc et le jaune et où l'on retrouve, comme sur les montagnes de la Suisse, des Mousses, des Graminées, des Gentianes, des Saxifrages, des Draves, des Pavots, des

Stellaires, des Potentilles; seulement tout est nain là-bas:
les Framboisiers n'ont à peu près que des feuilles et les
Saules sont herbacés.

125.

Poursuivons. Des trois continents qui, par leur partie
septentrionale, s'avancent vers le pôle nord, la masse ter-
ritoriale de l'Amérique occupe le premier rang par la
complexité de ses produits et la richesse de ses régions diverses. Les deux triangles gigantesques dont se compose
ce continent s'écartent tellement de l'équateur et plongent
si hardiment vers les deux pôles, que la flore de la partie
méridionale diffère considérablement de celle du triangle
septentrional. D'autre part, l'immense cordillère qui du
nord au sud longe le continent tout entier, le partage en
deux royaumes floraux parfaitement distincts.

Les Montagnes rocheuses au nord, les Andes dans le
midi, étendent, du cercle polaire jusqu'au cap Horn, une
de ces limites frontières qui, dans le monde végétal,
opèrent de part et d'autre des créations diverses.

Et cependant une certaine uniformité de produits se
révèle dans les régions américaines par suite de l'absence
de déserts. Rien ne sépare et ne divise comme ces étendues ardentes de sable qui bien plus que les abîmes de la
mer jettent entre les diverses parties de la terre habitable
d'infranchissables barrières.

L'on peut toutefois diviser l'Amérique en une dizaine

de royaumes végétaux à peu près distincts, parmi lesquels se font remarquer les forêts vierges, les contrées basses de l'Orénoque et les Guyanes surtout dont la fertilité est véritablement indescriptible. Parmi les plantes originales et particulièrement propres au continent américain, l'on peut citer la Pomme de terre, le Tabac, le Maïs, la Vanille, le Cacao, le Manioc, les Cactus, la Salsepareille, le Quinquina, l'Ipécacuanha, le Campêche, le Roucou, l'Agave, etc.

Parlerons-nous encore des forêts de l'Amérique septentrionale, forêts si précieuses pour l'industrie humaine et si belles pour le voyageur qui voit là, dans un superbe désordre, se mêler les Pins, les Sapins, les Thuyas, les Mélèzes, le Hemlock échevelé, l'Érable à sucre, l'Orme, le Chêne, le Frêne, le Bouleau, le Tilleul, les Tulipiers et les Platanes? Et que dire des fleurs, des Orchidées brillantes et de ce merveilleux Sarracenia, dont le cornet floral, d'un vert tendre veiné de lignes écarlates, distille une eau excellente au moyen de laquelle on peut se désaltérer au milieu des plus ardentes solitudes?

Si de là nous nous dirigeons du côté de l'ouest, vers l'Amérique russe, nous trouverons des Rhododendrons nains, de magnifiques tapis de Graminées, des Saules, des Framboisiers, des Pins canadiens, de grandes Ombellifères, des Fougères colossales, des Panax élégants et par-dessus tout l'arbre de vie, le Thuya excelsa, magnifique édifice végétal au tronc finement sillonné. Cette abondance ne décroît nullement à mesure que l'on s'avance vers l'Orégon, mais c'est particulièrement en Californie, sur les versants qui, des plages de l'océan Pacifique, s'élèvent en pente douce jusqu'aux crêtes de la puissante Sierra Nevada, que se déploie une végétation tout à fait luxuriante et que s'élèvent les troncs sans pareils du Wellingtonia gigantea,

Descendons dans le dernier cercle végétal de l'Amérique septentrionale, c'est là le royaume des splendides Magnoliacées. Il embrasse la Caroline méridionale, la Géorgie, la Floride, l'Alabama, le Mississipi, la Louisiane, une partie de l'Arkansas et du Texas. Rien de plus élégant ni de plus riche que ces grands arbustes qui ne sont pas sans analogie avec l'Oranger. Tout le monde connaît leur port, leur ferme et brillant feuillage, et surtout ces larges et odorantes corolles d'un blanc si pur, qui incontestablement sont une des plus opulentes manifestations de la vie végétale.

Nous sommes là dans une flore de transition entre la zone tempérée et la zone torride. Le Chou palmiste, l'Algorova, des Yuccas, des Passiflores, des Laurinées en arbre, d'éclatantes Bignoniacées décorent et mouvementent ces régions plantureuses. Mais qu'est-ce qui pourrait nous retenir encore ici? Voici l'Amérique centrale et le paysage des tropiques!

<h2 style="text-align:center">126.</h2>

Une grande famille curieuse et bizarre entre toutes caractérise ce cercle botanique, c'est le groupe des Cactées. Les descriptions sont insuffisantes pour donner une idée de ces végétaux sans analogues dans le monde. Comment tout citer et comment surtout faire comprendre à qui ne les a point vus, ce que sont par exemple les Opunties, les Mamillariées verruqueuses, le Pignon-du-Nouveau-Mexique et le Foconoztcl? Quand les tiges de ce dernier sont mortes, que leurs sucs se sont évaporés, il reste de ce Cactus le plus étrange des squelettes. Ses tissus forment un réseau de mailles en losanges qui, desséchées, vides et roides comme le parchemin d'une momie, conservent tout l'aspect de la plante vivante et ses formes tuberculeuses. L'Échinocactus, énorme, ventru, s'arrondit comme un tonneau dans les déserts du Mexique; l'Échinocereus hérisse les plaines de ses masses mamelonnées, et le grand Cierge enfin les domine de ses colonnes monumentales. Celui-là est évidemment le roi des Cactus. Il en est qui s'élèvent jusqu'à une hauteur de trente, de quarante pieds; l'on en a vu de soixante. Leur tige de un à deux pieds de diamètre s'élève nue et dressée comme un mât de navire, puis à une grande élévation se ramifie, émet d'énormes tiges qui, d'abord horizontales, se relèvent presque à angle droit et montent parallèlement au tronc principal. Ces Cactus ressemblent alors à d'énormes candélabres dressés dans la solitude par la main de quelque génie; ils produisent surtout un effet saisissant lorsqu'on les voit, de loin, surplombant quelques roches stériles qu'ils étreignent de ces racines puissantes et sobres auxquelles nulle terre n'est nécessaire pour subsister. Comment ces colonnes démesurées résistent-elles aux vents, aux tempêtes? Voilà ce qu'on se demande. Elles leur résistent cependant, non pas seulement vivantes, mais encore mortes; elles subsistent après la décomposition de leurs tissus organiques et restent debout pendant des années, hautes et sinistres comme les squelettes de géants inconnus.

Comme c'est bien là du reste la fille du désert, cette plante inhospitalière que hérissent de la base au sommet les plus redoutables aiguillons. Nul animal n'en approche ; les oiseaux même s'enfuient à tire d'aile ; seulement si quelque tige malade se dessèche et se fend aux ardents rayons du soleil, l'on voit des guêpes venimeuses ou de longs spectres tachetés aux ailes bigarrées venir parfois y élire domicile et se fortifier là, corsaires inattaquables, contre n'importe quel ennemi du dehors.

Toutes les formes, tous les aspects se retrouvent dans ce monde paradoxal des Cactées dont on connaît plus de six cents espèces et pour la qualification desquelles les botanistes n'ont pu trouver d'autre épithète que celle de *monstrueuses*. Recouvertes d'une peau grisâtre, roussâtre ou livide, il en est qui se tordent jusque sous les pieds du voyageur comme de longs serpents épineux, d'autres forment des haies formidables où s'arrêtent les boulets de canon, d'autres enfin agglomérées, amoncelées, difformes, ressemblent, à s'y méprendre, à d'énormes bêtes fauves couchées le long des sentiers où elles paraissent attendre quelque proie.

Les Mexicains divisent leur patrie en trois régions. La première s'étend des vallées jusqu'aux grandes forêts de Chênes, c'est la région chaude, la *Tierra caliente*, la région des Palmiers, des Cotonniers, de l'Indigotier, de la Canne à sucre, du Caféier, de tous les produits aussi de la zone tropicale. La seconde région, la tempérée ou *Tierra tem-plada*, s'étend des forêts de Chênes jusqu'au boisements de Conifères. Enfin, la troisième région, la froide ou

Tierra fria, occupe l'espace compris entre les Sapins et les neiges des hautes crêtes du volcan d'Orizaba (16,000 pieds) qui, plus que toute autre montagne du globe, offre l'expression la plus complète des zones végétales superposées. Mais nous n'en finirions point si nous voulions tout énumérer. Ces trois régions sont les plus riches du monde peut-être. Hâtons-nous donc de fuir, de peur d'être tentés par cette flore luxuriante qui, depuis les Cactées éblouissantes des basses plaines jusqu'aux derniers Lichens cachés dans les cavités de la lave, déploie sur les flancs de la montagne ardente que couronne une éternelle neige toutes les somptuosités du règne végétal.

127.

Voici l'Amérique méridionale. Six royaumes végétaux l'embrassent. Ce sont les Cactées et les Pipéracées dans les Guyanes et la Colombie, les Palmiers et les Mélastomées dans le Brésil, les Composées ligneuses dans la Plata, les Graminées et les Mousses dans les austères régions de la Patagonie, les Quinquinas sur les premières pentes des Cordillères, et enfin les Escalloniées et les Calcéolaires sur les assises moyennes de ces montagnes. Quant aux détails, nous n'entreprendrons même pas de les esquisser. Il faudrait des volumes pour décrire les llanos de l'Orénoque, les pampas de la Plata et les forêts vierges du Brésil, autant d'expressions saisissantes du génie de la Flore terrestre.

Ici le désert avec toute l'accablante majesté de ses

solitudes, là-bas la forêt avec son indescriptible opulence, plus loin les grands fleuves, à l'horizon les hautes montagnes... l'imagination elle-même recule et se déclare vaincue devant les tableaux de ce monde, où les détails sont empreints du même sceau grandiose qui caractérise l'ensemble.

128.

Franchissons l'océan, voici l'Asie. L'Asie n'est pas, comme l'Amérique, un monde à part, une île après tout qui, malgré ses proportions colossales, n'en est pas moins isolée dans l'étendue des mers. Tout autre est le grand plateau asiatique. Unie à l'Europe, à peine séparée de l'Afrique par la mer Rouge et de l'Amérique septentrionale à laquelle la rattachent les îles Aléoutiennes, reliée même à l'Australie par la grande arête sous-marine des îles de la Sonde, l'Asie est bien véritablement le centre du monde, sorte de thorax gigantesque dont les ramifications rayonnantes du Thibet et de l'Himalaya forment la carapace. Aussi, que résulte-t-il de ces dispositions? C'est que toutes les flores du monde se trouvent groupées sur ce vaste noyau terrestre dont les régions végétales confinent à celles de tous les autres continents.

Toutefois, que l'on se garde de croire que ces divers éléments y soient fondus avec harmonie. L'Asie est au contraire et tout particulièrement le monde des contrastes végétaux. Ses montagnes aux ramifications complexes créent une curieuse succession de plaines, de vallées et de plateaux dont les niveaux différents engendrent des températures diverses, et multiplient d'une façon étonnante les variétés, les espèces et les genres eux-mêmes.

La partie septentrionale est le royaume des Graminées, des Ombellifères et des Crucifères, aussi les steppes immenses qui s'y déroulent ne sont-elles pas sans analogie avec les pâturages de l'Europe moyenne. Au centre, encore des steppes avec des oasis où se combinent, dans un plantureux désordre, les espèces européennes et les espèces tropicales; puis, viennent les montagnes entre-coupées de basses plaines, les grands plateaux creusés d'ardentes vallées, régions bizarres, variables et d'une si prodigieuse fertilité, que malgré la division par districts qu'on a tâché d'en faire, toute classification devient impuissante, toute énumération incomplète.

Généralement parlant, car il faut bien sortir des détails si l'on veut en finir, l'Asie fournit une telle profusion de plantes alimentaires et utiles, qu'aucune autre partie du monde ne pourrait lui être comparée. C'est là qu'ont pris spontanément naissance le Mûrier, le Cotonnier, la Canne à sucre, le Camphrier, le Riz, le Bananier, le Citronnier, l'Oranger, le Tabac, le Café, le Thé, l'Olivier, le Cocotier, les arbres à gomme, la Vigne, l'Arum comestible, le Lis bulbifère, l'Igname, les Céréales, la plupart des fruits de nos vergers et cent autres plantes qui, aujourd'hui naturalisées ailleurs, n'en sont pas moins originaires de cette terre inépuisable, véritable nourrice de l'humanité. L'on compte, dans la seule Flore du Japon de Thünberg, plus de soixante-dix plantes comestibles et au-delà de deux cents plantes utiles employées par l'industrie d'une façon quelconque. Fruits, fleurs, parfums, aromates exquis,

épices de toutes sortes, tout émane de cette Asie que les
siècles géologiques semblent avoir préparée pour qu'elle
pût servir de berceau principal aux groupes originaires de
la famille humaine.

129.

Passons, le monde est vaste. Enjambons la mer Rouge.
Voici l'Afrique, le mystérieux continent qui seul (à l'exception de l'Égypte), est resté muet jusqu'à ce jour, et
dont l'histoire est encore à venir. Aussi tout, dans cette
terre de préparation, est-il marqué du sceau étrange,
inachevé, parfois paradoxal, qui caractérise les créations
transitoires.

Si les contrées polaires, dit M. Müller, sont la patrie de
l'engourdissement, l'Amérique le pays de la multitude
végétale, l'Asie le berceau des contrastes, l'Afrique est la
terre des bizarreries.

Les conceptions les plus disparates s'y sont fondues en
réalités d'autant plus extraordinaires, qu'elles vivent, et
réfutent conséquemment par avance les arguments les plus
plausibles au moyen desquels l'on aurait vraiment bien
envie de prouver leur impossibilité. Ainsi, jetons un coup
d'œil en passant dans le monde animal. La girafe, créature
improbable s'il en fut, ne tient-elle pas tout à la fois du chameau, de la panthère, de la vache, du chevreuil, du cheval
et même un peu du cygne? Le gnou n'est-il pas une combinaison du cheval et de l'hyène rayée? Et ces types grossiers du chameau, de l'hippopotame et de l'éléphant, parmi

les quadrupèdes ; de l'autruche, de l'outarde, du casoar et des baleiniceps, parmi les oiseaux, ne doivent-ils pas être rangés parmi les essais d'un monde qui hésite sur le seuil d'une existence à laquelle il se prépare? Que n'aurait-on pas à dire encore, si l'on pouvait tout dire, du Cafre ignoble, du Hottentot stupide et du gorille sur-tout... leur cousin à tous deux?

Mais revenons à notre monde végétal. L'Afrique septen-trionale se divise en deux grandes régions : en haut, celle des Labiées et des Caryophyllées; plus bas, celle des grands déserts. A la première, comme aux îles Canaries et à Madère, appartiennent les Cocotiers, les Dattiers, les Dragoniers, les Euphorbiacées, les Orangers, les Oliviers, les Caroubiers, les Palmiers, les Tamariniers, les Bananiers, l'Agave, le Caféier lui-même, et de plus cet étrange Tabayba d'où découle un suc lacté qui rappelle cet autre curieux végétal, l'Arbre-vache du Venezuela, sorte de Figuier produisant un liquide comestible en tout compa-rable au lait des mammifères et qui, pour comble de rap-prochement improbable, coule dans le pays même où mûrit le café. Du café au lait végétal! voilà de ces sur-prises que nous fait la coquette nature [1].

1. Dans les forêts de la Guyane anglaise, nous raconte M. Schleiden, pousse un arbre que les naturels appellent Hya-Hya, et dont l'écorce et la moelle sont tellement riches en lait, qu'un tronc d'un faible diamètre, abattu par les compagnons d'Arnott sur le bord d'une rivière, rendit les eaux toutes blanches pendant près d'une heure. Le suc qui découle de cet arbre, à peu près semblable à celui de l'Arbre-vache décrit par Humboldt, est un liquide blanc, gras, qui exhale l'odeur agréable du lait animal et en possède à peu près toutes les propriétés, de telle sorte qu'il constitue non-seulement une boisson salutaire, mais encore une nourriture substantielle.

Dans le désert... plus rien. Le Sahara, c'est l'image de la mort, disent les voyageurs; si bien qu'un lézard ou même qu'une fourmi sont un événement pour une caravane, tant l'on est habitué à ne trouver que silence et désolation dans ce morne océan de sable où tout flamboie, où tout aveugle : la poussière calcinée, le ciel ruisselant de lueurs, l'horizon incandescent.

Et cependant, si l'eau coulait au désert, quelle vie folle, échevelée y succèderait bien vite à la mortelle immobilité qui l'oppresse. Voyez plutôt l'oasis si fraîche, si parfumée, et sous les mêmes latitudes que le Sahara, les plaines opulentes du Nil-Blanc et du Nil-Bleu [1].

Nous avons essayé, au commencement de ce livre, de donner une idée des forêts vierges que l'on trouve dans ces régions ; mais quelles descriptions pourraient suffire? Toutes les richesses de l'Amérique, toutes les magnificences de l'Inde semblent s'être confondues ici dans un chaos inénarrable.

Quant à l'Afrique méridionale, trois zones déterminent son climat : la tropicale, la sub-tropicale ou région des pluies d'automne et d'hiver, et la tempérée que termine le Cap. Naturellement, les saisons sont l'inverse des nôtres. Le printemps commence en septembre, l'été en janvier, l'automne en avril, et l'hiver en juillet.

La pointe méridionale de l'Afrique peut être envisagée comme une montagne conique comprenant autant de zones végétales que de divisions climatériques. Nous y

---

1. « Envoyez-moi des appareils de forage, écrivait au ministre de la guerre le général Lamoricière, et par eux je transformerai l'Algérie bien mieux que par l'épée. »

trouvons, suivant les régions, tantôt une vigoureuse végétation toujours verte, défiant également le feu et la sécheresse, tantôt des plaines stériles, mornes, à peine ondulées, tantôt enfin de magnifiques tapis de verdure qu'arrosent des brumes fréquentes, et où fleurissent, par grands massifs, des Glaïeuls éclatants, de belles Graminées, des Joncs, des Lichens et des Mousses. C'est dans ces régions incommensurables que pullulent par milliers des troupeaux de buffles, de gazelles, de gnous, de bouquetins, de zèbres, d'autruches et de chevaux sauvages, au milieu desquels, toujours inassouvis, rôdent quelques lions solitaires, des panthères, des léopards, des hyènes et des chacals, tandis que dans les plaines du fleuve des Orangers errent lentement l'éléphant d'Afrique, le rhinocéros et l'informe hippopotame.

Les plantes qui caractérisent d'une façon toute spéciale les régions qui avoisinent le Cap, sont les Bruyères. Là est leur véritable patrie, car tandis qu'en Europe croissent dans les plaines et sur les montagnes une douzaine d'espèces environ, c'est par centaines qu'il faut les cataloguer au Cap. Quelques-unes d'entre elles s'élèvent à une hauteur de quinze pieds. Leur splendeur est telle, disent les voyageurs, que l'on hésite entre les plus belles et que l'on s'abstient de choisir. Elles couvrent, comme de véritables forêts, tout aussi bien les basses plaines humides que les plus hautes crêtes des montagnes.

Citerons-nous encore les Géraniées et les Pélargoniées éclatantes, les Hélichryses ou Immortelles, les Cycadées, les Euphorbiacées, les hautes Strélitzias et cette admirable Protéacée qui revêt son tronc et ses rameaux de feuilles élégantes, lancéolées, recouvertes d'un duvet soyeux et superposées de telle sorte que l'arbre entier, haut de douze à quinze mètres, ressemble à une grande plante d'argent? Mais il faudrait de nouveau recommencer ces séries interminables que nous ont présentées l'Amérique et l'Asie, car l'Afrique est admirable aussi, riche surtout en types spéciaux, en beautés étranges que l'on ne retrouve que dans ces vieilles terres conservées par la nature comme de véritables débris des anciens âges.

L'Afrique méridionale, en effet, et que ceci nous serve de transition, ressemble vaguement à la Nouvelle-Hollande. Comme celle-ci, le Cap est une région triste. Je ne sais quel air de caducité antique pèse sur cette terre, fort belle encore, mais lasse, épuisée, ainsi que le constate un mélancolique dicton du pays qui reconnaît que « ses fleurs sont sans odeur, ses fleuves sans eau et ses oiseaux sans chant. » Tout nous amène à penser, dit M. Ch. Müller avec lequel nous faisons notre voyage à travers le monde, que l'Afrique méridionale, comme la Nouvelle-Hollande, se trouve peut-être encore dans l'état primitif d'une des plus anciennes périodes de la création. Non-seulement ces deux terres possèdent beaucoup de types qui, comme les Palmiers conifères, les Navets des Hottentots et les Protéacées, pourraient bien provenir directement des époques antérieures, mais elles se distinguent encore par une absence à peu près complète de gisements houillers et de plantes alimentaires, — caractère des terrains relativement jeunes, — et n'ont pu être colonisées que par l'importation de végétaux étrangers.

Encore un mot de l'Afrique. La grande île de Madagascar est à l'Afrique ce que Sumatra et Java sont à l'Inde, c'est-à-dire une sorte de raccourci opulent, merveilleux.

23.

Trois flores s'y combinent dans une admirable confusion : l'indienne, l'africaine et l'européenne ; la première dans les plaines, la seconde dans les régions moyennes, la troisième sur les montagnes ; c'est ainsi que le Baobab d'Afrique y pousse à côté du Népenthès de Java et que les lianes de l'Inde s'y balancent au-dessus des Graminées et des Mousses de l'Europe.

<h1 style="text-align:center">130.</h1>

Mais partons, il est temps. D'un coup d'aile franchissons la grande mer australe et abordons ; voici l'Australie. Monde bizarre, même pour qui sort comme nous de l'Afrique, île par excellence isolée de toute autre terre et reléguée au fond des océans, la Nouvelle-Hollande se distingue par des caractères entièrement à part. De son immense et effroyable désert central soufflent des vents ardents qui font de l'île entière la terre la plus sèche du monde. Tel fleuve du littoral qui coule aujourd'hui pourra n'être plus, dans quelques années, qu'un lieu stérile ou qu'un marécage plus redoutable encore. La mer seule entretient autour des côtes comme une ceinture de vitalité, mais le reste, tout le reste peut-être, n'est qu'une morne solitude dans laquelle nul n'a pu s'aventurer bien loin.

Ce qui paraît dominer dans l'intérieur du plateau central de l'île, ce sont les marais salants. et ce fait, — étrangeté nouvelle qui vient s'ajouter à toutes celles que l'on y remarque, — ne trouve d'autre solution, il semble, que dans l'hypothèse d'après laquelle l'Australie, d'abord émergée sous forme d'anneau gigantesque, n'aurait été complétée que beaucoup plus tard par le soulèvement de la partie centrale d'où l'eau de mer se serait lentement évaporée pendant les âges géologiques [1].

Quoi qu'il en soit, il est bien constaté que toute la ceinture formée par le littoral de l'Australie est un des plus vieux témoins des phases premières et lointaines de l'histoire de notre globe. L'Australie est l'Afrique du grand Océan. Toutes deux ardentes et surtout pauvres en baies, elles ont l'aspect massif des terres vieillies et oubliées — jusqu'à ce que les rajeunissent peut-être les travaux d'une civilisation créatrice [2].

Nous avons dit plus haut que la flore australienne ressemble à celle de l'Afrique méridionale. Dans les deux, en effet, abondent les Protéacées, ces Cycadées étonnantes que nous ont léguées presque sans modification les périodes primitives, et il n'est pas jusqu'au Figuier des Hottentots qui n'ait son pendant en Australie dans la Glaciale naine découverte par Ferdinand Müller.

Mais trève de comparaisons, et d'autant plus que le bizarre pays qui nous occupe n'en n'autorise pas un bien grand nombre, grâce à ses excentricités à nulle autre pareilles. Jugez-en vous-mêmes.

---

1. Certains géographes croient même à l'existence d'un lac intérieur où se serait retiré le reste des eaux marines.

2. Cette espérance de rajeunissement pour l'Australie serait parfaitement superflue si l'on admettait le point de vue de certains géographes qui affirment que ce continent s'affaisse progressivement et finira par s'abîmer dans les flots.

Un arbuste de la famille des Santalins porte une sorte de fruit rougeâtre semblable à une cerise, puis au bout de cette cerise un globule pierreux qui ressemble à un noyau extérieur. Eh bien ce fruit n'en est pas un, ce n'est qu'un pédoncule renflé, et ce noyau n'est pas un noyau non plus, par la raison que c'est le vrai fruit. Dans nos régions, les arbres perdent annuellement leurs feuilles; en Australie, c'est de leur écorce qu'ils se défont. Tous les ans, au mois de mars, qui est le premier mois de leur automne, on les voit se déshabiller ou plutôt déchirer leurs habits, se couvrir de loques pendantes, puis apparaître quand les haillons sont tombés sous des écorces toutes neuves, les unes jaunes, les autres bleues! Ce n'est pas tout. Un des caractères les plus curieux des arbres de l'Australie est la situation des feuilles par rapport au rameau qui les porte. Tandis que chez nous le feuillage émane horizontalement des branches, présentant une face à la terre et l'autre au ciel, là-bas c'est verticalement qu'il sort du rameau et ce n'est que son profil qu'il offre au soleil. De là naturellement l'aspect étrange des forêts australiennes qui sans feuilles étalées ne projettent point d'ombre, laissent s'évaporer toute fraîche vapeur et contribuent pour leur bonne part à cette sécheresse terrible qui fait de la Nouvelle-Hollande un séjour presque inhabitable.

Est-ce bien tout? Pas encore. Vous souvient-il de ce que nous avons dit plus haut des fantaisies du Fragon, drôle de petit arbuste qui, sans aucun égard pour les convenances botaniques, nous présente ses fleurs sur la surface même de ses feuilles? Si vous vous en souvenez, vous savez que ce n'est pas *feuille* qu'il faut dire, mais *rameau aplati* ou *phyllode* (du mot grec *phyllon,* feuille). Eh bien,

ces phyllodes, qui après tout ne sont que des monstruosités, ont naturellement été adoptés au plus vite et sur une
large échelle par la flore de notre fantasque continent.
L'on y voit donc et en grand nombre des végétaux phyllo-
dés qui, dépourvus de toute feuille, n'en font pas moins
semblant d'en avoir en développant leurs pétioles. L'on y
voit, — eh, que n'y voit-on pas dès qu'il s'agit de choses
improbables? — l'on y trouve des Champignons qui dans
les forêts, la nuit, émettent de phosphorescentes lueurs.
C'est la nuit que l'on y entend chanter le coucou, tandis
que les hiboux hululent en plein jour. Des quadrupèdes
à bec de canard y barbotent dans les flaques maréca-
geuses; les aigles y sont blancs, les cygnes noirs, puis
enfin les forêts y sont basses et les plantes herbacées
d'une taille gigantesque.

Voilà ce qu'est cette terre d'Australie, sorte de parodie
des lois universelles ou de défi plutôt jeté à la face du
reste du monde.

Ce n'est point que tout y soit grotesque, ni même
disgracieux. Ce pays produit des plantes fort belles. Ses
Araucariées sont pleines de majesté, ses Casuarinées infiniment intéressantes, ses Banksiées pleines de noblesse et
d'éclat, et l'on ne saurait dire l'originalité gracieuse de
ces nombreuses plantes qui, toutes doublées de feutre
épais et soyeux, se matelassent contre la chaleur et rappellent les Bédouins du désert avec leurs lourds turbans
et leurs manteaux de laine, au moyen desquels ils cherchent à se garantir contre les ardeurs de leur soleil.

Que dirons-nous encore? Parlerons-nous des élégantes Eucalyptées, des Acaciées gommifères, des Podocarpées aux larges feuilles, de nos compatriotes les

Oxalidées, les Orchidées, les Asphodélées, les Campanules et les Renoncules d'or? Non, nous en avons dit assez pour donner une idée de ces régions sans analogues sur la terre et où se manifestent sans transitions de si violentes énergies que l'on y voit, à Adélaïde, par exemple, le Froment, vert encore le matin, mûrir en une seule journée, sous les haleines torrides d'un sirocco de flammes.

<h1 style="text-align:center">131.</h1>

Reprenons donc la mer, car véritablement la chaleur ici nous suffoque. Voici les îles.

La terre de Van-Diémen, au sud de l'Australie, est à ce continent ce que l'Irlande est à l'Angleterre. Un simple bras de mer l'en sépare : aussi offre-t-elle dans son tapis végétal les mêmes éléments généraux qui caractérisent la flore des terres australiennes, avec cette seule différence que les forces végétales y présentent une plus grande énergie encore et rappellent la luxuriante fertilité de la Terre de Feu. Ses grands Eucalyptes (arbres gommifères) s'y élèvent jusqu'à près de trois cents pieds de hauteur avec trente de circonférence à la base, ses Fougères arborescentes ombragent les vallées de leurs larges et gracieux éventails, et, comme en Australie, se retrouvent là, confondues dans le plus opulent désordre, des Protéacées, des Acaciées, des Myrtacées, d'envahissantes parasites qui recouvrent tous les troncs d'arbre d'un éternel manteau de verdure, et jusqu'à cette Urticée redoutable, sorte de serpent végétal, dont le tronc, mou et flexueux, entremêle ses fleurs écarlates de terribles aiguillons qui, de la moindre piqûre, tuent presque instantanément le cheval le plus vigoureux.

La Nouvelle-Zélande complète dans sa flore ce que la terre de Van-Diémen n'a fait qu'ébaucher. Cette île montagneuse et volcanique abonde en magnificences naturelles. Rochers, cascades, cratères d'eaux thermales, solfatares, volcans de boue, bassins d'un blanc de neige que frangent de magnifiques stalactites et que remplissent des eaux de l'azur le plus merveilleux, le tout couronné par un redoutable volcan de plus de 13,000 pieds de hauteur, telles sont les principales beautés de cette terre grandiose et tourmentée.

L'élément principal et presque unique du tapis végétal de cette île, c'est la Fougère. Fougères naines, Fougères arborescentes, elles revêtent tout de leur fatigante uniformité, remplaçant à la fois les Graminées des plaines et les arbrisseaux des montagnes. Il est heureux que quelques-unes d'entre elles soient alimentaires, sans quoi la vie eût été fort difficile pour les indigènes de cette terre inhospitalière. Faut-il, avec M. de Hochstetter, attribuer à cette parcimonie du sol les habitudes de cannibalisme des insulaires, ou bien doit-on plutôt, avec M. Ch. Müller, chercher à établir un rapport de cause à effet entre leur férocité native et l'aspect sauvage de l'âpre nature qui les entoure? C'est ce qu'il serait, je crois, assez difficile de décider.

Quoi qu'il en soit, le catalogue de leurs plantes alimentaires est fort court. Un Céleri sauvage, une espèce de

Cresson, la Pomme de terre des oiseaux, une sorte d'Épinard et quelques Arums comestibles, voilà tout ce que le botaniste trouve à enregistrer.

Par ses arbres, la Nouvelle-Zélande se rapproche, — et ceci est un rapport remarquable à établir, — des deux pointes méridionales de l'Afrique et de l'Amérique. A ces productions communes ajoutons quelques Thuyas, des Hêtres, des Podocarpées, quelques Pipéracées, et puis enfin le chef-d'œuvre de la nature zélandaise, l'Abiétacée Damarine. Le tronc de cet arbre, admirable colonne qui s'élève jusqu'à cent pieds de hauteur avant la ramification des branches, étonne par la régularité presque constante de ses proportions. L'on comprend de quel précieux usage est cet arbre magnifique pour tous les genres de construction ; aussi constitue-t-il la véritable et presque seule richesse de l'île, avec un dernier végétal que nous n'aurions garde d'oublier, le Phormium tenax, remarquable entre toutes les plantes textiles par l'abondance de ses fibres, dont les faisceaux soyeux, souples et solides constituent l'un des produits les plus précieux et les plus durables de tout le règne végétal. C'est avec ces filaments que les Zélandais confectionnent leurs vêtements et leurs filets.

En remontant vers le nord, nous trouvons l'île de Norfolk qui forme l'intermédiaire entre la Nouvelle-Hollande, la Nouvelle-Calédonie et les Nouvelles-Hébrides ; c'est la patrie du magnifique Cyprès des tombeaux.

La Nouvelle-Calédonie forme une nouvelle transition vers l'Inde. Des Bananiers et des Cannes à sucre apparaissent, messagers de paix d'une zone plus douce. Puis vient l'Archipel des Nouvelles-Hébrides, merveilleuses de fécondité et riches en paysages splendides. Cinglons toujours, voici les rives de la Nouvelle-Guinée, les îles Salomon, la Nouvelle-Bretagne, la Nouvelle-Irlande, les Carolines, les Mariannes ; voici encore les îles Sandwich avec leurs magnifiques contrastes, puis enfin Tahiti « la perle de l'océan, la reine des mers du sud ; » les géographes abondent ici en qualifications exaltées et lyriques. Comment décrire, en effet, les innombrables beautés de cette terre paradisiaque, où s'accumulent tous ces trésors de la nature tropicale dont la simple liste forme un interminable catalogue ? Citons donc, rien qu'en courant, l'Arbre à pain, le Mûrier à papier, les Aroïdées, la Canne à sucre, le Cocotier, les Bambous, le Pandang odorant et le Huddu sans pareil, et puis..... passons, car la magnificence, elle aussi, a ses monotonies.

132.

Arrivons enfin à l'Europe.

En raison de la prépondérance de certains types, le caractère général de la couverture végétale européenne se divise en trois royaumes végétaux : celui des Mousses et des Saxifrages, celui des Ombellifères et des Crucifères, et enfin celui des Labiées et des Caryophyllées. Le premier de ces royaumes comprend le nord le plus extrême ainsi que les Hautes-Alpes[1], le second s'étend sur la zone tem-

---

1. La Laponie n'a que 19 plantes qui lui soient exclusivement propres sur 685 que possède sa flore.

pérée froide et le troisième sur la zone tempérée chaude.

Considérée au point de vue des types végétaux proprement dits, c'est-à-dire de la coexistence des diverses formes végétales, l'Europe doit être divisée en cinq groupes : la flore septentrionale (Russie, Scandinavie et Grande-Bretagne), la flore méridionale (Italie et bassin méditerranéen), la flore orientale (depuis la Hongrie jusqu'à la Grèce), la flore occidentale (Espagne, Portugal et sud-ouest de la France), et enfin la flore centrale (France centrale et Allemagne). Cette dernière est la plus riche, elle ne possède pas moins de 3,000 phanérogames et de 6,000 cryptogames.

Le territoire de l'Europe, bien que s'étendant sur des zones froides et tempérées, n'en possède pas moins des types qui rappellent ceux de zones végétales infiniment plus chaudes, types parmi lesquels se placent en tête le Palmier dattier et le Palmier nain. Le premier, qui sans aucun doute est une importation, n'arrive à la maturité que dans les environs d'Elcha dans le sud de l'Espagne. Le second est d'une origine douteuse et peut aussi bien appartenir à l'Europe qu'à l'Afrique septentrionale. On le retrouve çà et là depuis le détroit de Gibraltar jusqu'aux rives de la Dalmatie ; il correspond au Chou palmiste des États-Unis méridionaux.

A côté de ces deux types caractéristiques et sous les mêmes latitudes se placent les formes tropicales de l'Agave et de l'Opuntia, puis à elles s'associent des Laurinées, des Myrtacées, des Arbousiers, des Grenadiers, des Caroubiers, des Orangers, des Figuiers, des Pistachiers, des Oliviers et des Bruyères enfin par touffes arborescentes.

Dans les zones les plus tempérées se trouvent encore

des végétaux qui rappellent les formes tropicales. Nos Carex remplacent les Graminées arborescentes et nos Nymphéacées sont une miniature des types splendides de l'Amérique méridionale, tandis que le Nymphæa thermalis de Mehadia sur la frontière de la Hongrie se rapproche plus particulièrement du Nélumbo rose du Nil. Nos Conifères du nord, nos Houx, nos Chênes verts, nos Myrtacées, nos Laurinées, nos Cistes sont autant de représentants de très-nombreuses espèces exotiques, parmi lesquelles nous devons spécialement mentionner celles de l'Afrique septentrionale et de l'Arabie que nous rappellent nos touffes de Tamaris et jusqu'aux forêts phyllodées de l'Australie dont nos Ruscus de la Styrie et du Tyrol méridional sont comme la lointaine imitation. Les Graminées des steppes espagnoles ont la même prestance roide, le même aspect solitaire qu'affectent celles des savanes américaines. Le type original entre tous et si distingué des Orchidées s'étend chez nous jusqu'aux confins de la zone polaire, les Loranthées parodient dans nos forêts les fougueuses parasites tropicales, et les lianes elles-mêmes se font représenter parmi nous par les types gracieux des Vignes vierges, du Lierre, du Houblon et des Convolvulacées.

A travers ces analogies, du milieu de toutes ces similitudes ressort donc un principe général d'unité et comme une loi organique qui amène à conclure qu'aucune flore de la terre ne peut subsister à l'exclusion de toute autre. La même force agit sur les deux hémisphères, bien que soumise aux diverses conditions géographiques et climatériques; chaque terre a ses avantages, chaque pays ses priviléges, et nos zones tempérées, en particulier, reçoivent de l'alternance de leurs saisons un charme que nous devons bien nous garder de méconnaître.

« J'ai vécu, dit un auteur contemporain, dans des climats où les Oliviers et les Orangers sont revêtus d'une éternelle verdure. Sans méconnaître la beauté d'un tel spectacle, je ne pouvais cependant m'accoutumer à sa monotonie. Je croyais être constamment à la veille d'un rajeunissement de la nature qui toujours se faisait attendre. Chaque jour ressemblait à la veille, aucune feuille ne tombait, à l'horizon jamais un nuage. Je soupirais après la pluie, l'orage, la tempête elle-même; tout m'eût paru préférable pourvu que sur la terre ou dans le ciel l'on eût senti l'idée d'un mouvement, d'une rénovation quelconque. Nous ne vivons que par la variété qui provient de l'alternance, et c'est à coup sûr aux grandes oppositions de chaleur et de froid, de brume et de soleil, de tristesse et de gaieté que nous, habitants des zones tempérées, sommes redevables de la trempe et de l'énergie de notre caractère individuel. »

Tout cela est très-vrai. Outre les influences salutaires qu'exercent sur notre moral les variétés de l'alternance, qui ne sent que là aussi réside l'inépuisable source de poésie et de philosophie rêveuses dont sont empreintes les grandes œuvres magistrales de nos poëtes contemporains? Les *Orientales* auraient été moins belles si Victor Hugo n'eût pas été de l'Occident. Qui dira le monde d'impressions dont nous sommes redevables aux enivrements du printemps et aux mélancolies de l'automne? Du bourgeon qui s'entrouvre à la feuille qui jaunit s'étendent de part et d'autre deux royaumes divers : l'hiver et l'été, la chaleur et le froid, le mouvement et le repos, deux pôles singu-

lièrement créateurs et sur l'axe desquels repose incontestablement l'économie générale des régions tempérées.

Un dernier mot pour conclure. L'Europe est le pays
du juste-milieu végétal.

Sauf quelques contrées déboisées, je dirai même dé-
vastées par les empiétements de la civilisation[1], un certain équilibre s'est établi entre l'activité de l'homme et
les forces vives de la nature. Toutes les régions moyennes
du continent européen appartiennent ou appartiendront à
l'agriculture, et si, devant un champ de blé, le vrai botaniste peut éprouver quelques regrets en songeant à toutes
les belles plantes sauvages que remplace la Graminée alimentaire, il n'en est pas moins bien vite ramené au sentiment de la réalité, du rôle éminemment utilitaire de certains végétaux et particulièrement à celui des légitimes
nécessités sociales.

133.

Nous ne pouvons terminer ce chapitre, déjà bien long,
sans le résumer par quelque considérations rapides sur
l'influence des principaux agents de la végétation, dont
l'étude a rendu possible l'enchaînement des diverses lois
qui régissent la géographie botanique.

1. Il y a lieu d'espérer que l'attention des hommes d'État se por-
tera plus encore qu'elle ne l'a fait jusqu'ici sur la situation fâcheuse
créée par les déboisements excessifs, et que d'importantes allocations
de fonds seront affectées au reboisement des sommets qui dominent les
grands bassins aquifères.

Ces agents sont nombreux, citons parmi les principaux le *sol,* la *température,* la *lumière* et *l'humidité.*

DU SOL. — L'on a peut-être exagéré les effets de la composition chimique du sol sur la production de telle espèce
spéciale: mais ce que l'on ne peut révoquer en doute, c'est
l'influence marquée de la nature du terrain sur le caractère de la végétation. Il est évident que le même sol considéré au point de vue purement chimique, produira deux
végétations différentes, selon qu'il sera épais, profond et
perméable, ou bien d'une profondeur insuffisante et dans
une situation telle qu'il ne pourra qu'imparfaitement
jouir des effluves indispensables de la lumière, de l'air et
de l'humidité.

L'exposition des lieux vers l'un des points cardinaux
n'est pas indifférente non plus, et l'on voit tous les jours
les horticulteurs mettre à profit, pour le développement
ou l'éducation de telle espèce délicate, les effets importants et parfois décisifs d'une orientation raisonnée.

Lorsqu'un sol est d'une nature tellement spéciale qu'il
convient exclusivement à certaine espèce particulière, il
finit tôt ou tard par s'en couvrir à tel point que les individus de cette espèce, pressés les uns contre les autres, se
réunissent en véritable *société,* imprimant à la région af-
fectionnée un aspect dont la monotonie se proportionne à
son étendue. Cette réunion d'individus vivant en commun
constitue ce que M. de Humboldt a appelé *plantes sociales.*
C'est ainsi que les Sphagnum, les Ajoncs, les Bruyères,
certaines Graminées, les Rhododendrons, les Sapins et les
Mélèzes occupent à la surface de la terre des espaces immenses à l'exclusion de toute autre espèce.

DE LA TEMPÉRATURE. — De toutes les causes qui peuvent occasionner les différences qu'on observe dans la végétation propre à divers lieux du globe, la température est évidemment celle dont les effets marquent le plus dans la gigantesque trame du tapis végétal.

Si la terre, partout homogène, n'avait pour accentuer ses paysages aucun des grands éléments qu'elle combine avec une si merveilleuse variété, la température d'un point déterminé du globe serait donnée par sa latitude même, et les lignes d'égale température (lignes isothermes de M. de Humboldt) seraient partout parallèles entre elles et parallèles avec l'équateur; mais il est bien loin d'en être ainsi. L'infléchissement des lignes thermales montre que les parties orientales de l'ancien et du nouveau continent sont plus froides que les parties occidentales; que par exemple, à latitude égale, le nord de la Sibérie est plus froid que le nord de la Norvége, que le nord de la baie d'Hudson est plus froid que l'Amérique russe, et encore que les côtes orientales de l'ancien et du nouveau continent sont plus froides que les côtes occidentales de l'Europe; qu'ainsi le Canada et le Labrador jouissent d'un climat beaucoup moins doux que la France, les îles Britanniques et la Scandinavie.

L'on doit comprendre, d'après ces variations, combien seraient irrégulières aussi les lignes que l'on pourrait tracer sur une carte, en suivant les points extrêmes vers le nord et vers le sud qu'atteignent les végétations diverses.

Pour se rendre un compte exact de l'influence de la température sur la distribution des plantes à la surface de la terre, c'est bien moins la température moyenne des différents lieux qu'il faut étudier que les degrés de plus grande variation que peut atteindre le thermomètre ; car l'on comprend que telle saison de température trop excentrique, fût-elle de très-courte durée, ne peut être que fatale à certaines plantes qui, sous l'économie d'une plus égale répartition, eussent parfaitement supporté la même somme de chaleur ou de froid.

Une température plus douce et plus uniforme que celle des régions continentales moyennes favorise généralement les plages maritimes et les pays voisins de la mer, vaste réservoir, comme on sait, d'une température à peu près constante. Aussi voit-on s'avancer beaucoup plus loin dans ces régions que dans l'intérieur des terres, des végétaux tels que les Myrtes et les Lauriers roses d'Angleterre, qui, sans souci de la latitude et de la géographie, croissent sous les tièdes haleines maritimes dans un exil relativement heureux.

De la lumière. — L'on sait déjà de quelle importance capitale est la lumière dans le phénomène de la végétation. Bien que cette influence soit inférieure à celle de la température sur la distribution géographique des plantes, il ne faut cependant pas oublier que la coloration, l'un des caractères les plus remarquables des végétaux se trouve en connexion si intime avec la lumière, que l'on se demande s'il ne faut pas chercher dans la continuité de la grande journée polaire qui dure six mois, la cause de la coloration de certaines fleurs de cette région, coloration d'autant plus étrange qu'elle tranche plus vivement sur la pâle uniformité du tapis végétal.

Cette question du reste demeure fort obscure. Elle se rattache aux problèmes les plus délicats de la chimie et de la physiologie végétale. Nul ne saurait dire quelles manipulations secrètes s'opèrent dans la collaboration d'une cellule avec un rayon de soleil. Ce qu'il y a de certain, c'est qu'indépendamment du fait mentionné plus haut et relatif à la végétation des régions hyperboréennes, c'est dans les zones intertropicales, sous une lumière verticale, incandescente, qu'éclatent ces couleurs indescriptibles qui sèment de pierreries et d'éclairs scarabées, papillons, colibris et corolles.

De l'humidité. — Il faut au végétal une atmosphère lumineuse, chaude et humide. L'un de ces éléments ne saurait se passer des deux autres, mais en revanche leur combinaison, fût-elle artificielle, produit quand elle est convenablement proportionnée de véritables miracles de végétation.

Si l'on se souvient de ce que nous avons dit précédemment de l'aspect du monde et de la température exceptionnelle qui régnait à l'époque dite *carbonifère* en géologie, l'on comprendra quelle fougue dut avoir la végétation de ces grands Conifères qui, sous un ciel à lumière doucement tamisée et dans une atmosphère d'étuve, purent, pendant une série incalculable de siècles, accumuler dans le sol ces énormes provisions de charbons de terre qu'exploite l'industrie moderne.

C'est aux mêmes conditions, bien que restreintes, que les régions intertropicales de l'Afrique, de l'Asie et de l'Amérique doivent leur puissance végétale et leurs flores splendides.

A ces causes diverses que nous venons d'énumérer rapidement, et dont l'influence trace les frontières des nombreux royaumes végétaux dont s'occupe la géographie botanique, il faut en joindre quelques autres qui, pour n'avoir qu'une importance moindre, n'en réclament pas moins leur part dans la distribution des végétaux à la surface du globe. Nous voulons parler de ces moyens de transport, soit naturels, soit factices, qui tendent de plus en plus à modifier la végétation première des continents.

Ces moyens sont nombreux et divers. Ce sont les eaux courantes qui entraînent à de grandes distances les graines des plantes riveraines; ce sont les vents qui arrachent ici la samare ailée, là-bas l'aigrette plumeuse, ailleurs le germe invisible, sorte de poussière féconde qui s'en va de la montagne à la plaine, traversant les ruisseaux, les fleuves, les lacs, un bras de mer quelquefois; c'est cette mer elle-même qui, d'une rive à l'autre, d'une île à une autre île, d'un continent vers un continent lointain, emporte sur ses vagues des racines, des graines, des fruits, de robustes noyaux qui, par-delà les abîmes, viennent germer, croître et fleurir sous les nouveaux cieux d'une patrie adoptive.

Ce ne sont pas seulement les vents et les eaux qui font métier de propagande végétale, mais encore les animaux et parmi eux les oiseaux tout particulièrement.

C'est l'homme enfin qui, plus que tout autre parmi les êtres de la création, transforme la face du monde, mêlant faunes et flores au gré de ses désirs ou de ses besoins et parfois même d'une manière inconsciente. Non-seulement par ses grands travaux de culture et d'acclimatation, il donne à certaines plantes un caractère particulier de cosmopolitisme qui tend à confondre tous les royaumes végétaux, non-seulement il transporte avec lui, dans ses voyages terrestres et maritimes, une foule de racines ou de graines, mais encore certaines espèces le suivent pour ainsi dire à son insu dans ses pérégrinations et se multiplient avec une incroyable rapidité lorsqu'elles trouvent un terrain favorable. C'est ainsi que l'Agave et le Cactus opuntia, tous deux originaires de l'Amérique, se sont répandus en nombre si considérable sur les bords de la Méditerranée qu'ils y forment maintenant un des éléments fondamentaux du paysage, que l'Érigeron du Canada s'est en quelques années emparé de l'Europe qu'il traite maintenant en terre véritablement conquise, que les pampas du Rio de la Plata sont littéralement couverts de notre Chardon, et qu'enfin nos Mourons, nos Stellaires, notre Vipérine, notre Ciguë, nos Orties, nos Mauves, nos Menthes, notre Bourrache, notre Verveine et nos Ansérines abondent dans certaines régions de l'Amérique méridionale.

Ces plantes et bien d'autres, clientes naturelles de l'homme, s'attachent à ses pas, remplissent son jardin, se faufilent dans ses haies, entourent sa maison, se déplacent quand il déménage et marquent sa trace pendant des années jusqu'au milieu même des déserts qu'il a traversés. « Lorsque je parcourais en Amérique, dit M. Auguste de Saint-Hilaire, les vastes régions voisines de la province de Goyaz, j'aperçus avec étonnement dans un pâturage, uniquement fréquenté par les bêtes fauves, quelques-uns de ces végétaux qui ne croissent ordinairement qu'autour de nos habitations ; mais bientôt des débris cachés sous l'herbe m'indiquèrent suffisamment qu'une chétive demeure s'était autrefois élevée dans ce lieu solitaire. » Après les guerres contre la France, on a trouvé, en beaucoup d'endroits où les Cosaques avaient établi leurs camps, une plante de la famille des Chénopodiées, qui croît exclusivement dans les steppes, sur les bords du Dniéper ; et enfin, aux confins du monde, dans une île déserte de la mer du sud, des navigateurs ont retrouvé notre Mouron sur la tombe d'un matelot français.

C'est particulièrement par son industrie que l'homme déplace et transporte, même d'un continent à l'autre, une foule de végétaux qui sans lui n'eussent évidemment jamais quitté le sol de la patrie. Chaque année, dit encore l'auteur que nous venons de citer, les graines de quelques plantes exotiques se détachent des laines que l'on a transportées de l'Afrique et de l'Asie et que l'on fait sécher sur le rivage au port de Juvénal, à quelques kilomètres de Montpellier. Là, beaucoup de ces semences germent, lèvent et reproduisent la plante mère. Ce fait, se répétant souvent, eût bien vite couvert la côte d'une flore entièrement étrangère, si les botanistes de Montpellier, toujours en éveil, ne transportaient sans cesse dans leurs jardins ou dans leurs herbiers tous les nouveaux échantillons de ces végétaux aventureux.

134.

Voulez-vous qu'en terminant, cher lecteur, nous fassions un peu de statistique? Hâtons-nous de prendre votre silence pour un acquiescement, et commençons au plus tôt. Au surplus, tranquillisez-vous, nous serons bref.

D'après les données d'une science, dit M. A. de Jussieu,

appelée par M. de Humboldt *Arithmétique botanique,* science encore toute jeune, et pour la perfection de laquelle il faudrait que toutes les flores spéciales fussent exactement connues, — ce qui n'est pas, — l'on serait tenté d'admettre comme loi générale que le nombre des Cryptogames augmente, proportionnellement à celui des Phanérogames, à mesure qu'on s'éloigne de l'équateur. D'après les tableaux donnés par M. de Humboldt lui-même, les espèces cryptogames seraient égales en nombre aux phanérogames dans la zone glaciale, de moitié moins nombreuses qu'elles dans la zone tempérée, et à peu près huit fois moins dans la zone équatoriale.

D'autre part, en comparant entre eux les deux grands embranchements des végétaux cotylédonés, on voit que la proportion relative des Monocotylédonés va en augmentant à mesure qu'on s'éloigne de l'équateur.

Les espèces plus nombreuses répandues entre les tropiques correspondent nécessairement à un plus grand nombre de familles et de genres, et il diminue progressivement en se rapprochant des pôles. Mais comme alors chaque genre est représenté par un nombre moindre d'espèces dans ces flores des pays froids, le nombre des genres par rapport à celui des espèces y devient plus considérable. C'est ainsi, par exemple, que la flore française compte aujourd'hui plus de 7,000 espèces réparties dans plus de 1,100 genres, que celle de la Suède en comprend un peu plus de 2,300 pour 566 genres, et que celle de la Laponie enfin en renferme un peu moins de 1,100 pour 297 genres; de sorte que pour chaque genre le nombre moyen des espèces est de 6 en France, de 4 en Suède et de 3 environ en Laponie.

24.

Le nombre absolu des espèces ligneuses et leur proportion aux espèces herbacées augmentent ainsi à mesure qu'on se rapproche de l'équateur, et le nombre relatif des espèces annuelles ou bisannuelles croît suivant une marche inverse, mais qui ne se continue pas jusqu'au pôle. Ce sont les régions tempérées qui paraissent les plus favorables à leur délicate nature. Une dernière observation à faire, c'est que la taille des végétaux va en augmentant d'une manière générale des pôles vers l'équateur, à l'exception toutefois d'un ordre particulier de plantes, les Fucus, qui d'une longueur assez restreinte entre les tropiques atteignent dans les mers polaires des dimensions véritablement paradoxales.

Est-ce bien tout maintenant? Non. Nous pourrions poursuivre encore et parler des diverses stations végétales, c'est-à-dire de la répartition des principaux groupes de plantes sur la surface de la terre ; nous pourrions particulièrement indiquer les limites extrêmes qui, au nord et au midi, bornent la végétation des végétaux cultivés et acclimatés par l'homme; mais il faut savoir finir, n'est-ce pas? Or, finirait-on jamais, je vous le demande, si l'on voulait tout dire?

CONCLUSION

135.

J'ai failli écrire un autre titre en tête de ce chapitre de récapitulation.

J'avais commencé un mot ambitieux :

La philosophie de la plante.... et je l'ai effacé.

Je l'ai effacé parce que, en définitive et tout bien considéré, nous ne connaissons pas la plante. Nous devinons, nous pressentons l'animal; le végétal nous demeure étranger.

J'ai sous les yeux, à quelques pas de ma fenêtre, un magnifique Peuplier dont je m'efforce vainement de sonder la secrète nature. Il y a là, sous la grise et rugueuse écorce de ce tronc impassible, un ensemble de vie latente, de forces endormies, de sensations peut-être qui, pour aussi vagues, aussi obscures qu'on les suppose, n'en constituent pas moins un être, une individualité...

J'en ai trop dit encore. L'arbre n'a pas d'individualité. Nous le disions en commençant, il n'est qu'une sorte de polypier où des milliers de bourgeons, de feuilles et de rameaux agglomérés, superposés, accumulent les vies sans parvenir à composer un organisme individuel. Nulle colonne vertébrale, nul centre vital. Ne le voit-on pas assez à ces arbres dont tout l'intérieur, poudreux et mort, se désagrége et disparaît, ne laissant plus du végétal tout entier que d'informes débris. L'arbre a une vie de polype, vie localisée, mais tenace, qui va se réfugiant de branche en branche et de la branche au tronc et du tronc à l'écorce. Qui n'a vu de ces Saules dont la tête énorme n'est plus soutenue que par un tube creux, vermoulu, craquant au vent, véritables fantômes agonisants et tordus qu'effrite la pluie, que calcine le soleil et qui n'en vivent pas moins des années en dépit de toute probabilité?

Ce n'est donc pas dans les grands végétaux qu'il faut chercher le secret de la plante. C'est tout au plus dans les frêles tiges des végétaux annuels ou herbacés qui, dans l'espace d'une année, de quelques mois ou de quelques jours, poussent, fleurissent, fructifient et disparaissent.

Et encore que nous disent-elles?...

Je visitais un jour le cabinet d'un naturaliste, rempli de minéraux, de plantes et d'insectes. Je remarquai sur un large morceau de liége deux pauvres libellules transpercées et placées côte à côte. Les deux malheureuses créatures s'étaient en se débattant saisies par les pattes, avaient tourné, au prix de quelles tortures! autour de l'épingle cruelle... puis étaient mortes en se regardant.

Je ne saurais dire ce que j'éprouvai. Cette silencieuse étreinte, je dirais presque ce suprême serrement de mains, ce muet dialogue interrompu par la mort et ces deux regards, — regards immenses, multipliés, on le sait, par des milliers de facettes, — échangés dans la double angoisse de la dernière heure... tout cela me remua, m'émut. Pourquoi? Parce qu'il m'était possible de deviner, grâce à la communauté qu'établit entre l'animal et nous l'analogie d'organisation et le lien de la douleur physique, ce qu'avaient pu éprouver dans leur agonie les deux pauvres crucifiées.

Entre l'animal et nous il y a unité de race. Entre la plante et nous il y a lacune, solution de continuité. De là l'inexplicable et confuse sensation que nous procure la vue de la souffrance dans le règne végétal. Devant un arbre mort ou déraciné, qu'éprouvons-nous? Nulle sympathie; pas même de la pitié; rien qu'un obscur sentiment de regret s'appliquant bien plus à la perte que nous avons faite qu'au spectacle d'une existence détruite, — spectacle dont la tristesse est encore fort atténuée par l'idée toute gratuite que nous nous faisons de l'insensibilité prétendue du végétal. Et encore n'est-ce pas tout, car la plante a jusqu'aux apparences contre elle. En se rapprochant par son immobilité des formes du monde inorganique, elle s'éloigne d'autant plus de nous qu'elle se rattache à la nature impassible. Le Lichen diffère-t-il beaucoup du rocher qu'il recouvre de ses inertes pellicules?

La plante est donc en dehors de nous. Sa vie ne se rattache à la nôtre par aucune de ces communautés qui, physiologiquement, nous font frères de l'animal. Elle végète, et nous vivons.

136.

Elle vit toutefois, elle aussi, dans une certaine mesure. Elle résume dans son existence rêveuse les forces dispersées et comme impersonnelles de la nature ; elle les groupe en faisceaux, les formule en organismes, les incarne, les colore, les pare et aussi les utilise. Ne sait-on pas qu'elle emmagasine de la chaleur dans ses tissus, qu'elle distille la lumière, manipule l'air atmosphérique et arrête au vol, pour le faire travailler avec elle, chaque rayon de soleil qui passe au travers de ses rameaux ?

La plante vit incontestablement ; mais comment le fait-elle et dans quelles conditions ? Savons-nous seulement ce qu'est en elle-même cette vie qui, universelle ou localisée, flottante ou individuelle, remplit le monde et les sphères et l'infini, sans que nul de ceux qu'elle anime ait encore pu dire ce qu'est cet incomparable phénomène le plus beau à coup sûr et le plus grand de tous ?

La vie n'a-t-elle pour témoignage de sa réalité que le sentiment et le mouvement ? Non, à coup sûr, car alors certains animaux inférieurs qui ne se meuvent ni ne sentent, ne vivraient donc pas et devraient être placés au-dessous de certains végétaux qui se font remarquer par d'incontestables mouvements spontanés.

D'autre part, les graines ne vivraient pas non plus, pas plus que les bourgeons pendant l'hiver, et l'on serait, dans cette hypothèse, contraint de considérer comme en dehors de toute vie et ces graines, et ces bourgeons, et les œufs du règne supérieur, et les animaux ressuscitants eux-mêmes, qui non-seulement transmettent la vie, mais encore sont doués de la prodigieuse faculté de la conserver en eux pendant un temps considérable, dans une sorte de sommeil ou de catalepsie dont le réveil est assuré.

Que dire enfin de ces matières gélatineuses qui se produisent à la surface des liquides, et qui, sans se cristalliser, se forment spontanément, puis augmentent progressivement de volume? Ces matières, dit M. Fermond, ne peuvent être considérées que comme une simple ébauche d'association d'éléments vitaux. C'est à volonté ou une matière minérale sans cristallisation, ou une matière végétale sans organisation. C'est comme le trait d'union qui relie les minéraux aux êtres inférieurs végétaux ou animaux, et cette matière vit ainsi sans être ni minérale ni végétale, — sorte de nébuleuse innommée d'où la vie recule, lorsqu'on veut la contraindre à se révéler, jusqu'aux derniers bas-fonds de l'existence.... dans les inertes molécules du minéral qu'elle remplit sans doute d'une primordiale et prophétique vibration.

Le végétal comme le minéral, et comme certains organes du règne supérieur, s'accroissent par couches successives. Les os croissent comme l'écorce, les dents et les cheveux croissent comme la feuille, la feuille comme le cristal. Qu'est-ce donc? une *végétation animale*, ou une *cristallisation végétale* ou une *végétation minérale*? En vérité l'on ne saurait le dire.

Si donc la sensation n'est pas nécessaire pour la constatation de la vie, si le mouvement lui-même ne lui est pas indispensable, reculons encore et concluons avec M. Fer-

mond, que tout ce qui existe est doué d'une vie appartenant à la vie universelle, dont l'attraction peut-être serait
le principe, et que la *Vie* est essentiellement, non point
seulement le *mouvement* comme il dit, mais *l'évolution
sous toutes ses formes.*

Ce qui paraît désormais acquis dans les données actuelles de la science, c'est que la *vie est une.* Passant au
travers des organismes dans chacun desquels elle stationne
momentanément, comme d'étape en étape, elle passe et
monte d'une espèce à une autre espèce, — se détournant
parfois de son chemin et s'attardant dans les variétés, —
puis du genre au genre, de la famille à la famille et de la
race enfin à une race supérieure. Les anneaux qui relient
l'un à l'autre les trois règnes de la nature sont constatés
par la science officielle. Il est reconnu que les plantes
inférieures se rattachent au minéral par une sorte de cristallisation supérieure, et les zoophytes, d'autre part, sont
l'incontestable trait d'union qui soude par leurs bases contiguës les deux règnes organiques.

Quant à l'unité individuelle de la vie, l'on ne sait véritablement où la trouver. Plus on va et plus l'on s'aperçoit qu'un corps organisé, plante ou animal, n'est qu'un
conglomérat de vies distinctes. Chacun de nos cheveux,
bien plus chacune des molécules qui le constituent, quoique obéissant aux lois du tourbillon général, se développe
et vit d'une manière individuelle.

La physiologie va plus loin encore, et partant du principe que tout animal supérieur a pour formule essentielle
la forme bilatérale, elle en conclut que chacune des moitiés de ces organismes doubles constitue une sorte d'indi-

vidualité spéciale. Depuis l'homme donc, que l'on peut considérer avec Dugès comme formé par la réunion de deux *zoonites* accolés, l'on voit, en descendant la série, l'individualisation se multiplier et se prononcer de plus en plus, jusqu'à ce qu'elle parvienne à ses limites extrêmes dans ces animaux inférieurs, — les hydres, par exemple, — dont les fragments les plus petits suffisent pour la reproduction de l'animal entier.

L'individualité végétale, plus encore que celle-ci, est soumise à un fractionnement presque indéfini. L'on est forcé de reconnaître que chaque tige, que chaque bourgeon constitue un individu. Il y a bien plus, les feuilles elles-mêmes peuvent donner naissance à de nouveaux végétaux, et l'on a vu jusqu'à de menus fragments de feuilles ou de calyce reproduire des individus de tous points semblables à la plante mère [1]. Qu'est-ce à dire? Que chaque parcelle de feuille soit une individualité distincte? Mais alors pourquoi s'arrêter en si beau chemin et ne pas remonter du coup jusqu'à la cellule? Certes les arguments ne manqueraient pas à qui prendrait en main la défense de ce point de vue. L'on sait, en effet, que toutes les parties du végétal, quelque différentes qu'elles puissent être, commencent toutes par une utricule simple. L'on sait de plus que tout œuf animal débute lui aussi par une vésicule d'une nature tellement indécise, qu'examinée même au micros-

---

1. L'un des faits qui témoignent le plus contre toute limitation de la vie végétale, c'est l'opération bien connue en horticulture sous le nom d'*ente*. Toute individualité s'évanouit dans cette combinaison curieuse de deux espèces ou même de deux genres, qui, mêlant, par suite d'un rapprochement artificiel, leurs sèves et leurs vertus propres, arrivent à former la plus étrange des associations.

cope, elle ne fournit aucune indication qui puisse faire dire si l'animal sera un insecte, un poisson où un mammifère[1]. La cellule paraît donc être le point de départ et remonter le plus haut possible dans la série qu'il s'agit de parcourir pour y découvrir l'individualité.

Toutefois n'y aurait-il pas d'exagération dans la réduction du problème à ces éléments originaires? La nature vague de cette cellule primitive que l'on ne sait où ranger, qui en réalité n'appartient à aucune série formelle par la raison qu'elle est antérieure à toute hiérarchie, ne s'oppose-t-elle pas elle-même à l'honneur que voudraient lui faire certains physiologistes, et ne vaudrait-il pas mieux, pour demeurer fidèle à la définition plus haut énoncée, choisir comme représentant de l'individualité végétale un organe dans lequel a franchement commencé cette *évolution* qui paraît être l'objet de la vie et son but essentiel?

Or la plante nous présente un organe de ce genre. Il est dans le végétal un corps, trop peu remarqué peut-être, dont l'existence est manisfeste et l'importance capitale. Aux deux extrémités de tout axe végétal, dans le bourgeon naissant, dans le parenchyme des feuilles, dans la fécule de la graine, dans la fovilla elle-même et dans le

---

1. « M. Serres a fait voir que le fœtus d'un mammifère possède dans le principe un cerveau de poisson, qui devient ensuite cerveau de reptile, puis cerveau d'oiseau, et enfin cerveau de mammifère. Ceci prouve bien évidemment que les quatre classes des animaux vertébrés sont des modifications d'un seul et même plan primitif. Les recherches que j'ai faites de mon côté font remonter plus haut encore cette échelle de gradation des formes, et montrent que le reptile batracien, avant même d'être poisson, possède une forme analogue à celle d'un simple polype, et qu'il est enfin simple vésicule avant d'affecter la forme polypoïde. » Dutrochet, mémoire XVIII, p. 274.

'sac embryonnaire enfin, il est un amas de cellules créatrices, forces plastiques formant un véritable *centre vital*
qui, selon les circonstances d'humidité, de chaleur et de
situation sur l'axe, se développe en racine, en bourgeon,
en bulbille, en feuille, en bractée, en sépale, en pétale, en
étamine, en carpelle, en pollen, en spore, en ovule...
Eh bien ce corps minuscule en qui résident les sources
mêmes de la vie, ce *phytogène*, ainsi que l'appelle M. Fermond dont nous développons ici la théorie, c'est là l'organe qui représente l'individualité végétale.

<h2 style="text-align:center">137.</h2>

Mais assez d'hypothèses comme cela; poursuivons, et
sans chercher à définir plus exactement la vie végétale, ce
qui serait encore impossible dans l'état actuel de la science,
contentons-nous d'en admirer les effets et d'en étudier les
manifestations.

Ces manifestations, comme le mode d'existence qu'elles
nous révèlent, sont choses de transition. Créature intermédiaire, le végétal rattache l'un à l'autre et comme bout à
bout au moyen d'un anneau de raccordement deux règnes
qu'un abîme séparerait sans lui.

Le règne minéral c'est la terre et tout ce qui la constitue, — c'est l'élément endormi de la création. Paralysée,
inerte, la matière y est comme à l'état d'enfance. Elle
s'accroît, mais ne se reproduit pas, et encore son accroissement ne s'opère-t-il que d'une manière insensible, moyen-

nant de simples conditions de contact. C'est le royaume
de l'immobilité et des formes austères. Des lignes droites
ou brisées, des angles, des corps rigides, voilà tout ce que
renferme ce monde glacé.

Et cependant, c'est du fond de ces limbes, c'est de ces
limites lointaines que s'élance la vie. Silencieuse tout d'abord
et à peine perceptible, elle monte de molécule en molécule, organisant dès le début, suivant des formes progressives, les corps inertes qu'elle traverse. Elle commence par
le tétraèdre, le plus informe et le plus incomplet des cristaux, puis passe au prisme, du prisme au cube, du cube
au polyèdre et du polyèdre s'élève à la sphère, la forme la
plus accomplie du monde inorganique.

Voici maintenant le végétal. Encore enchaîné par les
racines, mais s'affranchissant du sol dans la mesure extrême de ses moyens, il s'élève, aspire au zénith, tend
comme des bras vers le ciel et vers la lumière des milliers
de branches et de rameaux que terminent des feuilles [1].

Puis enfin complétement détaché du sol, libre, souple
et rapide, marche, court ou vole l'animal affranchi.

1. Remarquons en passant, — puisque nous faisons de la philosophie, — qu'entre ces deux éléments constitutifs de la plante, la tige et
la feuille, s'opère une sorte d'antagonisme du plus haut intérêt. La
tige, en effet, c'est l'élancement, l'expansion ascendante; la feuille, au
contraire, c'est la limitation. Absolument parlant, la tige n'a pas d'arrêt nécessaire; la feuille, elle, est au plus haut degré l'expression de
l'arrêt et de la formule précise. — Qui sait donc si, au nombre des
causes qui font monter la tige, il ne faut pas compter ce désir, ce
besoin qu'elle aurait d'échapper à la limitation latérale que lui op-
posent les appendices foliacés, limitation qui, d'abord vaincue par la
force ascensionnelle, finirait enfin par l'emporter et avoir le dessus
dans la cime de l'arbre, que l'on ne saurait mieux définir et appeler
autrement que le *triomphe de la feuille?*

Le minéral sommeille, la plante rêve et l'animal agit.

Les trois règnes enlacés sont solidaires. Cette étincelle de vie, qui, faible encore et toute pâle, animait les cellules inertes, presque cristallines des Diatomées et des Desmidiacées siliceuses, est la même qui dans les organismes supérieurs remplit de force et d'activité brûlante la cellule animale et le tourbillon qui l'entraîne. Quelle que soit la complexité croissante de la morphogénie, quand on passe du règne minéral aux règnes supérieurs, il n'en est pas moins vrai que l'unité se maintient dans toute sa rigueur. Et s'il est vrai d'autre part que la plante ne soit qu'une cristallisation plus parfaite, si elle n'est qu'une agglomération de *cristaux organiques,* il devient manifeste par ce fait et demeure prouvé que la forme végétale, tout comme la forme minérale, comme toutes les formes vivantes, sont le produit immédiat de la matière et de la force.

138.

Ce qu'il y a d'incontestable, c'est qu'une corrélation intime existe entre le sol et la forme des végétaux. Rappelons-nous le curieux phénomène que nous offre la Violette calaminaire qui, dans un terrain contenant du zinc, se modifie de telle sorte qu'on avait d'abord cru devoir la distinguer comme une espèce particulière. La chimie a dès longtemps démontré que chaque famille végétale contient certains principes qui se retrouvent plus ou moins dans ses diverses espèces. Dans les Solanées c'est la solanine, dans les Poivres la pipérine, dans d'autres espèces c'est le tannin.

La nutrition des plantes confirme ces mêmes vérités. Chacune d'elles a besoin pour parvenir à son développement normal de certains principes chimiques parfaitement déterminés. Le prince de Salm-HorsImar a fait à ce sujet sur des pieds d'Avoine des observations du plus haut intérêt. Sans terre siliceuse et sans alumine, cette plante ne peut acquérir assez de résistance pour se soutenir elle-même ; c'est à grand'peine si elle arrive à se former une tige couchée, glabre et toute décolorée. Sans calcaire, elle meurt à l'apparition de la deuxième feuille. Sans soude ou sans potasse, elle n'atteint guère qu'une hauteur de trois ou quatre pouces. Sans phosphore, elle pousse droit et se constitue régulièrement, mais demeure stérile. Sans manganèse, elle n'atteint qu'un développement incomplet et ne produit que fort peu de fleurs. Sans fer, elle demeure blanchâtre, maladive et de forme irrégulière ; convenablement nourrie de fer, enfin, elle reprend au plus haut degré ses teintes foncées, sa vigueur, sa tige rude et sa fécondité.

Ces observations remarquables nous révèlent l'intime dépendance qui existe entre les divers principes chimiques et les formes végétales. Elles nous prouvent que ces dernières ne sont autres que telle ou telle matière organisée suivant les lois inhérentes à ces matières elles-mêmes, et sans chercher à déchirer le voile qui nous dérobe et nous dérobera toujours peut-être le problème des origines, nous sommes autorisés à penser que les premiers végétaux, qui évidemment ne purent sortir de graines préexistantes, durent se cristalliser dans une matière organique dont les principes divers créèrent les premières variétés.

C'est là tout ce que nous savons du végétal et de sa
forme. Cette question, l'une des plus obscures de l'histoire naturelle, se complique d'éléments dont l'influence
est profonde, mais dont la trace se perd dans la complexité
de l'œuvre générale. Outre les diversités qui proviennent
des principes créateurs eux-mêmes, il faut encore tenir
compte de la part importante qu'y ajoute la personnalité
vague du végétal lui-même, auquel appartiennent d'une
manière essentielle un port spécial, une physionomie particulière et parfois même comme des habitudes qui font
de chaque plante un citoyen distinct dans la grande confédération végétale. Tous ces principes, toutes ces lois
se généralisent dans le cercle entier de la création, s'appliquent proportionnellement aux créatures des trois règnes, et nous ne pouvons mieux terminer ce paragraphe
qu'en le résumant par les quelques lignes suivantes que
nous empruntons au savant ouvrage déjà cité de M. Fermond sur la *Phytomorphie* : « Les minéraux sont symétriques par rapport à un point, les végétaux par rapport
à une ligne, et les animaux par rapport à un plan. »

139.

Étant données les lois de formation première, nous ne
nous arrêterons pas sur celles qui président aux modifications ultérieures auxquelles le végétal est soumis tout le
long de son existence. Ces principes morphologiques, on
les connaît. Nous avons longuement raconté par quelles
fluctuations étranges de couleurs et de formes passe cette

plante dont l'unité organique sert de base aujourd'hui à la physiologie végétale. Nous avons parlé de ces métamorphoses qui, des feuilles au pistil, montent ou redescendent, selon qu'une alimentation plus ou moins abondante fait descendre ou monter d'un verticille à l'autre la séve, c'est-à-dire la forme, la couleur et la vie.

Aussi quelles étrangetés, quelles bizarreries ! L'on se souvient de ces curieuses fleurs de Mérisier, au centre desquelles deux ou trois petites feuilles vertes jouent le rôle de pistils. La Joubarbe des toits présente assez fréquemment dans les pays froids de véritables pistils à ovules qui remplacent certaines étamines. Une espèce de Pommier, celui qui produit la pomme-figue, porte des fleurs sans pétales dont les étamines sont remplacées par des pistils ; aussi les fruits qui en résultent sont-ils sans pepins. Dans le Pavot somnifère, enfin, certaines étamines se transforment en petites têtes de Pavots.

Il est difficile, en réfléchissant à ces curieux phénomènes, de ne pas être amené à croire qu'il y a dû avoir dans chaque organe végétal un moment où résidait en lui un principe d'évolution identique à celui de tous les organes voisins, de telle sorte qu'un sépale pouvait indifféremment demeurer sépale ou bien se transformer en pétale, en étamine ou en pistil. Cette doctrine, d'abord acceptée par Linnée, puis développée par Gœthe, remonte à Gaspard-Frédéric Wolf qui, le premier, a indiqué d'une manière précise l'unité typique des organes végétaux.

La constance que l'on observe dans la forme de chaque espèce d'être organisé se rattache à la permanence d'une cause inconnue. Quelle entente mystérieuse, quelle in-

compréhensible harmonie se fait parmi toutes les molécules appelées à constituer tel minéral, telle plante ou tel
animal suivant les règles fixes que leur impose l'espèce
spéciale de l'individu à créer ?... C'est là un des plus obscurs problèmes de l'histoire naturelle.

Cette permanence de type, qui se rattache à la grande
question si controversée des espèces et des variétés, ne se
perpétue pas toutefois d'une manière absolue, et dans le
vaste chapitre de la conservation des formes organiques
primitives s'ouvre l'importante parenthèse de la *transformation*.

Les observations innombrables qui se rattachent à cette
question nous mettent dans l'impossibilité d'en donner la
série, fût-elle même résumée. Indépendamment des exemples déjà cités dans le cours de cet ouvrage, l'on en trouve
d'autres qui, généralisant les phénomènes morphologiques
de la fleur, embrassent la plante tout entière, témoin
la monstruosité célèbre citée par Dutrochet de ce Lis qui,
au lieu de se terminer par le bouquet habituel de fleurs
blanches que l'on connaît, élève indéfiniment sa tige, le
long de laquelle s'échelonnent des appendices d'un blanc
pur, comme si l'on y eût artificiellement attaché par rangées éparses des pétales ordinaires.

Ce phénomène est l'un des plus extraordinaires que
renferme l'histoire des anomalies végétales. En effet, que
sont-ils ces appendices anormaux ? Des feuilles de couleur
excentrique ou des pétales dévoyés ? — Ni l'un ni l'autre,
nous répond M. Dutrochet, mais bien plutôt des segments de tige qui se sont développés en empruntant aux
feuilles leurs dispositions et aux pétales leur couleur et
leur forme.

25.

140.

Se souvient-on de ce que nous avons dit précédemment des formes appelées régulières ou irrégulières? Résumons-le ici en quelques mots. Les formes organiques végétales et animales se rattachent à deux types principaux : la forme binaire ou bilatérale et la forme circulaire ou rayonnante. Dans la première, les parties similaires sont placées de part et d'autre d'un axe commun; dans la seconde, elles sont circulairement rangées autour d'un centre.

Une chose fort remarquable, mais à laquelle nous ont dès longtemps habitués les fantaisies de notre plante, c'est que ces deux formes, quelque distinctes qu'elles soient, passent fort bien de l'une à l'autre, et vont jusqu'à se rencontrer sur le même végétal. C'est ainsi que le Teucrium campanulé nous offre tout le long de sa tige une série de fleurs à symétrie bilatérale, série que termine une corolle campanulée, c'est-à-dire parfaitement rayonnante. Cette transformation, vous le savez, a été nommée *pélorie* (ou régularisation) par les botanistes qui considèrent comme irrégulières toutes les fleurs bilatérales, et elle est conséquemment censée ramener à son état normal les formes binaires qui, d'après ce point de vue, ne seraient qu'un avortement de l'état primitif.

La question, toutefois, est des plus complexes. Rien n'est prouvé; tous les doutes subsistent. — Ne me demandez donc pas, je vous en supplie, laquelle de ces deux formes est supérieure à l'autre. Il règne parmi les auteurs une telle confusion, chacun d'eux s'entoure de si excellentes raisons pour nous prouver qu'il n'a pas tort, que vraiment l'on demeure tout à fait indécis au milieu de gens si parfaitement convaincus. M. Dutrochet s'appuyant sur ses observations personnelles en même temps que sur celles de Henri Cassini, précédemment cité, nous affirme d'une part qu'il est impossible de ne pas considérer la forme bilatérale comme une *monstruosité constante*. M. Frédéricq de Gand, d'autre part, se basant sur le fait de la ressemblance des formes binaires avec celles que nous présente le règne animal, en infère qu'elles sont incontestablement supérieures à la forme rayonnante. Que faire, je vous le demande, entre deux opinions si diamétralement opposées dont l'une a pour elle l'observation des faits, tandis que l'autre plaît à l'esprit comme tous les rapprochements ingénieux?

Ce qu'il faut faire? De la philosophie. C'est l'unique moyen, croyez-moi, de tourner la difficulté. Adoptons conséquemment le principe éminemment rationnel de M. Fermond, suivant lequel le minéral se développe par rapport à un point, le végétal par rapport à une ligne, et l'animal par rapport à un plan, et concluons que la forme bilatérale ou allongée paraissant se rattacher à une évolution dont la ligne serait l'axe créateur est essentiellement une forme végétale.

<h2 style="text-align:center">141.</h2>

Abordons maintenant une question curieuse, et voyons dans quels rapports avec les nombres se trouvent les divisions des fleurs. L'on a remarqué d'une manière générale que chez les Monocotylédonées, la fleur se compose habituellement de deux ou trois parties, tandis que chez les Dicotylédonées chaque verticille floral est ordinairement formé par deux, quatre, cinq ou six parties, cinq le plus habituellement. De sorte qu'on a généralement admis le nombre *trois* pour les Monocotylédonées et le nombre *cinq* pour les Dicotylédonées. Mais on ne pouvait guère en rester là. Outre que ce nombre cinq n'est pas un multiple de trois, il paraît assez logique de penser que lorsque l'élément appendiculaire unique (cotylédon ou feuille) se triple chez les Monocotylédonées, les deux folioles fondamentales des Dicotylédonées doivent se tripler aussi, et former le nombre six. La fleur type serait alors formée de deux verticilles ou enveloppes florales (calyce et corolle) et de deux verticilles floraux (étamines et pistil). Ces verticilles seront de trois parties dans les Monocotylédonées et de six parties opposées deux à deux dans les Dicotylédonées; tout nombre donc au-dessus du nombre circulaire trois ou six appartiendra à une *multiplication,* tout nombre au-dessous proviendra d'un *avortement.*

L'adoption de ces principes paraît d'autant plus naturelle que l'opposition chez les végétaux semble être la disposition type des organes appendiculaires de la tige, tandis que l'alternance n'en est qu'une déviation. Nous considérerons donc comme normale une tige dont les feuilles opposées par deux, quatre ou six, forment des verticilles superposés, et dont la fleur à six folioles répète en la complétant la symétrie des appendices de l'axe tout entier.

142.

Se souvient-on encore qu'au chapitre de la fleur, nous avons fait toutes nos réserves au sujet de la question controversée des calyces, des corolles, de leur monosépalie ou de leur polypétalie? Le moment est venu, sinon de conclure, — le peut-on jamais en face de la science progressive? — du moins de faire connaître l'avis des derniers physiologistes sur les diverses données du problème.

Nous avons dit, d'après le témoignage des auteurs les plus accrédités : A. de Saint-Hilaire, Richard, Schleiden et quelques autres, que les calyces et les corolles sont en principe polysépales et polypétales. Or voici M. Fermond qui, dans un ouvrage dont l'autorité ne le cède en rien à celle des auteurs précités, nous déclare tout au contraire que ce qu'on appelle improprement *soudure* n'en est pas une en réalité. De ses observations, il résulte que dans les tissus du bourgeon naissant, toutes les parties sont liées d'une manière intime, et que lorsque de ce tissu se détache un organe quelconque, qu'il s'appelle feuille, stipule, bractée, sépale, pétale ou étamine, il y a non pas *insertion,* comme le dit la science officielle, mais bien plutôt séparation, expansion, *dessoudure* en un mot.

Eh bien, vous le dirai-je? n'en déplaise à la science officielle, je trouve la théorie de M. Fermond de tous points rationnelle et philosophique. Dans l'universalité des choses de la nature, nous retrouvons le principe sur lequel elle se fonde. Sortir de l'unité endormie, s'échapper d'une masse commune, émerger du bloc immobile et s'individualiser en s'en affranchissant, c'est évidemment là la marche rationnelle que doit suivre tout organe végétal ou animal qui, suivant la loi générale du progrès, va du simple au composé, de l'inertie au mouvement, et de la forme vague à la formule précise qui le personnifie.

Nous dirons donc, avec M. Fermond, que tout calyce doit être primitivement monosépale, comme toute corolle doit être monopétale, et que l'un et l'autre se perfectionnent en se divisant; puis, en nous abandonnant au même courant d'idées, nous dirons encore que la feuille découpée est supérieure à la feuille entière, que les végétaux à fleurs monoïques sont supérieurs aux végétaux à fleurs hermaphrodites, et que les plantes dioïques à leur tour l'emportent sur les plantes monoïques.

Ces observations, quelque philosophiques qu'elles puissent être, n'ont sans doute rien d'absolu. Pour ce qui concerne les feuilles en particulier, l'on pourrait objecter que, bien qu'il soit reconnu que les feuilles entières sont généralement situées au bas de la tige, il n'en est pas moins vrai que ces mêmes feuilles simples, après s'être perfectionnées le long de l'axe végétal en se divisant plus ou moins suivant la nature de la plante, redeviennent de plus en plus entières et se réduisent même à un état de simplicité complète dans les bractées, les sépales, les pétales et les organes supérieurs, d'où l'on devrait naturellement conclure que la progression atteint vers le milieu de l'axe végétal son plus haut point de perfection.

A cette observation l'on pourrait toutefois répondre ceci : c'est que les bractées, les sépales et les pétales, bien que sortis de feuilles, morphologiquement parlant, ne sont plus feuilles aujourd'hui, que la série est interrompue et qu'il serait peut-être inexact d'appliquer aux sépales ou aux pétales la qualification de feuilles en décadence, sous le prétexte qu'ils sont entiers et conséquemment inférieurs aux feuilles plus ou moins échancrées du milieu de la tige.

N'ôtons pas du reste aux lois naturelles leur caractère de généralité. Les exceptions, loin d'infirmer la règle, on le sait, ne font que mieux ressortir les grandes lignes du cadre qui les enferme. Sachons dominer les détails par l'ensemble des larges applications, par la synthèse des vastes aperçus, et rappelons-nous qu'il serait impossible à l'homme de rien apprendre, si pour suppléer à l'infirmité de ses facultés qu'absorbent l'analyse et les infiniment petits, il ne s'élevait à des vues d'ensemble, à des inductions, à une philosophie, en un mot, qui, pour offrir quelques dangers, n'en est pas moins indispensable dans l'étude des faits complexes et des sciences d'observation.

<h2 style="text-align:center">143.</h2>

Nous avons, en parlant des fleurs doubles, employé une expression qui aura peut-être paru mal sonnante à certains de nos lecteurs. Nous avons appelé ces fleurs des *monstruosités !*

Eh bien, qu'on se rassure et qu'on nous absolve, ce terme est parfaitement admis dans le langage de l'histoire

naturelle. L'on désigne sous ce nom toute différence organique qui éloigne un individu de la structure propre à
l'espèce dont il fait partie. L'anomalie est une modification qui s'est opérée dans la formation ou le développement des organes, mais indépendamment de toute cause
morbide, — d'où la possibilité d'un être anormal en parfaite santé et d'un individu malade sans altération spéciale.

Que l'on se garde bien de considérer les anomalies
comme des jeux de la nature, ou comme des désordres
bizarres dus à des causes fortuites. Ce sont des modifications particulières dont l'explication peut toujours être
ramenée à des principes communs. C'est une organisation
transposée. Graves ou légères, passagères ou permanentes,
d'autres fois périodiques à plus ou moins longues échéan-
ces, les monstruosités varient depuis les plus simples dé-
viations jusqu'à de véritables métamorphoses. L'on a vu
des végétaux qui, transplantés, ont donné la première
année des fleurs sans corolle ou sans pistils et qui, l'année
suivante, sont revenus à leur état normal. Des monstruosités peuvent se montrer sur tout le végétal ou bien se
limiter à l'un de ses rameaux, à l'une de ses fleurs, quelquefois même à un seul de ses organes. Ce qu'il y a de
remarquable, c'est que les monstruosités ont, elles aussi,
comme l'état habituel, leurs déguisements et leurs anomalies. Il est des cas, par exemple, où un verticille métamorphosé par une cause quelconque, abondance ou
pauvreté de sucs, ne prend les formes ni de celui qui suit
ni de celui qui précède.

Les exemples de monstruosités sont fort nombreux et
souvent tout à fait extraordinaires. L'on se souvient du
fameux Lis cité par M. Dutrochet. M. Durande, cité par

M. Moquin-Tandon, dit avoir vu un grain de raisin du sommet duquel sortait un autre grain plus petit avec une branche munie d'une feuille. Duhamel dans sa *Physique des arbres,* parle de poires de l'œil desquelles sortait une branche, une fleur ou un fruit qui faisait une poire double. L'on trouve dans les *Registres de l'Académie des Sciences* la mention d'une poire rousseline présentant à son sommet une seconde poire, qui elle-même donnait naissance à une petite branche et à plusieurs feuilles. Tout le monde connaît le fameux Pommier de Saint-Valery, variété femelle du Pommier commun, et qui a besoin d'une fécondation artificielle pour fructifier. Les fruits qu'il donne alors sont tous étranglés vers les deux tiers de leur longueur et offrent à l'intérieur 14 loges sur deux étages superposés ; 5 de ces loges ressemblent à celles de la pomme ordinaire ; les 9 autres, plus petites, sont placées au-dessus. Ce sont évidemment deux fruits confondus dont l'étranglement marque le point d'attache. Il y a des oranges qui offrent le même phénomène, c'est-à-dire qui sont formées de deux rangées d'ovaires emboîtés, et emboîtés à tel point quelquefois, que l'orange surnuméraire se confond presque entièrement avec celle qui lui sert de base.

On trouve encore des fraises à lobes multiples et adhérents et qui, remarquons-le bien, ne proviennent pas de la soudure de plusieurs fleurs. Citons enfin, pour terminer cette longue série, l'une des monstruosités les plus célèbres en Botanique, je veux parler du Rosier prolifère. Ce Rosier dont les métamorphoses ont conduit Gœthe à fonder la théorie morphologique qui règne aujourd'hui, produit parfois des fleurs vraiment extraordinaires. L'une d'elles, décrite par De Candolle, nous montre un calyce transformé en feuilles libres de toute cohérence, mais groupées circulairement à la place des sépales ordinaires; au-dessus se trouvent normalement situés les pétales et les étamines, puis encore au-dessus et du centre de la corolle s'élance l'axe floral qui, à son extrémité, porte une seconde fleur en bouton formée de sépales, de pétales, de quelques étamines et de carpelles avortés. Entre cette fleur terminale et la fleur inférieure s'échelonnent le long de l'axe un certain nombre de lames colorées qui sont peut-être des carpelles entraînés par l'axe et modifiés par suite de ce déplacement.

Ces étranges roses prolifères varient souvent dans leurs monstruosités. Duhamel nous a laissé la description d'une fleur de ce genre dont le rameau, émergeant au-dessus de la corolle inférieure, porte plusieurs spirales de feuilles ordinaires; les sépales de la rose sont métamorphosés en feuilles ordinaires, tandis que toutes les étamines sont transformées en pétales.

Des botanistes modernes ont observé une rose assez semblable à celle de Duhamel. Il restait encore à la base de l'axe prolongé quelques étamines qui avaient résisté à la métamorphose; un peu au-dessus de cette base, les carpelles métamorphosés en pétales faiblement colorés semblaient décrire un commencement de spirale. L'axe donnait ensuite naissance à cinq rameaux chargés de petites feuilles vertes.

Les journaux d'Allemagne ont parlé d'une rose à cent feuilles, du milieu de laquelle sortait une seconde rose, qui, à son tour, en produisait une troisième, laquelle donnait naissance à une tige.

Dans le Jardin des plantes de Genève, l'on a observé

une rose dont les boutons floraux supplémentaires, au lieu d'être portés par l'axe prolongé, sortaient latéralement du réceptacle de la fleur inférieure.

Eh bien, que signifient tous ces bizarres phénomènes ? Ces phénomènes, connus sous le nom général de *prolification*, n'ont évidemment d'autre cause qu'une vie surabondante. La tige trop riche encore de sucs pour s'arrêter à la première fleur terminale, franchit cette limite intempestive, proteste contre l'abdication qu'on réclame d'elle, fleurit pour végéter encore et va éteindre ses dernières ardeurs dans une seconde ou une troisième fleur que termine même encore quelquefois une tige chargée de feuilles.

L'on peut comprendre par ces exemples de monstruosité par prolification, comme par tous ceux qui les précèdent, qu'en définitive ces étrangetés ne sont qu'un mot. Il y a déplacement de sucs, déviation de la force vitale, mais rien de véritablement extraordinaire, rien d'inacceptable en fait de violation des lois physiques, de telle sorte que l'on peut répéter après M. Fermond « qu'il n'existe, absolument parlant, aucune monstruosité dans la nature végétale, car tout ce que l'on a ainsi nommé se trouve à l'état normal dans certaines parties d'autres végétaux. »

144.

Après avoir parlé de la forme des plantes, disons quelques mots de leur coloration. Les couleurs végétales sont extrêmement diverses. Elles peuvent varier, on le sait, depuis le blanc le plus pur jusqu'au pourpre le plus foncé. Les couleurs sont mates ou luisantes, veloutées, flammées, panachées ou striées; elles varient suivant l'âge du végétal et oscillent dans les mêmes espèces, sur le même pied quelquefois, passant du bleu au violet ou au rose, suivant l'exposition, le terrain ou la culture.

Il est cependant des fleurs qui ne varient jamais, ce sont les jaunes, telles que les Renoncules, par exemple, dont il a été impossible de modifier la nuance. Le jaune est donc la couleur la plus solide, tandis que le rouge et le bleu sont les plus variables.

La couleur dominante des végétaux est la verte. On la retrouve dans les feuilles, les écorces herbacées, les calyces et les ovaires; elle est due à la *chromule*, c'est-à-dire à une agglomération de granules verts d'une extrême ténuité qui remplissent les cavités incolores du tissu cellulaire. Il y a des feuilles qui ne sont pas vertes sur toutes leurs surfaces et présentent d'autres teintes mélangées avec le vert; elles sont dites panachées. Dans beaucoup d'espèces, les feuilles passent du vert au jaune, au rouge ou au violacé, et l'on a remarqué que ces nouvelles teintes correspondent généralement à celles dont se colorent en mûrissant les feuilles carpellaires de la même plante. Cette observation s'applique particulièrement à la Vigne.

Du fait plus haut mentionné, que les fleurs jaunes peuvent passer au rouge et au blanc, mais jamais au *bleu,* et que les fleurs bleues peuvent également passer au rouge et au blanc, mais jamais au *jaune,* les physiologistes ont conclu que le jaune et le bleu, éléments du vert, sont les couleurs les plus opposées et peuvent former deux séries distinctes, dont l'une a été nommée *xanthique* (du grec *xan-thos,* jaune) et l'autre *cyanique* (du grec *kuanos,* bleu). Ces deux séries, éloignées par leur milieu, se rapprochent de part et d'autre par la décroissance de leurs teintes dont les gammes sont rendues sensibles par le tableau suivant :

<table>
<tr><td>**SÉRIE XANTHIQUE.**</td><td>**SÉRIE CYANIQUE.**</td></tr>
<tr><td colspan="2" align="center">Vert.</td></tr>
<tr><td>Jaune-verdâtre.</td><td>Bleu-verdâtre.</td></tr>
<tr><td>JAUNE.</td><td>BLEU.</td></tr>
<tr><td>Jaune orangé.</td><td>Bleu-violet.</td></tr>
<tr><td>Orangé.</td><td>Violet.</td></tr>
<tr><td>Orangé-rouge.</td><td>Violet-rouge.</td></tr>
<tr><td colspan="2" align="center">Rouge.</td></tr>
</table>

Nous avons dit que la matière qui nous donne la sensation de la couleur, se trouve en suspension dans un liquide incolore qui remplit les cellules. L'intensité de la couleur provient de sa quantité, et son absence au contraire ou sa raréfaction donne la sensation de *blanc.* Il arrive quelquefois que le liquide lui-même est coloré d'une autre teinte que celle des granulations contenues ; il en résulte alors une couleur *mixte.*

Les matières colorantes de la série *jaune* occupent ordinairement les cellules les plus profondes, et celles de la série *bleue* les cellules les plus superficielles. Si, sur des cellules *jaunes* sont posées des cellules *rouges,* l'œil reçoit la sensation de l'*orangé* ; si l'on voit du *vert* au travers du *rouge* on a du *brun* ; si les cellules contenant de la matière *violette* ou *bleue* ou *verte* sont très-serrées, la couleur paraît d'un *noir* plus ou moins foncé ; si enfin sur des cellules *vertes* ou *bleues* s'étend une couche de cellules incolores, il en résulte une couleur *glauque*.

La fixation du carbone, sous l'influence de la lumière, paraît être la cause principale, mais non exclusive de la coloration (puisque certaines parties végétales se colorent sous terre ; Radis, Betterave). Les plantes parasites qui ne décomposent pas l'acide carbonique ne sont pas vertes, telles sont les Cuscutes et les Orobanches. Les plantes ou parties de plantes qui ont été soustraites à l'influence de la lumière restent blanches et molles ; on les appelle *étiolées* [1].

Bien que la couleur verte soit, dans le règne végétal, la teinte dominante, l'on en trouve cependant trois ou quatre autres assez communes, telles que la *pourpre,* qui est généralement produite par un acide, la *blanche,* qui se manifeste quand l'air est introduit entre l'épiderme et le tissu sous-jacent, la *jaune,* due à l'absence de chlorophylle, enfin les teintes *panachées,* qui sont le résultat d'un véritable état morbide héréditaire.

La coloration peut servir à l'indication de certaines propriétés végétales. Ainsi le *rouge* indique la présence d'un acide ; s'il est intense la plante est astringente, et s'il est très-foncé elle est tonique. Le *jaune* indique également des plantes toniques (Gentiane) ou âcres (Chélidoine). Le *bleu* (Aconit) et le *noir* (Belladone) annoncent des propriétés vénéneuses. Le *vert* indique l'acerbité. Le *blanc* indique la présence de sucs aqueux et insipides. Les Crucifères toutefois font exception.

---

1. C'est sur ce phénomène qu'est basée une opération de jardinage bien connue qui prive d'amertume et rend tendres les feuilles et les tiges de certains végétaux dont on fait généralement des salades.

Les mutations de couleurs sont dues à la lumière. Elles peuvent être également dues à l'influence des terrains. Ainsi les Hortensias bleus résultent de la présence dans le sol de certains sels de fer.

Pour ce qui concerne les odeurs et les saveurs, il règne un grand vague dans la science et beaucoup d'arbitraire dans les opinions des auteurs. L'origine réelle des odeurs est inconnue ; elle se rattache à des faits physiologiques fort obscurs. Tout ce que l'on peut dire, c'est que ces dernières sont augmentées soit par la lumière, l'habitation ou la culture, soit par différents phénomènes atmosphériques tels que la chaleur, l'électricité ou la pluie. Ces causes, plus étudiées et mieux connues, pourront sans doute rendre compte de la curieuse propriété qu'ont certaines plantes d'exhaler plus particulièrement leurs parfums à de certaines heures déterminées du jour ou de la nuit.

<h1 style="text-align:center">145.</h1>

Si la plante vit elle mange, et vous savez déjà quelle est sa nourriture. C'est d'une manière générale de l'eau, de l'acide carbonique, de l'ammoniaque, du soufre et du phosphore.

L'eau lui est fournie tout à la fois par le sol et par l'humidité de l'atmosphère. Du sol lui viennent encore le phosphore et le soufre, mais c'est de l'air tout seul qu'elle tire l'ammoniaque et l'acide carbonique.

L'on a fait au sujet de ce dernier élément d'intéressants calculs. Cet acide constitue environ la millième partie de l'atmosphère, et cette quantité, minime en apparence, suffit pour alimenter de carbone toute la végétation du globe. Savez-vous comment on a constaté le fait ? Oh ! de la manière la plus simple. L'on s'est contenté pour cela de peser l'atmosphère.

— Peser l'atmosphère !

Tout simplement. Et voici comment s'effectue cette petite opération. L'on sait, par suite d'expériences barométriques, que sur chaque pied carré de la surface terrestre repose une colonne d'air dont le poids est d'environ onze cents kilogrammes. On connaît de plus le diamètre et la surface de la terre. Il est dès lors facile de comprendre qu'en multipliant le nombre des pieds carrés superficiels par le poids que chacun d'eux supporte, l'on arrive à connaître la pesanteur totale de l'atmosphère. Or la millième partie de ce poids, c'est de l'acide carbonique pur. L'acide carbonique pèse donc, tous comptes faits, quatorze cent billions de kilogrammes, poids bien supérieur à celui de toutes les plantes vivantes et fossiles qui recouvrent le monde.

Les plantes fossiles sont les houilles ou débris des végétations antérieures à l'apparition de l'homme sur la terre. Le carbone qu'elles renferment faisait primitivement partie de l'atmosphère. Il s'y trouvait à l'état d'acide carbonique. Il y abondait alors et y favorisait l'expansion de ce règne préparateur qui, lentement mais d'une manière continue et pendant des siècles sans nombre, mettait en réserve, en épurant l'atmosphère que nous devions respirer plus tard, des provisions de chaleur solaire, c'est-à-dire de forces qu'utilisent aujourd'hui les sciences industrielles.

Eh bien, ces divers aliments que fournissent le sol et l'atmosphère sont, d'une part, puisés par les parties vertes du végétal et, d'autre part, pompés par la racine. Élevés par la capillarité, par l'endosmose, par toutes les forces vives de la plante, ces éléments composent la séve qui, attirée vers le haut par les bourgeons et les feuilles où une évaporation abondante fait constamment le vide, monte au sommet de la plante, s'y épure au contact de l'air atmosphérique, remplit de chromule les cellules des parties vertes de l'écorce et des feuilles, charge de granules colorés le liquide des vaisseaux laticifères, puis redescend à l'état de séve élaborée et dépose entre le bois et l'écorce le cambium de la couche nouvelle. Les résidus enfin, sont repoussés jusqu'aux racines, et c'est ainsi que s'accomplit dans sa totalité le mouvement giratoire qui constitue la circulation chez les végétaux.

146.

Vivre c'est respirer. La plante respire donc, comme elle mange, comme elle boit, comme elle sommeille. Cette respiration est un acte de la plus haute importance, et de même que, pour elle, croître c'est agir, respirer c'est travailler aussi, c'est fournir de l'oxygène et c'est accumuler du carbone. Ce carbone provient de l'acide carbonique que les parties vertes des végétaux décomposent sous l'influence des rayons du soleil, décomposition dont le double résultat est la fixation du carbone dans leurs tissus et l'exhalation de l'oxygène dans l'atmosphère.

Les feuilles privées de lumière en revanche absorbent de l'oxygène en même temps qu'elles exhalent de l'acide carbonique. Ce phénomène, dit M. Le Maout, a donné lieu à une grave erreur, en ce que certains physiologistes ont comparé ce phénomène à la respiration des animaux, de telle sorte, que, selon eux, les plantes auraient à la lumière une respiration *végétale*, tandis qu'elles auraient dans les ténèbres une respiration *animale*. Ce rapprochement ne peut se justifier en aucune façon. L'acide carbonique, en effet, qu'exhalent les végétaux, ne provient pas, comme chez l'animal d'une combinaison ou même d'une combustion. Ce n'est nullement par suite du mélange de l'oxygène avec les matériaux de la séve que s'exhale cet acide carbonique; il arrive tout formé des racines. Il coule, s'échappe par les pores du végétal, exactement, selon l'ingénieuse comparaison de Liebig, comme il le ferait d'une mèche de lampe dont la partie inférieure tremperait dans une eau saturée d'acide carbonique.

Ce n'est pas seulement par ses parties vertes que la plante respire, c'est aussi par ses fleurs et par ses fruits. Toutefois ces fruits et ces fleurs le font d'une manière inverse. Les fleurs, en particulier, dont l'exhalation est généralement plus abondante que celle des fruits, se comportent à peu près comme l'animal, c'est-à-dire qu'elles absorbent l'oxygène et répandent de l'acide carbonique dans l'atmosphère qui les entoure. Des expériences toutes récentes faites par M. A. Cahours[1], il résulte que l'exhala-

---

1. Les divers phénomènes relatifs à la respiration des végétaux avaient été précédemment et particulièrement étudiés par MM. Priestley, Senebier, de Saussure, Ingenhouz, Liebig et Boussingault.

tion de l'acide carbonique par les fleurs n'est pas en rapport avec l'odeur plus ou moins forte qui leur est propre ; que cette exhalation est généralement augmentée par la lumière et la chaleur ; que les fleurs en boutons ou fraîchement épanouies exhalent plus d'acide carbonique que celles dont la floraison est avancée, et qu'enfin parmi les divers éléments qui constituent l'inflorescence, ce sont le pistil et les étamines, en qui réside la plus grande puissance de vitalité, qui consomment le plus d'oxygène et produisent la plus forte proportion d'acide carbonique. — Il est dès lors facile de comprendre combien doit être insalubre et parfois même dangereuse une accumulation de fleurs ou de fruits dans un espace restreint dont l'air ne pourrait se renouveler rapidement.

147.

Les combinaisons toutes chimiques dont il vient d'être question sont nécessairement accompagnées d'une émission de chaleur plus ou moins considérable. Cette élévation de température est très-sensible dans certains végétaux. Il a été précédemment question de l'Arum et de la somme étonnante de calorique que renferme la spathe dont il enveloppe ses fleurs. Cette chaleur dont le retour est périodique a été comparée à des accès de fièvre quotidienne qui reviennent par intermittence et retardent chaque jour sur le jour précédent. Le maximum de température est de 28 degrés au-dessus de celle de l'air ambiant ; mais on a vu des Arums de la zone intertropicale développer une chaleur supérieure de 25 et même de 30 degrés à celle de l'atmosphère.

Ce sont principalement les étamines qui présentent ce phénomène, vu l'absorption incroyable d'oxygène qu'elles font. L'on a constaté en effet qu'elles en absorbent plus de cent trente fois leur volume, tandis que la massue de l'Arum n'en absorbe que cinquante fois son volume et les pistils dix fois le leur.

C'est également à l'époque de la fécondation, dit M. Le Maout, qu'avec l'élévation de température coïncide dans quelques plantes une production de lumière. Les fleurs de la Capucine, du Souci et de l'Œillet émettent des lueurs phosphorescentes, et l'on a vu des Rhizomorpha lumineux s'éteindre lorsqu'on les plongeait dans de l'azote ou de l'acide carbonique, et se *rallumer* dans de l'oxygène pur.

148.

La plante n'est pas immobile, ainsi qu'elle semble l'être généralement. Ses mouvements sont lents et rares ; mais ils ont lieu de temps à autre, alors qu'un obstacle vient modifier sa situation normale, ou qu'une excitation spontanée vient l'arracher à ses habitudes contemplatives. Vous savez que les feuilles se tordent et que les tiges se renversent, et cela tout aussi bien dans l'eau que dans l'obscurité, pour reprendre, les unes la position qui leur permet de tourner leur face interne vers le ciel, les autres pour se diriger suivant le mode d'inflexion qui leur est propre. Vous savez, d'autre part, que l'état de l'atmosphère provoque dans beaucoup d'espèces éminemment électriques des mouvements parfois très-brusques qui donnent à ces végétaux une physionomie extraordinaire[1].

Les folioles de la Fève et des Trèfles, par exemple, se relèvent pendant la nuit, tandis que celles de la Réglisse et des Robiniers se baissent verticalement. Ce phénomène, ce *sommeil des plantes,* ainsi qu'on l'a nommé, le plus souvent lié à l'absence de la lumière, paraît chez certains végétaux s'affranchir de tout rapprochement de ce genre, témoin ces espèces exotiques qui, veillant le jour et dormant la nuit dans leur patrie primitive conservent dans

---

1. Ce ne sont pas seulement les rameaux, les feuilles et les fleurs qui se font remarquer par cette étrange irritabilité, mais les graines également, s'il faut en croire le passage suivant tiré d'un journal américain, le *Courrier des États-Unis* :

« Un propriétaire de San-Francisco a reçu dernièrement du Mexique des graines qui présentent un phénomène des plus singuliers ; elles viennent d'un arbre appelé dans le pays Yerba de flecha ou Arbre à flèches. Lorsqu'on les pose par terre ou sur une feuille de papier, elles se meuvent d'abord lentement dans tous les sens, puis entrent progressivement dans une danse rapide et désordonnée, comme feraient d'énormes puces sur une plaque de fer chaud.

« L'arbre nommé Yerba de flecha est lui-même une curiosité. Le jus de ses feuilles est un poison d'une extrême violence. Les Indiens y trempent la pointe de leurs flèches, dont la moindre piqûre devient dès lors mortelle. Le blessé est pris subitement de convulsions étranges ; il se tord dans d'horribles contorsions, il saute, il bondit comme s'il était soumis à un courant galvanique, et enfin il expire dans l'espace de 50 à 60 minutes.

« Le phénomène de la danse des graines s'explique par la supposition qu'elles sont chargées d'un fluide électrique concentré dont le développement leur imprime un mouvement continuel. »

26.

nos serres leurs habitudes de naissance, et, au mépris de toute règle astronomique, dorment pendant notre jour et veillent pendant notre nuit.

Passons sans répéter ici ce que vous savez déjà : sans nommer la Desmodie oscillante, la susceptible Sensitive ou la Dionée attrape-mouche ; sans vous rappeler ni les mouvements étranges de diverses plantes à l'époque de la fécondation, ni ceux des Protophytes dont la vie alternante confond les règnes et bouleverse nos classifications ; ni enfin ces particularités, remarquables entre toutes, desquelles il ressort manifestement que la plante surprise par un accident quelconque s'ingénie, invente, change d'allure ou modifie ses habitudes et s'improvise toujours le moyen de faire face à l'imprévu [1]. Tous ces curieux détails vous sont connus et assez connus pour que vous partagiez désormais avec tout appréciateur sérieux de la création cette admiration mêlée de réticences, de surprises et de ravissements soudains que donnent les confusions charmantes de la vie et ses miraculeuses complexités.

---

[1] « Vers 1813, nous raconte M. de Saint-Hilaire, des pieds nombreux d'Alisma natans et d'Illecebrum verticillatum furent surpris par une crûe dans les fossés de la Sologne ; mais la nature sut prévenir les suites de cet accident. Nous observâmes, M. Choutaut et moi, qu'une bulle d'air s'était dégagée de chaque fleur et que, formant la voûte au-dessus des calyces, elle permettait à la fécondation de s'opérer, comme si la plante n'avait point été submergée. »

149.

Arrêtons-nous donc ici sur cette page. Qu'il nous suffise d'avoir, dans les quelques paragraphes qui précèdent, rappelé les particularités diverses qui constituent, quoique d'une manière très-vague, ce que l'on pourrait appeler l'*individualité végétale,* et sans redire ce que nous avons déjà longuement raconté de la fécondation et de la germination, c'est-à-dire deux phénomènes par lesquels nous voyons se transmettre à d'autres et se perpétuer la vie que nous avons cherché à étudier dans notre plante, ayons le courage de fermer, momentanément, ce beau Livre de la nature, livre inépuisable, album merveilleux dont nous pourrions éternellement tourner les feuilles, — feuilles qui incessamment, du reste, s'envolent des mains du Travailleur suprême, et nous arrivent parfois tout humides encore au sortir de son incommensurable et sublime atelier.

Ce qu'il y a peut-être de plus admirable dans cet atelier de la vie, c'est la loi de liberté qui y règne, loi de liberté progressive et de perfectionnement continu. Rien de fixe, rien d'étroit, rien de systématique en dehors des grands principes sur lesquels repose l'ordre général du monde. L'amélioration supplée aux insuffisances de l'essai. Telle espèce en rature une autre; tel moule annule son inférieur.

Car il s'en faut bien que tout soit parfait de prime

abord, et l'on est contraint, en présence des imperfections de telle créature inachevée, de recourir à l'idée de M. Ch. Darwin sur la filiation progressive des formes organiques.

N'est-ce point une force aveugle, dit M. de Candolle, qui a donné au Pavot et à plusieurs Campanules, dont la capsule est toujours dressée, des ouvertures vers le sommet de cette capsule ; aux graines stériles de beaucoup de Composées, une aigrette qui sème et répand au loin leur inutilité : tandis que les graines fertiles n'ont point d'aigrette ou en ont une qui se détache et s'envole seule ? Dans plusieurs groupes de végétaux, tels que les Asclépiadées et les Orchidées, il semble que la nature se soit efforcée de rendre impossible tout rapprochement entre le pollen et le stigmate, tant les organes sont d'une structure anormale et compliquée. N'est-ce point encore une ironie que de voir tant de calyces qui, loin de protéger les jeunes fruits, ainsi qu'ils paraissent devoir le faire pour répondre à leur destination, tombent après la fécondation, ou, par comble de malice, se retournent et se renversent en arrière lorsqu'ils demeurent, semblant prendre un malin plaisir à voir toutes nues et toutes frissonnantes ces jeunes graines qu'ils devraient envelopper ?

Et que dire encore du luxe, de la prodigalité insouciante et folle avec laquelle sont gaspillés dans la nature le pollen, les fleurs, les fruits, les semences, tous les éléments de vie en un mot[1], de telle sorte qu'est à peine

---

1. On a compté sur un seul pied de Tabac jusqu'à 360,000 graines et 600,000 sur un Orme de moyenne taille. L'on sait, d'autre part, que le pollen des Conifères s'envole par nuages, qui couvrent d'une poussière jaune des plaines tout entières. Une certaine Orchidée lance son pollen à plus d'un mètre de distance, et n'a d'autre chance que celle

utilisée dans certaines espèces la cent-millième partie des germes procréés?

Toutes ces singularités, tranchons le mot, toutes ces imperfections trouvent leur explication en même temps que leur correctif dans le système d'évolutions progressives et de perfectionnements organiques. Les anomalies rentrent alors dans la grande loi. L'insuffisance d'aujourd'hui ne choque plus, par la raison qu'elle est l'amélioration de la veille, et la perspective d'un lendemain plus parfait encore fait rentrer dans le courant général du progrès toutes les imperfections de détail.

Au milieu donc de ces essais, — inquiétants pour quelques-uns, mais qui pour d'autres ont l'avantage d'ôter à la nature le caractère immuable d'une création coulée d'un bloc, — rappelons-nous sans cesse que la grande synthèse doit nous consoler des misères de l'analyse; contemplons la marche universelle du « tout vers l'idéal, » ..... et reposons en particulier notre pensée sur ce règne harmonique, doux et songeur que nous venons d'étudier, sur cette *Plante* qui est l'héroïne de notre histoire.

La plante est le poëme de la nature. Elle en est la couleur, le parfum, l'harmonie; c'est le vêtement de la terre, la robe opulente de la grande Isis, et s'il est encore besoin, après tous ces titres, de faire intervenir son importance utilitaire, que l'on se souvienne que c'est elle qui

---

de rencontrer à tout hasard une autre plante de la même espèce, qui, dans ce cas seul, se trouve fécondée. Dans un grand nombre de végétaux, enfin, la fécondation directe devient à peu près impossible, par suite de la maturation trop lente des ovules, qui ne se trouvent en état de recevoir le pollen que longtemps après que celui-ci s'est détaché des anthères et a été dispersé par les vents.

nourrit les races supérieures et que sans elle toute vie serait bien vite éteinte sur la surface du monde désert.

Oui, la plante, c'est l'être actif par excellence. Elle paraît sommeiller ; erreur, elle travaille. Au milieu de ses rêves silencieux, c'est un labeur sans fin, une incessante accumulation de sucs divers qu'elle distille, de chaleur solaire qu'elle met en réserve, de gaz qu'elle décompose, d'éléments de nutrition qu'elle nous prépare. Tous les matériaux de la vie s'élaborent dans cette usine merveilleuse que l'on appelle la cellule végétale, et c'est elle qui, sœur de la cellule minérale comme elle l'est de la cellule animale, les rattache l'une à l'autre et relie la chaîne qui des hauts sommets de la Vie s'étend jusqu'en ses plus obscures profondeurs.

Auteuil, septembre 1864.

FIN DE LA PREMIÈRE PARTIE.

RÉCAPITULATION.

—————

Les chiffres de cette récapitulation se rapportent aux numéros des paragraphes du volume.

—————

LA PLANTE VIVANTE.

COUP D'ŒIL GÉNÉRAL.

<table>
<tr><td>Nᵒˢ.</td><td>Nᵒˢ.</td></tr>
</table>

Nᵒˢ.

1. Vie alternante; est-ce une plante? est-ce un animal?
2. La plante n'a pas d'histoire.
3. Si elle en a une.
4. Les trois règnes enlacés.
5. Un Érable aventureux.
6. De la lumière !
7. Fièvre de croissance.
8. Forêt vierge.
9. Un Liseron incorruptible.
10. Les plantes baromètres.
11. Floraison; l'Arum de Mᵐᵉ Hubert.

Nᵒˢ.

12. Problème obscur.
13. Zoospores; Vallisnérie.
14. La plante se remue donc ?
15. L'od.
16. Tissus végétaux.
17. Espèces, genres, familles.
18. Allures végétales.
19. Tapis végétal; la forêt.
20. Les Graminées, les Bruyères, les Mousses.
21. Les Algues.
22. Nombre des plantes.
23. Classes végétales.

LE MONDE SOUTERRAIN.

LA RACINE — LA GUERRE.

L'ATMOSPHÈRE.

LA TIGE.

LE POÈME SILENCIEUX.

LA FLEUR.

GERMINATION.

RENAISSANCE.

L'OEIL ET LE MICROSCOPE.

ANATOMIE VÉGÉTALE.

CLASSIFICATIONS.

GÉOGRAPHIE BOTANIQUE.

CONCLUSION.

PARIS. — J. CLAYE, IMPRIMEUR. RUE SAINT-BENOÎT, 7

www.ingramcontent.com/pod-product-compliance
Lightning Source LLC
LaVergne TN
LVHW020245060726
842525LV00001B/142